国家重点基础研究发展计划（973 计划）课题
"沙漠宽谷河道水沙关系变化及驱动机理"（2011CB403303）

黄河宁蒙河道输沙特性与河床演变

张晓华　姚文艺　郑艳爽　等著

黄河水利出版社

· 郑 州 ·

内容提要

本书是作者根据国家重点基础研究发展计划(973 计划)课题"沙漠宽谷河道水沙关系变化及驱动机理"以及承担的黄河上游相关研究项目的研究成果汇集、提炼而成。书中分析了黄河上游宁蒙河道水沙变化时空特征,包括悬移质泥沙、河床质泥沙特点及水沙组合关系特性;辨识了泥沙输移特点、发生机制并与黄河其他冲积性河道进行了对比;研究了河床演变规律和河势演变特点;剖析了河道近期淤积原因并提出治理对策。

本书可供从事水利科研、生产、管理工作的科技人员参阅,也可作为大中专院校相关专业师生的参考书。

图书在版编目(CIP)数据

黄河宁蒙河道输沙特性与河床演变/张晓华等著.
郑州:黄河水利出版社,2016.9
ISBN 978 - 7 - 5509 - 1255 - 7

Ⅰ.①黄… Ⅱ.①张… Ⅲ.①黄河 - 上游 - 河流
输沙 - 研究 ②黄河 - 上游 - 河道演变 - 研究
Ⅳ.①TV152 ②TV882.1

中国版本图书馆 CIP 数据核字(2015)第 235923 号

组稿编辑:王路平 电话:0371 - 66022212 E-mail:hhslwlp@ 126. com

出 版 社:黄河水利出版社 网址:www.yrcp.com
地址:河南省郑州市顺河路黄委会综合楼 14 层 邮政编码:450003
发行单位:黄河水利出版社
发行部电话:0371 - 66026940、66020550、66028024、66022620(传真)
E-mail:hhslcbs@ 126. com
承印单位:河南省瑞光印务股份有限公司
开本:787 mm × 1 092 mm 1/16
印张:18.75
字数:430 千字
版次:2016 年 9 月第 1 版 印次:2016 年 9 月第 1 次印刷

定价:90.00 元

序

  黄河流域是中华民族的摇篮,也是一条复杂难治的河流,下游河道成为横贯华北大平原的地上悬河,曾给沿河两岸人民带来巨大灾难。新中国成立后,将根治黄河水害、开发黄河水利列入日程。1955年第一届全国人民代表大会第二次会议批准了《关于根治黄河水害和开发黄河水利的综合规划的报告》和第一期工程——三门峡水利枢纽的建设。1960年9月三门峡水库建成投入运用,经历了"蓄水运用—滞洪排沙—蓄清排浑"等运用方式,取得了显著的综合效益。1999年10月小浪底水库投入运用,又一次极大地改变了黄河下游的水沙过程,引起河道强烈调整。黄河水利科学研究院泥沙研究所河床演变研究室的同志们,从三门峡水库建成前黄河来水来沙的天然状态,到三门峡水库各种调节水沙运用方式,再到小浪底水库运用初期的河道调整,系统全面分析了60多年的观测资料和不同时期的河床演变情况,综合分析了冲积性河段的演变规律。这些成果为黄河下游的治理提供了科学依据,也为其他多沙河流的研究提供借鉴。

  河床演变研究室的同志们通过研究三门峡水库修建后不同运用阶段对黄河的影响认识到,大型水库的修建必然引起河道的相应变化。而黄河的特点是水少沙多,水沙异源,其水量主要来自上游,沙量主要来自中游;上游水多沙少,其天然径流量占全河的54%,而沙量只占全河的1.7%,是黄河最主要的水量来源区。黄河上游的水资源开发利用发展很快,随着上游水利枢纽的兴建,改变了河流的天然特性。如盐锅峡水库、三盛公水利枢纽、青铜峡水库和刘家峡水库分别于20世纪60年代投入运用,尤其是大型水库龙羊峡水库于1986年蓄水运用,具有多年调节性能,以发电为主并配合刘家峡水库担负水库下游河段的防洪、灌溉和防凌任务。这些水库在取得巨大经济效益和社会效益的同时亦引起生态环境的重大变化,其变化具有间接性、全局性和突发性等特点,在渐变的过程中往往不易引起人们的警觉和重视。首当其冲影响的是上游宁蒙冲积性河段,同时也必然影响整个流域,龙羊峡水库的修建将改变流域河道演变的格局。黄河上游的宁夏、内蒙古河段,在天然情况下河床淤积略有抬升,河床处于微淤状态。宁夏河段堤防设防流量为5 000 m³/s,内蒙古河段堤防设防流量左岸为6 000 m³/s、右岸为5 000 m³/s,能防御10～20年一遇洪水,河势摆动较大。但当发生大洪水时,河道则有"大水冲刷、淤滩刷槽"的演变规律,滩地此冲彼淤,两岸滩地面积在长时期变化不大。因此,河道的防洪问题不是很突出,人们对其河床演变规律的研究甚少。

  为了及时了解上游河道的变化,在全国"五一劳动奖章"获得者赵业安教授的率领下,研究室一行6人于1989年8月至9月历时一个多月,先后到青海、甘肃、宁夏、内蒙古四省(自治区)的干流水利枢纽以及内蒙古平原冲积性河道进行考察,并就水库调度运用、水资源开发利用、引黄灌溉、防洪防凌等问题进行了调查研究,编写了考察报告。在报告中不仅及时指出宁蒙河道排洪能力下降、河势摆动加剧、滩岸坍塌严重、干流沙坝频发等威胁上游防洪防凌安全的河道新问题;而且最早提出对流域水沙调控具有极大指导意义的认识:龙刘水库的联合运用改变了主要水量来源区的水沙过程,降低了水流的输沙能力,而泥沙主要来源区尚未得到有效治理,来沙减少较慢,综合因素导致水沙关系恶化,使宁蒙冲积性河道由天然情况下的微淤状态转为严重淤积;进而提出应密切关注宁蒙河道的发展、开展全面研究的预报性建议。

其后河床演变研究室的同志们在室主任张晓华教授的主持下,进行了跟踪研究,收集大量资料,对龙羊峡等水库运用对黄河主要冲积性河道的影响作了分析,在 2008 年出版了《黄河干流大型水库修建后上下游的再造床过程》,阐明了冲积河道的重塑过程和特点。该书的出版,对水利枢纽的科学运用、水沙调控体系的建立以及维持黄河健康生命有重要的价值和应用意义。

随着水库的运用及来水来沙的变化,20 世纪末至 21 世纪初宁蒙河道的防洪防凌问题越发凸现:20 世纪 90 年代前的平滩流量为 3 000 ~ 5 000 m³/s,2004 年减少到 1 000 m³/s 左右,2013 年恢复到 2 000 ~ 3 000 m³/s;同流量(1 000 m³/s)水位上升,1986 ~ 2004 年,巴彦高勒—昭君坟河段升高 1.7 m 左右,至 2013 年上升 1.3 ~ 1.62 m,因此形成黄河流域开发治理和学术研究的又一焦点。

而河床演变研究室的同志们一直致力于宁蒙河道的研究,自 2005 年以黄科院年度咨询及跟踪研究项目为依托开始系统研究以来从未间断。独立的科研项目从黄科院院所长基金,逐步申请到水利部公益性行业科研专项,再申请到国家重点基础研究发展计划(973 计划)项目的资助,一路走来,经历了许多艰辛,在原有研究基础上不断地拓展内容和深度,力求找到变化成因,探讨机制并提出措施建议。

由张晓华教授等编写的《黄河宁蒙河道输沙特性与河床演变》一书,是河床演变研究室出版的第一部关于黄河上游河床演变的专著,是他们经过 20 多年对宁蒙河道不同阶段成果的提升和总结,内容丰富,资料翔实。从上游河道的水沙特征、泥沙输移和河道冲淤规律,不同因素对河道排洪输沙的影响,到河道变化成因,直至发生机制,及上游泥沙治理的措施和建议,较系统地对黄河宁蒙河段河床演变实践和河床演变理论探索进行了汇总集成。著作的出版,对认识多沙河流水库下游河道河床演变规律、维持黄河健康生命和水沙调控体系的建设,将有重要的科学意义和实用价值。在此谨表示衷心的祝贺,希望在黄河的治理开发中发挥有益的作用,并希望有更多的专著出版。

潘贤娣

2015 年 8 月

前　言

黄河流经宁夏回族自治区和内蒙古自治区河段(简称宁蒙河段),处在黄河上游的最下段,地处大陆性气候带,且系黄河自低纬度流向高纬度过渡的河段。该河段穿越腾格里沙漠、河东沙地、乌兰布和沙漠和库布齐沙漠,河流环境复杂,降雨偏少、蒸发强烈,沙漠区沙暴、泥流活动频繁,高含沙洪水及凌汛问题突出,是黄河上游河道泥沙淤积问题最为突出的河段,另外,也是我国西北地区粮食的主产区。

黄河上游事关黄河全局。几十年来,受上游大中型水库调蓄及沿黄工农业用水不断增加等因素影响,宁蒙河段来水来沙过程发生了很大的改变。汛期进入该河段的流量明显减少,水流挟沙能力降低,再加上青铜峡、三盛公等水利枢纽小水排沙,特别是内蒙古支流"十大孔兑"水流挟带大量泥沙,加剧了该段水沙搭配关系的不协调,使水沙运动与河床演变之间的关系变得更加复杂,河道出现严重淤积,河床不断抬高,河槽严重萎缩,河岸坍塌破碎与泥沙淤积等一系列新的河床演变问题日益凸显,导致洪水灾害频繁发生,威胁着洪凌安全。

黄河宁蒙河段的水沙变化及其出现的河床不断淤积抬高等问题,不仅直接关系着该河段的洪凌安全,影响到该地区的经济社会持续发展及西部大开发战略实施的进程,而且直接影响到黄河治理开发的重大决策,引起国家高度重视和科技界的广泛关注。关于水库运用对宁蒙河段河道淤积的作用问题,以及黑山峡水利枢纽的建设对宁蒙河段的影响、作用和功能定位等问题,目前存在激烈的争论和严重的分歧。这种认识分歧和治理方案争论根源在于对该河段泥沙输移规律、水沙变化及河床演变规律缺乏深入的研究,已显著地影响着黄河上游水力资源的开发和利用。因此,研究该河段河道输沙规律,揭示水沙变化成因,并分析河床演变规律,对于宁蒙河段河道治理、防治河床不断淤积抬升、合理开发黄河上游水力资源、保障我国西北地区粮食主产区洪凌安全,具有重大意义。

针对宁蒙河道关键问题,本书以国家重点基础研究发展计划(973计划)项目"黄河上游沙漠宽谷段风沙水沙过程与调控机理"第三课题"沙漠宽谷河道水沙关系变化及驱动机理"(2011CB403303)的最新成果为主体,汇集了近几年研究团队承担的黄河上游相关研究项目的研究成果,包括:水利部公益性行业科研专项经费项目"基于龙刘水库的上游库群调控方式优化研究",黄科院基本科研业务经费资助项目"宁蒙河道冲淤演变计算方法研究""龙刘水库运用对宁蒙河道冲淤演变作用研究""龙刘水库运用下宁蒙河段冲淤临界水沙关系研究""宁蒙河道悬沙组成特性及输移规律研究",防汛项目"黄科院年度咨询及跟踪研究"2006~2014年各年中宁蒙河道专题,以及公益性行业科研专项"黄河干流典型冲积河段平水期河槽减淤流量研究"中内蒙古河道专题等,系统阐述了目前认识水平下宁蒙河道的水沙来源和特点、泥沙输移与河床演变规律,以期成为探明科学问题、平息各方争议的前期基础。

本书的主要研究内容包括宁蒙河段水沙特性、泥沙输移规律、河道冲淤演变规律等,主要取得以下几点认识。

一、水沙基本特性

(1)宁蒙河道下河沿、头道拐水文站多年平均(1952~2012年)水量分别为296.1亿 m³、213.3亿 m³,沙量分别为1.189亿 t、1.005亿 t。根据天然水沙和人类活动情况分期, 干流水沙量各时期为:1952~1960年是平水大沙时期,1961~1968年是丰水丰沙时期, 1969~1986年是平水少沙时期,1987~1999年是枯水少沙时期,2000~2012年是枯水枯 沙时期。宁夏河段的清水河和苦水河、内蒙古河段的十大孔兑是宁蒙河道区间泥沙主要 来源,在长时期水沙量减少的趋势下,1987~1999年均出现水沙量偏多的特点,而2000~ 2012年各支流水沙量显著减少。综合结果,1987~1999年宁蒙河道水沙条件恶化,洪水 期含沙量、来沙系数增高;2000~2012年水沙条件好转。

(2)龙羊峡和刘家峡水库运用极大地改变了宁蒙河道的水沙过程,导致年径流量分 别在1986年和1990~1991年两次出现突变,年输沙量、汛期径流量和输沙量分别在1968 年和1986年两次出现突变。

(3)宁蒙河道干流站悬沙中值粒径在0.017~0.029 mm,悬沙构成多年平均为:细泥 沙($d \leqslant 0.025$ mm)、中泥沙(0.025 mm $< d \leqslant 0.05$ mm)、粗泥沙(0.05 mm $< d \leqslant 0.1$ mm) 和特粗泥沙($d > 0.1$ mm)分别为60%、20%、15%和5%,悬沙中细泥沙最多;非汛期石嘴 山和巴彦高勒站悬沙明显偏粗。

(4)宁蒙河道床沙质级配较粗,中值粒径在0.029~1.95 mm,粗泥沙分界粒径值在 0.07~0.10 mm。

二、泥沙输移规律

(1)宁蒙河道的输沙特性同样具有多来多排的特点,水文站输沙率不仅与流量而且 与上站含沙量关系密切,在相同流量条件下含沙量高的水流输沙能力大于含沙量低的水 流,可用公式 $Q_S = kS_{进}^{\alpha} Q_{出}^{\beta}$ 表达并计算输沙率。

(2)与黄河其他冲积性河段如黄河下游、小北干流、渭河下游的比较计算表明,宁蒙 河道的输沙能力是最低的,原因在于河道比降小、断面形态宽浅、床(悬)沙组成粗、流速 小;宁蒙河道水流条件决定的输沙能力是黄河下游的0.39倍,泥沙条件决定的输沙能力 是黄河下游的0.75倍,综合仅为黄河下游的0.29倍。

(3)非均匀沙不平衡输沙理论计算表明,宁蒙河道床(悬)沙组成较粗是河道输沙能 力偏低的主要原因,其中河床中细泥沙补给不足是直接原因。

三、河道冲淤演变规律

(1)宁蒙河道下河沿—头道拐河段1952~2012年年均淤积0.388亿 t,除1961~ 1968年河道冲刷外,其他时期都是淤积的,其中1952~1960年和1987~1999年两个时段 淤积量分别占到总淤积量的43.7%和49.8%。河道冲淤年内分布以汛期淤积为主,非汛 期长时期为微冲,各时期差别较大。从冲淤的空间分布来看,淤积主要集中在内蒙古三湖 河口—头道拐河段,淤积量占宁蒙河道总淤积量的50.3%。

(2)宁蒙河道的冲淤演变与来水来沙条件(包括量及过程)密切相关,河道冲淤效率 (单位水量冲淤量)与水沙组成(来沙系数 S/Q)关系较好,当汛期来沙系数约为0.003 1 kg·s/m⁶,非汛期约为0.001 7 kg·s/m⁶,洪水期约为0.003 7 kg·s/m⁶时,宁蒙河段基本可达到冲淤相对平衡。

（3）漫滩洪水主槽冲刷效率相对高于非漫滩洪水，多年平均冲刷效率为 7.22 kg/m³，且漫滩洪水淤滩刷槽可对河道维持起到良好作用。同时漫滩洪水有利于河势积极调整，2012 年大漫滩洪水期间三湖河口—头道拐河段自然裁弯 5 处，裁弯后河长较裁弯前缩短了一半。

（4）龙刘水库运用对宁蒙河道，尤其是三湖河口—头道拐河道造成"双重不利"影响。首先汛期削减洪水，降低水流输沙能力，加剧整个河道淤积；其次平水期增大河道流量，引起巴彦高勒以上多冲、巴彦高勒以下多淤，尤其是三湖河口以下多淤，非汛期 1 000 m³/s 以下水流在三湖河口以上冲刷的泥沙中有 45% ~77% 淤积在三湖河口以下河道。

（5）宁蒙河道泥沙治理的根本措施是加强水利水土保持力度，千方百计减少进入河道的泥沙；同时要维持河道一定质量（大流量级）的水流过程、协调水沙关系，利用洪水多输送泥沙；在局部河段采取必要的措施挖沙疏浚、筑坝拦截泥沙或洪水放淤，解决局部防洪和泥沙淤积问题。

全书共分为 6 章。第 1 章绪论由姚文艺编写，第 2 章河道概况由尚红霞、彭红、郭淑君编写，第 3 章水沙基本特性由郑艳爽、田世民、郭淑君编写，第 4 章水沙变化特点与成因由田世民、姚文艺、郑艳爽编写，第 5 章泥沙输移规律由郑艳爽、张晓华编写，第 6 章河道冲淤演变规律分析由张晓华、郑艳爽、彭红编写。全书由张晓华、姚文艺和郑艳爽统稿。

在团队开展宁蒙河道的研究工作中，得到治黄老前辈赵业安、潘贤娣、刘月兰教授以及胡一三、刘晓燕总工的关心和指导，得到李勇、侯素珍、林秀芝、张原锋教授的帮助，得到孙赞盈、张敏、王卫红、孙一、胡恬、苏晓慧、张明武、李小平、李萍、赵二玲等同仁的大力支持，在此一并致谢！

宁蒙河道来水来沙和河道边界都非常复杂，受人类活动影响又非常强烈，由于研究起步较晚、观测资料缺乏，还有很多科学问题尚未认识清楚，需要进一步深入研究，本书仅仅是个起步。由于编者水平有限，基本规律认识上难免有偏颇和不到之处，书中难免有欠妥和错误之处，敬请读者批评指正。

作　者

2015 年 8 月

目　录

第 1 章 绪 论

1.1 研究目的及意义

黄河流经宁夏回族自治区和内蒙古自治区河段(简称宁蒙河段),处在黄河上游的最下段,地处大陆性气候带,且系黄河自低纬度流向高纬度过渡的河段。该河段穿越腾格里沙漠、河东沙地、乌兰布和沙漠和库布齐沙漠,河流环境复杂,降雨偏少、蒸发强烈,沙漠区沙暴、泥流活动频繁,高含沙洪水及凌汛问题突出,部分河段平滩流量不到 1 400 m³/s,河道排洪能力弱,也是黄河上游河道泥沙淤积问题最为突出的河段,另外,也是我国西北地区粮食的主产区。

黄河上游事关黄河全局。几十年来,受上游大中型水库调蓄及沿黄工农业用水不断增加等因素影响,宁蒙河段来水来沙过程发生了很大的改变。汛期进入该河段的流量明显减少,虽然非汛期水库对下游进行补水,但灌溉、能源开发等经济社会引水、用水等使得流量沿程递减,水流挟沙能力降低,再加上青铜峡、三盛公等水利枢纽小水排沙,特别是支流西柳沟、罕台川、黑赖沟等"十大孔兑"水流挟带大量泥沙,加剧了该段水沙搭配关系的不协调,使水沙运动与河床演变之间的关系变得更加复杂,河道出现严重淤积,河床不断抬高,河槽严重萎缩,河岸坍塌破碎与泥沙淤积等一系列新的河床演变问题日益凸显,导致洪水灾害频繁发生,威胁着洪凌安全。例如,1993 年、1994 年和 1995 年,均发生凌汛决口之灾,冲毁耕地 6 万余亩,受灾人口上万人,给当地群众造成巨大的财产损失[1];2001年黄河凌汛期,内蒙古临河和乌海市先后发生凌灾,4 000 多人受灾,仅乌海市的经济损失就达 1.3 亿元;2003 年 9 月洪峰流量 1 300 m³/s,导致大河湾决口事件;2008 年 3 月凌汛流量 1 600 m³/s,造成杭锦旗决口事件。每次事件都造成直接经济损失 6 亿~10 亿元。

黄河宁蒙河段的水沙变化及其出现的河床不断淤积抬高等问题,不仅直接关系着该河段的洪凌安全,影响到该地区的经济社会持续发展及西部大开发战略实施的进程,而且直接影响到黄河治理开发的重大决策,引起国家高度重视和科技界的广泛关注。因此,研究该河段河道输沙规律,揭示水沙变化成因,并分析该河段河床演变规律,对于宁蒙河段河道治理,防治河床不断淤积抬升,合理开发黄河上游水力资源,保障我国西北地区粮食主产区洪凌安全,具有重大意义。

河床演变主要取决于流域气候和下垫面因素的变化。不同的气候和下垫面条件,将在河流水系中形成不同的水沙条件(包括流量、水沙关系、含沙量、水位等)和河床边界条件,进而又对河床演变起着驱动作用,即气候、下垫面对河流过程的影响最终体现于河流水沙过程和水沙约束条件的变化。宁蒙河段具有风蚀—水蚀、风沙—水沙、沙漠过程—河流过程交织交错且受人类活动强烈干扰的河流环境,水沙变化对河流过程具有更为深刻的影响。因此,要改变该河段不断淤积抬高、洪凌灾害压力不断增大的局面,必须研究解决的问题是:在流域人类活动干预下,该河段水沙过程到底发生了什么变化,变化程度多大,水沙关系有什么调整,变化原因是什么,变化的趋势如何等,这些都是开展该河段河道治理的关键性控制指标。

对宁蒙河段的水沙、风沙输移规律及河床演变的新形势缺乏深入系统研究,很大程度上限制和影响了黄河上游黑山峡峡谷的水力资源开发利用。黄河上游河道落差大,有水力"富矿"之称,水力资源理论蕴藏量 1 883.9 万 kW,约占全干流的 63.3%,已修建的龙羊峡、刘家峡两座干流大型调蓄水库,对宁蒙河套灌区的灌溉和宁蒙河段河道洪凌防治起到了重要作用,但关于水库运用对宁蒙河段河道淤积的作用问题仍存在较大的认识分歧。关于黑山峡水利枢纽的建设问题也存在很大争议。黑山峡位于宁蒙河段上游,围绕拟建水库对宁蒙河段的影响、作用和功能定位等问题,目前存在激烈的争论和严重的分歧。一种观点认为上游大型水库的蓄洪造成河道造床流量的减少和水沙关系的变异是宁蒙河段河道淤积的根源,应当修建黑山峡水库进行再调节,变不利水沙条件为有利水沙条件,通过调水调沙改变宁蒙河段不断淤积的局面;另一种观点认为腾格里沙漠、河东沙地、乌兰布和沙漠及库布齐沙漠是黄河宁蒙河段粗泥沙的主要来源,沙漠粗泥沙大量汇入是宁蒙河段泥沙淤积的主因,修建黑山峡水库对于改变该河段淤积的作用是有限的。以上认识的分歧造成黄河黑山峡峡谷水力资源开发利用和宁蒙河段治理提出了不同方案:一种意见是修建高坝冲沙,另一种意见是多级低坝方案。这种认识分歧和治理方案争论根源在于对该河段泥沙输移规律、水沙变化及河床演变规律缺乏深入的研究,已显著地影响着黑山峡峡谷水力资源的开发和利用,造成黑山峡宝贵水力、水资源开发方案几十年长期争论不休。因此,目前关于宁蒙河段河道泥沙输移及河床演变规律的研究还不能系统、准确地回答这些广泛关注、且急需回答的科学问题。

《国家中长期科技发展规划纲要(2006~2020 年)》把长江、黄河等重大江河综合治理及南水北调等跨流域重大水利工程治理开发的关键技术等作为重点研究的方向之一,对黄河上游尤其是宁蒙河段泥沙输移规律及河床演变的研究,揭示该河段泥沙输移与河床演变的制约机制,辨识水沙变化成因及情势,也正是黄河治理开发重大水利工程布局的关键科学问题,也是我国水利科技发展的重大需求。在《水利科技发展"十二五"规划》中,把水沙变异条件下河道演变及水沙调控、黄河宁蒙河段和下游河道维持基本输水输沙通道的措施和技术、水土保持对江河泥沙演变作用及其机制等作为重点突破和解决的科学问题。因此,针对近年来宁蒙河段水沙发生明显变化及河道不断淤积抬高问题,开展宁蒙河段泥沙输移规律及河床演变研究,揭示水沙变化成因,明晰新的水沙条件下河床演变规律,符合水利科技发展的需求,对于促进水利科技进步是很有意义的。

泥沙输移及河床演变是相互制约的两个动力系统,前者是后者的动力输入并受后者的反调控作用,后者既是对前者的响应又会对前者的演进过程起着一定的约束作用。尤其是对于宁蒙河段来说,特殊的产流产沙环境,强烈的人类活动干扰条件,以及河流过程—沙漠过程的耦合交织,其泥沙输移规律及水沙变化机制更为复杂,非线性、非恒定性更为突出。在复杂的水沙输入激发下,河流过程的响应规律有着与其他一般河流环境下的河道不同的特殊性。目前,关于该河段悬移质泥沙输移规律及床沙分组仍有不同的认识,尤其是对粗泥沙临界及其输移的动力条件都缺乏深入研究;关于河床演变规律的认识,更是由于缺乏系统、长期的精确定位大断面观测,很多机制问题未能得到揭示,对于通过水沙过程调控能否改善该河段河床不断淤积抬高的问题还有争论。总之,对宁蒙河段河道泥沙输移特性及河床演变规律的研究还远远不能满足河道治理的实践需求,很有必要开展宁蒙河段泥沙输移规律及河床演变研究。

从水文学、河床演变学的意义上说,降水—下垫面—产流产沙—河床演变构成了河流过程系统。降水、下垫面构成了流域产流产沙的动力初始条件与阻力边界条件,使得流域产流产沙具有非线性、不确定性的特征,是一个具有关系、状态、特性的能量转化过程和物质输移过程,这一过程显然与降水、下垫面之间有着复杂的响应关系。宁蒙河段位于沙漠—河流—黄土高原的特殊地貌演变区,对水沙过程的响应更为复杂和敏感,非线性更为突出。因而,对宁蒙河段泥沙输移、水沙变化及河床演变规律的研究需要应用复杂性科学的理论和方法,确定河流过程系统各要素之间相互作用和影响的定性定量关系,进行降水—下垫面、产流—产沙、水沙输移、河床演变等多层次综合评判分析。由此,不仅可以为宁蒙河段河道治理提供水沙变化指示参数,而且将使得基于水文学的复杂性科学研究获得更为丰富的内容。

人类活动对流域水文系统在一定程度上是可以起到明显扰动作用的。例如人类活动不仅可以直接改变流域地表水循环过程,而且诸如开矿等地下活动还可以对地下水循环过程产生影响,甚至大范围的植被建设可以使局地气候发生某种程度的改变,进而对流域产水产沙带来直接影响,使河道水沙关系发生变化。实际上,人类活动对流域水文系统包括地下水文系统的干扰是人为作用对这些系统过程的再调控,但是目前关于人类活动对流域产水产沙影响的评价方法并未得到很好解决。尤其是对于宁蒙河段,由于人类活动类型多且相对强烈,如上游受龙羊峡、刘家峡等大型水库的调控影响明显,宁蒙灌区引水用水规模大,水土保持工作不断发展,以鄂尔多斯地区为代表的能源开发强度大等,如何科学评价该地区人类活动对宁蒙河段水沙变化的影响显得更为迫切。而该河段河道治理、上游大型水利工程布局、经济社会发展规划等都需要建立在对人类活动施于流域产水产沙过程的影响作用及其程度的评价基础之上。因此,分析梯田、林地、草地、坝地、封禁、能源开发等经济社会用水诸因素对径流变化的贡献率,以及梯田、林地、草地、坝地、封禁、水库拦沙、灌溉引沙、河道淤积等因素对泥沙变化的贡献率,并对主要影响因素的作用及其成因进行评价分析,可以直接为黄河宁蒙河段河道治理提供重要的科学参数和方法。同时,从流域复杂非线性水文过程角度出发,分析降水—人类活动—下垫面—产流产沙多层次多系统响应关系,剖析宁蒙河段水沙变化原因,识别人类活动对径流泥沙过程的影响作用及程度,可望在关于人类活动对流域水文系统调控作用及水沙变化规律分析方面得到理论和方法上的创新与提高,不仅对于保障宁蒙河段的防洪防凌安全和该区域经济社会可持续发展有着极大意义,并且可使我国在以人类活动对流域水文系统干扰程度识别的评价预测为内容的复杂性科学研究领域取得进展。

本书依据黄河宁蒙河段水沙定位实测资料及大断面测验资料,从研究宁蒙河段的水沙关系变化及河床演变特征入手,通过非线性统计及理论分析,对水沙关系变化与河床演变规律进行研究,包括分析悬移质泥沙、河床质泥沙及水沙组合关系等方面的水沙变化时空特征,辨识水沙变化周期规律,了解降雨、径流、输沙关系变化规律,揭示水沙变化成因及影响因素贡献率,分析河势演变特点及河床演变冲淤规律,剖析该河段河道淤积原因,为该河段河道治理,减轻洪水、冰情自然灾害提供科学依据。

1.2　研究进展

关于宁蒙河段泥沙输移规律的研究多集中在泥沙来源、泥沙输移特性及水沙变化等方面。

1.2.1　泥沙来源研究

黄河宁蒙河段处在东亚季风的边缘,为大陆性季风气候,因此受季风影响明显。在季风作用下,乌兰布和沙漠、库布齐沙漠等生成的风成沙会进入黄河支流十大孔兑,并在孔兑堆积,遇到暴雨、洪水时,堆积泥沙又随洪流进入黄河。而关于风成沙入黄量的估算仍有分歧,有的研究认为该河段风成沙是泥沙的主要来源,而有的则认为其来源很有限。杨根生等较早于1987年对宁蒙河段沙坡头—河曲河段的风成沙入黄量进行了观测研究[2],该研究定义风成沙入黄量为在风力作用下输入黄河的沙量和由于风成沙坍塌入黄的沙量之和,通过编绘1:10万比例尺风成沙入黄的沙地类型图,分段分类型量算沿岸风成沙入黄的长度,结合野外调查,确定坍塌长度,并对拜格诺风沙量估算公式进行参数率定,经估算,入黄风沙量约为每年5 321万t。后来,杨根生等对风成沙在内蒙古河段泥沙淤积量中的比例又做了进一步分析[3],通过沙量平衡法估算,认为1954~2000年内蒙古河段泥沙淤积总量为20.11亿t,年均4 279万t,其中乌兰布和沙漠风沙造成的淤积6.06亿t,年均1 289万t,库布齐沙漠5.85亿t,年均1 245万t。两者合计占河段泥沙淤积量的59.2%,占同期河口镇输沙量的64.2%。杨忠敏等根据1985~1989年观测[4],认为乌兰布和沙漠是石嘴山—磴口河段黄河泥沙的主要来源,在受乌兰布和沙漠影响的40.4 km河段内,每年风沙入黄量为1 800万t,河流侧蚀坍塌入黄河的沙量为129万t,前者占同期石嘴山年均输沙量的17.8%。1993年方学敏通过调查并利用沙量平衡法计算表明[5],沙坡头—河口镇的入黄风沙量年均只有2 190万t,占同期河口镇年均输沙量1.35亿t的16.3%。

近期,余明辉等对1952~1968年、1969~1986年、1986~2003年宁蒙河段入黄泥沙来源又做了分析[6],结果表明,乌兰布和沙漠、十大孔兑、塌岸是宁蒙河段输沙量的主要来源,但不同时期各来源的比例是变化的,且三者对该河段输沙量的贡献率均逐年代增加。如乌兰布和沙漠风成沙占干流来沙量的比例由1952~1968年的8.69%到1986~2003年增至24.71%,十大孔兑相应时段由9.48%增加到37.50%,塌岸沙量的比例从8.02%增加到55.16%。特别是龙羊峡、刘家峡水库联合运用后至2003年,塌岸的贡献率最大,是风成沙贡献率的2.23倍,是十大孔兑的1.47倍。杨忠敏等根据2000年卫星像片的解译分析发现,近年来受乌兰布和沙漠影响的河段由20世纪80年代后期的40余km增至60 km,每年的风沙和河流侧蚀坍塌入黄沙量相应增加至0.286 3亿t,较前一时期增加了50%以上[4]。

另外,有不少研究认为风成沙也是宁蒙河段粗泥沙的主要来源。如杨忠敏等[4]认为,宁蒙段石嘴山—河口镇河段的淤积物组成80%以上为粒径大于0.1 mm的粗沙,这部分粗沙主要来源于库布齐沙漠的入黄风沙;杨根生等通过对内蒙古河段河道淤积泥沙钻孔取样的分析,也认为河道淤积物的粒径主要是大于0.08 mm的颗粒,且80%来自于风成沙[3]。

1.2.2 泥沙输移特性及水沙变化研究

宁蒙河段河道除石嘴山—河拐子外,大多河段都是沙质或砂卵石河床,河道宽浅,比降小,加之受上游大型水库调控、宁蒙灌区引水引沙等强烈的人类活动干扰,该河段泥沙输移过程复杂。由于水沙观测工作相对薄弱,基本资料欠缺,对泥沙输移特性研究相对较少。

宁蒙河段水沙特点主要包括:

(1)水沙异源。径流主要来源于唐乃亥以上,沙量主要来源于唐乃亥以下的洮河、湟水、祖厉河、十大孔兑等支流,以及部分风成沙。就多年平均而言,支流入黄泥沙量占70%,而水量约为20%,水沙关系非常不协调。

(2)径流量年际丰枯变化相对不大,如兰州水文站年径流量变差系数为0.16[7],最大最小年径流量之比为2.68。

(3)近年来水沙变化较大,如兰州2000~2012年平均输沙量为0.44亿t,不足1960年前的20%,头道拐的输沙量也相应减少,不足1960年前的1/3。

(4)径流量年内分配变化大,如在龙刘水库联合运用之前水量集中在汛期,占全年的60%以上,而之后年内均匀化,甚至有的年份汛期水量不足全年的50%。

(5)大洪水主要来自兰州以上,洪峰流量和洪水总量均约占下河沿的95%。

申冠卿等[8]根据1960~2001年实测资料,分析了头道拐断面汛期、非汛期悬移质输沙特性,建立了输沙能力、输沙率的统计关系。研究表明,洪水期头道拐输沙能力和含沙量、汛期头道拐日均输沙率均与流量单因子有密切关系,但在流量大于3 000 m³/s时,汛期头道拐日均输沙率与流量成负相关关系;对于非汛期,输沙量与来水量成正相关。另外,汛期、非汛期相比,在同样水量情况下,汛期输沙量基本是非汛期的2~3倍;同流量相比,头道拐汛期输沙能力略大于非汛期的。后来,张晓华等[9]通过对宁蒙河道的输沙规律研究认为,输沙率与流量基本上呈直线关系,输沙率随流量的增大而增加,而当同样流量下,输沙率随上游来水含沙量的增加而增加,同黄河下游一样,具有"多来、多淤、多排"的规律。根据1969~2003年水沙实测资料统计,分别建立了宁夏河段、内蒙古河段和青铜峡、石嘴山、巴彦高勒、三湖河口、头道拐断面输沙率与流量、上站(上游干流水文站+支流)含沙量的关系:

$$Q_S = kS_{进}^{\alpha} Q_{出}^{\beta} \tag{1-1}$$

式中　Q_S——输沙率;

$Q_{出}$——出口断面流量;

$S_{进}$——进口断面含沙量;

α、β——指数;

k——系数。

　　关于宁蒙河道水沙变化问题的研究,开展时间相对较早且成果较多。1987 年设立的水利部黄河水沙变化研究基金在第一期研究计划中就列出专题,对黄河上游水沙变化及发展趋势开展研究[10]。第一期项目的研究表明,龙羊峡、刘家峡水库联合运用,基本上可以调节上游的洪水和径流,同时也拦蓄了大量泥沙。支流水土保持明显起到了减少进入黄河泥沙的作用,如清水河、祖厉河减少入黄泥沙分别达 62.4% 和 27.3%。同时认为,黄河上游正由一条天然河流转为人为控制的河流。顾文书[11]对有关成果进行了综述,并在此基础上还就龙羊峡、刘家峡水库在黄河治理中的作用进行了评价。在第二期水沙变化研究项目中,就龙羊峡、刘家峡水库运用和宁蒙灌区引水对头道拐水沙变化的影响进行了专题研究[12]。研究表明,1990~1996 年头道拐断面实测水沙量分别较 20 世纪 50 年代减少 28.7% 和 69.9%,水沙变化的主要原因是灌溉用水和龙羊峡、刘家峡水库调节径流,其中龙羊峡、刘家峡水库联合调节径流使头道拐汛期径流量减少 47.4 亿 m³,非汛期增加 38.2 亿 m³;受灌溉用水及龙羊峡、刘家峡水库调节径流影响,头道拐年均输沙量分别减少 1 亿 t 左右和 0.54 亿 t。龙羊峡、刘家峡水库调节径流后,河道重新调整,主要特点是水流挟沙能力降低,同样年径流条件下,头道拐输沙量较刘家峡水库修建前减少 20%~50%,河道淤积严重,年均淤积量 0.65 亿 t,内蒙古河段平滩流量由龙羊峡水库修建前的 2 500~3 000 m³/s 减少到 1 000 m³/s 左右。

　　不少研究者认为,黄河上游水沙变化的主要原因是大型水库的运用。如根据程秀文等[13]对 20 世纪 80 年代水沙变化的分析,20 世纪 80 年代黄河上游来水来沙偏丰,唐乃亥以上来水来沙量分别比多年平均偏丰 16% 和 64%,由于龙羊峡、刘家峡水库调节,头道拐实测水量比还原后的天然值偏小 40%,并使汛期水量减少,非汛期水量增加。尚红霞等[14]对 2004 年以前的实测资料分析认为,龙羊峡、刘家峡水库调节对宁蒙河道水沙变化产生很大影响,汛期水量占全年的比例由 60% 降到了 40%,大流量历时缩短,小流量历时加长,头道拐 2 000 m³/s 流量级历时由多年平均的 32.3 d 减少到 2.4 d,同时,水库调蓄洪水使得内蒙古河段支流汇入的高含沙水流的稀释作用降低,加重了干支流汇合口局部河道的淤积。侯素珍等[15]的分析也认为,龙羊峡、刘家峡水库的调节使天然的年内径流量重新分配,水库的削峰作用和调节流量过程,造成水库下游洪峰流量的大幅度减少和流量过程的均匀化,从而对河道的综合治理产生十分不利的影响。

　　近年来,黄河流域水沙变化很大,黄河上游水沙也进一步发生变化,对黄河治理开发产生很大影响,引起了更多人的关注和研究。根据周丽艳等[16]的分析,1986~2007 年下河沿站年均来水量为 243.5 亿 m³,为天然状态的 79.4%,汛期沙量仅为天然状态的 25.3%。根据姚文艺等[17]的分析,与 1970~1996 年相比,1997~2006 年头道拐径流量、输沙量分别减少 40% 和 64.8%,其影响因素主要是降雨减少、灌溉引水及经济社会用水增加等。在宁夏引黄灌区河段,每引 1 亿 m³ 水,石嘴山断面径流量减少 0.47 亿~0.52 亿 m³;在内蒙古河套灌区,每引 1 亿 m³ 水,三湖河口断面径流量相应减少 0.82 亿~0.84 亿 m³;宁蒙河套灌区每引 1 亿 m³ 水,三湖河口断面减少径流量 0.62 亿~0.64 亿 m³;宁蒙引黄灌区每引 1 亿 m³ 水,头道拐减少径流量 0.64 亿~0.70 亿 m³。张晓华等[18]利用统计分析、相关性分析、滑动平均法和 Mann-Kendall 趋势检验等方法,对 2000~2010 年黄河上游沙漠宽谷河段水沙变化特点的分析认为,2000 年以来与 1990 年以前相比,径流量和输沙量分别减少24.8%~39.8%、36.6%~73.6%,其中头道拐断面的输沙量降幅最大,近期水沙量减少的主要因素是水库运用和支流来水来沙减少等。而且,近年来宁蒙河段水沙减少主要发生在汛期,年最大水量、沙量减少直接导致了年际间水沙变化幅度减小[19]。根据苏晓慧等[20]的分析,自1950年以来的60 a,宁蒙河段来水来沙量减少具有沿程递变的规律,年径流量突变点为1987年左右,年输沙量突变点主要发生在20世纪80年代初期及中期,水沙变化的突变时间点存在差异,而且宁蒙河段年径流量变化存在4 a、8 a、15 a、25~27 a的准周期,输沙量变化存在3~4 a、8~11 a及22~24 a的准周期。赵昌瑞等[21]的分析还表明,黄河上游水沙变化是自然因素和人为因素共同作用造成的,黄河上游水沙系列年际变化发生根本性转变的主要决定因素是上游降水量、引水量的增大及龙羊峡水库和刘家峡水库联合运用。另外还有其他不少人对黄河上游尤其是宁蒙河段的水沙变化开展了分析[22-27]。归纳现有成果来看,得到的共同认识主要是:在龙羊峡、刘家峡水库联合运用以来,宁蒙河段水沙过程发生很大变化,尤其是近年来变化更大。变化的主要表现:一是径流量、输沙量明显减少;二是年内水沙量分配发生很大调整,汛期水沙量大幅减少,径流量年内分配趋于均匀化;三是大流量过程减少而小流量过程增加。

从上述研究成果来看,对该河段泥沙输移规律、不同时期的水沙变化特点取得了不少认识,包括悬移质泥沙输移与径流及含沙量关系、不同时期水沙量及其年内分配变化、水库运用及灌区引水对水沙变化的作用等,其中关于水沙变化特点的研究成果具有较趋同的认识。但是,关于该河段河道输沙能力的影响因素、输沙能力对多因素的响应规律,关于百年尺度水沙系列变化情势、水沙系列变化周期、实测水沙系列变化空间特征,以及2000年以来水沙变化成因和影响因素的贡献率等方面的分析还不够,这些内容的进一步研究不仅对该河段河道治理及重大水利工程布局具有指导意义,同时对于揭示该河段河道演变机制也具有重要的科学价值。

1.2.3 河床演变特性研究

河流演变的方向总是趋于与一定的来水来沙条件相适应。宁蒙河段水沙变化必然引起河床的调整,出现新的演变特点。

关于河床演变特性问题国内外都有不少研究。如近几十年来,Leopold和Wolman、Chitale和Schumm[28]对河型分类开展了很有意义的研究,White、Keller和Knighton[29]对河型成因进行了分析,Knighton对多流路河道的演变开展了分析,Graf[30]用灾变理论研究了河型的转化机制等。综合目前国外对河床演变的分析,更多的是集中于对河床演变规律,如河相关系、河流过程等方面的研究,其中许多的研究是针对含沙量低的河流。

对于冲积性河流来说,其河床演变的一个主要特点是河床形态随来水来沙的变化不断地进行调整,调整的最终目的是力求使河床的输水、输沙能力与来水来沙相适应,达到相对的均衡状态。Mackin J H早在1949年研究中就指出,冲积性河流的比降及河床特性可以在若干年代里进行细致的调整,以便在一定的流量下,使其流速足以输送流域的来沙。事实上,冲积性河床调整的均衡性是纵向和横向形态方面改变的体现。梁志勇、张德茹[31]在研究中指出,河道断面宽深比与来水过程的几何平均流量的某一次方成正比,与流量过程的变化幅度成正比,来水来沙及水沙搭配关系对河道冲淤变化有较大影响,当来水来沙发生变化后,河道冲淤与流量的关系也将发生变化。

申冠卿[8]及尚红霞[14]等对水库运用前后水沙条件下黄河上游宁蒙河道冲淤演变特点进行了分析,计算了龙羊峡和刘家峡水库调节水沙对宁蒙河道的影响。王凤龙、秦毅等[32]对内蒙古河段淤积特点及成因分析表明,内蒙古河段近期淤积的主要原因是十大孔兑淤堵和青铜峡水库排沙。侯素珍、常温花等[33]通过同流量水位变化分析了不同时期、不同水沙条件下各河段主槽冲淤变化规律和淤积的原因,认为不利的水沙条件是内蒙古河段主槽淤积萎缩、排洪能力大幅度降低的根本原因。李秋艳等[34]的分析进一步表明,黄河宁蒙河段1960年以前河床处于微淤状态,1961~1986年呈冲刷状态,1986年以后出现枯水系列,汛期来水量减少,水流挟沙能力降低,呈淤积状态。张立等[35]认为,龙羊峡、刘家峡水库相继投入运用,改变了内蒙古河段由冲淤基本平衡转变为持续性淤积,河床不断淤积抬高,宽深比增大,河槽过流面积减小,主槽摆动频繁,河床更加宽浅散乱。秦毅等[36]分析认为,三湖河口河段河道冲淤变化的主要原因是十大孔兑来沙淤积河道。从目前研究成果看,大多认为影响宁蒙河段冲淤的因素主要为水力因素、水库调控、支流入汇和风沙入河等[34,37-39]。如有的分析认为,1960~2006年巴彦高勒—头道拐河段淤积主要源自于支流十大孔兑洪水的影响;1969~1986年汛期来水虽然较前期减少约20%,但由于来沙减少54%,沙量的减幅远大于水量的减幅,河床淤积并不大;1986年以后,由于龙羊峡、刘家峡水库联合运用,进入该河段汛期水量和洪峰流量减小,使得区间来沙对内蒙古河段淤积的影响更加显著。万景文[40]通过对近期黄河宁蒙河道增淤原因的分析认为,淤积是支流高含沙洪水携带泥沙造成的。杨忠敏等[41]通过对黄河上游梯级水库运行及水文站实测水沙资料统计分析,认为黄河上游水库蓄水运用对其下游河道的水沙条件及河道冲淤影响是明显的;石嘴山—河口镇河段的淤积物主要为来自乌兰布和沙漠的风成沙、经十大孔兑输入黄河的库布齐沙漠的风沙和梁地的砒砂岩沙;淤积泥沙组成约80%为粒径大于0.1 mm的粗沙。赵文林等[42]认为,水库运用改变了水沙条件,从而也改变了宁蒙河段的冲淤趋势。

实际上,不同时期的主要影响因素是不同的,而且这些因素往往是共同作用决定了宁蒙河段的冲淤变化。

张晓华等[43]对宁蒙河段河床演变规律的研究表明,无论是汛期、洪水期还是非汛期,来沙系数对河道冲淤均有影响,其关系式均符合以下形式:

$$\beta = K\ln(S/Q) + B \qquad\qquad (1\text{-}2)$$

式中　　β——单位水量冲淤量,kg/m^3;

　　　　S——来水含沙量,kg/m^3;

　　　　Q——流量,m^3/s;

　　　　K——系数;

　　　　B——常数。

侯素珍等[33]研究成果表明,内蒙古河段总体具有汛期冲刷、非汛期淤积的特点,而汛期冲淤变化取决于洪水期径流的变化。根据罗秋实等[44]的分析,宁蒙河段支流来水来沙量与干流淤积量关系非常密切,考虑支流来水来沙与不考虑支流来水来沙相比,宁蒙河段年均多淤积0.301亿t,1986年以前平均多淤积0.207亿t,之后多淤积0.377亿t。但是,粒径大于 0.1 mm 泥沙的淤积量与流量大小关系并不密切[4]。

张厚军等[45]对宁蒙河段洪水的冲淤规律进行了探讨。根据 1973~2005 年宁蒙河段汛期场次洪水的分析认识到,当洪水含沙量小于 7 kg/m³ 时河道发生冲刷,反之发生淤积,且流量为 2 200~2 500 m³/s,洪水总水量大于 25 亿 m³ 时冲刷效率最大。2012 年宁蒙河段发生了多年来未出现的大流量、长历时的洪水过程,唐乃亥水文站 2 000 m³/s 以上流量持续 54 d,兰州最大洪峰达到 3 860 m³/s,相应地下河沿—头道拐形成的洪水流量达到 2 710~3 520 m³/s 的洪峰,对该河段河道演变产生很大影响。根据张晓华等[46]的分析,洪水过程中宁蒙河段河道发生明显的"淤滩刷槽"现象,整个河道主槽冲刷 1.916 亿 t,滩地淤积 2.032 亿 t。侯素珍等[47]计算表明,巴彦高勒—三湖河口冲刷 0.42 亿 t,三湖河口—头道拐主槽冲刷 0.26 亿 t,而由于洪水上滩,滩地淤积 0.725 亿 t,三湖河口断面过流能力增加 700 m³/s。

关于宁蒙河段河道不同时段冲淤量的研究有不少成果,但差异比较明显。周丽艳等[48]利用断面法,通过 1962~2008 年部分大断面的资料分析计算表明,1962~1982 年、1982~1991 年、1991~2000 年、2000~2008 年的平均淤积量分别为 -0.01 亿 t、0.38 亿 t、0.54 亿 t 和 0.62 亿 t,其中 2000~2008 年主槽淤积量占全断面淤积量的 90.9%。王随继等[49]分析表明,1952~1959 年、1994~2003 年宁蒙河段发生强烈淤积,两时段年均分别淤积 0.96 亿 t、0.95 亿 t。自龙羊峡、刘家峡水库联合运用至 2004 年,三盛公—头道拐河段年均淤积量为 0.62 亿 t[50],张建等[51]对 2000~2004 年平均淤积量的分析也得出了 0.62 亿 t 的结论,表明在此期间的淤积量与两水库联合运用以来的年均淤积量是一致的。师长兴利用来水来沙与河道淤积关系、气候要素与区域产沙关系及古气候与古径流等相关资料,曾对历史上河道冲淤变化进行了分析[52],认为地质时期以来宁蒙河段就是一条淤积性河道,第四纪盆地年沉积量约 0.20 亿 t,1989 年以前的 505 a 间宁蒙河段河道年均沉积量 0.55 亿 t,其中 1850~1989 年平均为 0.52 亿 t,而且自龙羊峡、刘家峡水库联合运用以来,淤积加重,1987~2004 年平均淤积量提高到 0.840 亿 t。另外,管清玉等[53]还对河床淤积物的级配做了分析,认为在宁蒙河段 0.1 mm 粒径是一个重要的分界值,淤积物中大于 0.10 mm 的粗泥沙呈现出从上游到下游增加的特点,且淤积的泥沙中 80% 以上为粒径大于 0.10 mm 的粗泥沙。

该河段缺乏较完善的整治工程约束,河势变化较大,横向摆动、塌岸等问题突出。颜明等[54]通过遥感影像解译,结合地质地貌条件,将宁蒙河段划分为四类河型,包括青铜峡—石嘴山的分叉交错型、石嘴山—巴彦高勒的顺直河型、巴彦高勒—三湖河口的游荡型、三湖河口—头道拐的弯曲型。而冉立山等[55]把宁蒙河段分为三种河型,辫状河流、弯曲河流和顺直河流。颜明等[54]通过对比 1978 年、1990 年、2002 年、2010 年近 30 a 宁蒙河道平面变化认为,河道总体上表现出萎缩的趋势,游荡型河段的平均宽度逐渐增加;冉立山等[55]认为以基岩河岸为主的磴口河段河道最为稳定,以泥质河岸为主的头道拐河段次之,以泥质砂质二元结构为主的三湖河口河段的弯曲河流很不稳定,以砂质河岸为主的巴彦高勒河段的辫状河流河势最不稳定。吴守信等[56]根据 1973~1994 年间 4 个代表性年份的遥感影像图分析表明,三盛公—三湖河口的曲折系数变化不大,而三湖河口—头道拐的曲折系数有所增大,河道弯曲萎缩。与龙羊峡、刘家峡水库联合运用前相比,1986~

1991 年河道横向淘刷面积增大 3.1 倍,1986 年以后河道摆动明显增强。根据舒安平等[57]对 2004~2014 年遥感影像资料分析,以黏性物质河岸为主的磴口、风沙堆积河岸为主的乌海河段为例,黏性河段的塌岸后退距离大于风沙堆积河段。

王卫红等[58]还针对 2012 年大水年份对河势变化情况进行了专门分析。分析表明,与近期平均摆幅相比,汛后游荡段和弯曲段明显减小,过渡段有所增加。游荡段最大摆幅为 1 240 m,洪水过后仍有多处心滩发育,游荡特性未改变,过渡段和弯曲段河道平均裁弯比为 37%,且河道断面主槽普遍冲刷下降。

综上可以看出,关于河床演变的研究成果已有不少,其研究主要集中于河床调整对水沙条件的响应关系、大型水库调控对河道冲淤影响、不同时段河道冲淤量、河势变化特征等,取得了不少具有应用价值及科学价值的认识。但是,对该河段河道冲淤变化的成因及其演变机制的研究还相对薄弱。

1.3　研究内容与本书结构

1.3.1　研究内容

本书的主要研究内容包括宁蒙河段水沙特性、泥沙输移规律、河道水沙变化与成因、河道冲淤演变规律等。

(1)水沙基本特性。根据宁蒙河段水沙定位观测资料统计,分析河段水沙异源特性及径流泥沙代际分布、年内分布规律,悬移质、床沙质泥沙级配特征,实测径流泥沙系列周期规律,以及支流十大孔兑洪水特点及其对干流水沙、河床演变的影响。

(2)泥沙输移规律。以水沙关系分析为切入点,分析河道汛期输沙特性、洪水期输沙特性、非汛期输沙特性及河道输沙能力对多因素的响应规律;辨识宁蒙河段输沙能力及其临界,对比其他河段的输沙能力,分析不同因素对输沙能力的影响程度。

(3)水沙变化与成因。以通过插补延长的 1919~2014 年水沙系列为研究对象,研究百年尺度水沙系列变化情势,分析兰州、下河沿、头道拐水沙变化的基本规律,包括水沙系列突变点、水沙系列变化周期、实测水沙量时空变化特征、悬移质泥沙级配时空变化特征、水沙组合关系时空变化规律、降雨径流输沙关系变化、近期水沙剧变原因及影响因素贡献率等。

(4)河道冲淤演变规律分析。根据大断面资料、遥感影像解译资料,分析宁蒙河段河道纵向演变、横向演变规律,河势演变特点,近年来河段淤积加重的原因,包括水库运用、降水及天然径流量、灌区引水、支流水沙变化等,并提出减少河道淤积的措施建议等。

1.3.2　本书结构

全书共分为 6 章。第 1 章为绪论,概括介绍本书研究的目的、意义及研究内容,综述国内外涉及本书主要研究内容的研究进展;第 2 章为河道概况,包括宁蒙河段基本特性,主要入汇支流,自然环境与人类活动等河流自然属性及其环境情况等;第 3 章为水沙基本特性,主要介绍宁蒙河段水沙来源,分析河道泥沙级配特征,分析实测径流泥沙系列周期

变化规律,介绍主要支流十大孔兑的洪水特点,及其对河道演变的影响等;第 4 章为水沙
变化特点与成因,主要阐述 1919～2014 年百年尺度水沙系列变化情势、水沙系列突变点
识别、水沙系列变化周期规律、实测水沙系列变化时空特征、悬移质泥沙级配时空变化规
律、水沙组合关系时空变化规律、近期水沙剧变原因及影响因素贡献率;第 5 章为泥沙输
移规律,重点辨识影响宁蒙河道泥沙输移的主要因素,分析宁蒙河段输沙能力及不同因素
对河道输沙能力的影响作用,为揭示河床演变机制提供理论基础;第 6 章为河道冲淤演变
规律分析,主要阐述河床冲淤演变规律、河势演变特点、河道淤积原因分析,以及减少河道
淤积的措施建议。

参考文献

[1] 秦毅.黄河上游河流环境变化与河道响应机理及其调控策略——以宁蒙河段为对象[D].西安:西安理工大学,2009.
[2] 杨根生,刘阳宜,史培军.黄河沿岸风成沙入黄沙量估算[J].科学通报,1988(13):1017-1021.
[3] 杨根生,拓万全,戴丰年,等.风沙对黄河内蒙古河段河道泥沙淤积的影响[J].中国沙漠,2003,23(2):152-159.
[4] 杨忠敏,任宏斌.黄河水沙浅析及宁蒙河段冲淤与水沙关系初步研究[J].西北水电,2004(3):50-55.
[5] 方学敏.黄河干流宁蒙河段风沙入黄沙量计算[J].人民黄河,1993(4):1-3.
[6] 余明辉,申康,张俊宏,等.黄河宁蒙河段河道岸滩特性及入黄泥沙来源初步分析[J].泥沙研究,2014(4):39-43.
[7] 赵业安,戴明英,熊贵枢,等.黄河干流水库调水调沙关键技术研究与龙羊峡、刘家峡水库运用方式调整研究[R].郑州:黄河水利科学研究院,2008.
[8] 申冠卿,张原锋,侯素珍,等.黄河上游干流水库调节水沙对宁蒙河道的影响[J].泥沙研究,2007(2):67-75.
[9] 张晓华,郑艳爽,尚红霞.宁蒙河道冲淤规律及输沙特性研究[J].人民黄河,2008,30(11):43-45.
[10] 汪岗,范昭.黄河水沙变化研究(第一卷上、下册)[M].郑州:黄河水利出版社,2002.
[11] 顾文书.黄河近年来水沙变化情况以及龙羊峡和刘家峡两大水库在黄河治理开发中所起的作用[J].水力发电学报,1994(1):1-5.
[12] 汪岗,范昭.黄河水沙变化研究(第二卷)[M].郑州:黄河水利出版社,2002.
[13] 程秀文,尚红霞,傅崇进.80 年代龙羊峡、刘家峡水库运用及上游来水来沙变化[J].人民黄河,1992(5):19-21,22.
[14] 尚红霞,郑艳爽,张晓华.水库运用对宁蒙河道水沙条件的影响[J].人民黄河,2008,30(12):29-30.
[15] 侯素珍,王平,楚卫斌.黄河上游水沙变化及成因分析[J].泥沙研究,2012(4):46-52.
[16] 周丽艳,崔振华,罗秋实.黄河宁蒙河道水沙变化及冲淤特性[J].人民黄河,2012,34(1):25-26.
[17] 姚文艺,徐建华,冉大川,等.黄河流域水沙变化情势分析与评价[M].郑州:黄河水利出版社,2011.
[18] 张晓华,苏晓慧,郑艳爽,等.黄河上游沙漠宽谷河段近期水沙变化特点及趋势[J].泥沙研究,2013(2):44-50.
[19] 郑艳爽,尚红霞,陶海鸿,等.黄河唐乃亥—兰州段近期水沙变化特点分析[J].人民黄河,2013,35

　　　　　(1)：17-25.

[20] 苏晓慧,张晓华,田世民.黄河上游宁蒙河段水沙变化特性分析[J].人民黄河,2013,35(2)：13-15.

[21] 赵昌瑞,赵明旭,关磊.黄河上游干流各控制站水沙变化规律分析研究[J].甘肃水利水电技术,
　　　2014,50(4)：1-4,10.

[22] 王秀杰,练继建.近43年黄河上游来水来沙变化特点[J].干旱区研究,2008,25(3)：3-6.

[23] 孙静.黄河上游干流各控制站水沙变化规律分析[C].中国水力发电工程学会,2010：124-126.

[24] 王彦成,王铁钧,郭少宏,等.黄河内蒙古段近期水沙变化分析[J].内蒙古水利,1999(3)：40-41.

[25] 张会敏,胡亚伟,侯爱中,等.宁蒙河段水沙变化数值模拟及灌区引水对河道水沙变化的影响[J].
　　　水资源与水工程学报,2011,22(5)：41-46.

[26] 饶素秋,霍世青,薛建国,等.黄河上中游水沙变化特点分析及未来趋势展望[J].泥沙研究,2001
　　　(2)：74-77.

[27] 孙贵山.黄河上游水电开发工程对水沙变化的影响分析[C]//水文泥沙研究新进展——中国水力
　　　发电工程学会水文泥沙专业委员会第八届学术讨论文集.

[28] Schumm S A. Patterns of Alluvial Rivers[J]. Annual Review of Earth and Planetary Sciences,1985(13)：
　　　5.

[29] Knighton D. Fluvial Forms and Processes：A New Perspective[M]. Arnold,Hodder Headline,PLC,1998.

[30] Anderson M G. Modelling Geomorphological Systems[M]. New York：Wiley and Sons,1998.

[31] 梁志勇,张德茹.水沙条件对黄河下游河床演变影响的分析途径——兼论水沙与断面形态关系[J].
　　　水利水运科学研究,1994(1)：19-25.

[32] 王凤龙,秦毅,张晓芳,等.内蒙古河段淤积再探讨[J].水资源与水工程学报,2010,21(1)：148-150.

[33] 侯素珍,常温花,王平,等.黄河内蒙古河段河床演变特征分析[J].泥沙研究,2010,(3)：44-50.

[34] 李秋艳,蔡国强,方海燕.黄河宁蒙河段河道演变过程及影响因素研究[J].干旱区资源与环境,2012,
　　　26(2)：68-73.

[35] 张立,孙东坡,杨真真,等.黄河内蒙古河段河床横断面调整分析[J].人民黄河,2010,32(10)：34-37.

[36] 秦毅,张晓芳,王凤龙,等.黄河内蒙古河段冲淤演变及其影响因素[J].地理学报,2011,66(3)：
　　　324-330.

[37] 侯素珍,常温花,王平,等.黄河内蒙古段河道萎缩特性及其成因[J].人民黄河,2007,29(1)：28-29.

[38] 刘晓燕,侯素珍,常温花.黄河内蒙古段主槽萎缩原因和对策[J].水利学报,2009,40(9)：1048-1054.

[39] 郑艳爽,张晓华,尚红霞.黄河宁蒙河道近期调整特点及原因分析[J].人民黄河,2009,31(6)：50-52.

[40] 万景文.近期黄河宁蒙河道增淤主要是支流高含沙洪水泥沙造成[J].西北水电,2006(4)：11-14.

[41] 杨忠敏,王毅,任宏斌.黄河上游水沙变化及宁蒙河段冲淤分析[C].水电2006国际研讨会论文集,
　　　2006.

[42] 赵文林,程秀文,侯素珍.黄河上游宁蒙河道冲淤变化分析[J].人民黄河,1999,21(6)：11-14.

[43] 张晓华,郑艳爽,尚红霞.宁蒙河道冲淤规律及输沙特性研究[J].人民黄河,2008,30(11)：42-44.

[44] 罗秋实,周丽艳,等.支流来水来沙对黄河宁蒙河段冲淤的影响[J].人民黄河,2011,33(11)：29-31,
　　　34.

[45] 张厚军,鲁俊,周丽艳,等.黄河宁蒙河段洪水冲淤规律分析[J].人民黄河,2011,33(11)：27-28,63.

[46] 张晓华,张敏,郑艳爽,等.2012年黄河宁蒙河段洪水特点及对河道的影响[J].人民黄河,2014,36
　　　(9)：31-37.

[47] 侯素珍,王平,楚卫斌.2012年黄河上游洪水及河道冲淤演变分析[J].人民黄河,2013,35(12)：
　　　15-18.

[48] 周丽艳,崔振华,罗秋实.黄河宁蒙河道水沙变化及冲淤特性[J].人民黄河,2012,34(1)：25-26.

［49］王随继,范小黎,赵晓坤.黄河宁蒙河段悬沙冲淤量时空变化及其影响因素[J].地理研究,2010,29
　　　(10):1879-1888.

［50］侯素珍,王平,常温花,等.黄河内蒙古河段冲淤量评估[J].人民黄河,2007,29(4):21-22.

［51］张建,周丽艳,陶冶.黄河宁蒙河段冲淤演变特性分析[J].人民黄河,2008,30(8):43-44.

［52］师长兴.近五百多年来黄河宁蒙河段泥沙沉积量的变化分析[J].泥沙研究,2010(5):19-24.

［53］管清玉,桂洪杰,潘保田.黄河宁蒙河段沙样粒度与分形维数特征[J].兰州大学学报(自然科学版),
　　　2013,49(1):3-5.

［54］颜明,王随继,闫云霞.近三十年黄河上游冲积河段的河道平面形态变化分析[J].干旱区资源与环
　　　境,2013,27(3):74-79.

［55］冉立山,王随继.黄河内蒙古河段河道演变及水力几何形态研究[J].泥沙研究,2010(4):61-67.

［56］吴守信,王彦成.黄河内蒙古平原段近期河势演变遥感调查及对策[J].内蒙古水利,1996(1):22-25.

［57］舒安平,高静,李芳华.黄河上游沙漠宽谷河段塌岸引起河道横向变化特征[J].水科学进展,2014,25
　　　(1):77-82.

［58］王卫红,于守兵,郑艳爽,等.黄河内蒙古河段2012年洪水前后河势演变[J].水利水电科技进展,
　　　2014,34(5):35-38,49.

第 2 章　河道概况

2.1　河道基本特性

黄河宁蒙河段位于宁夏回族自治区和内蒙古自治区境内,是黄河上游的下段。宁蒙河段河道自宁夏中卫县南长滩入境,至内蒙古准格尔旗马栅乡出境(见图 2-1[1]),全长 1 240.53 km,约占黄河总长的 1/5。黄河宁夏河段河流偏东转偏北流向,跨北纬 37°17′至 39°23′。内蒙古河段地处黄河流域最北端,介于东经 106°10′~112°50′,北纬 37°35′~41°50′之间,受两岸地形控制,形成峡谷河段与宽河段相间出现的格局。南长滩至下河沿、石嘴山至乌达公路桥及蒲滩拐至马栅乡为峡谷型河道,其余河段河面宽阔。根据河道特性和位置,可以分为 15 个河段,其中冲积性河段 7 个,长 734.1 km,峡谷河段 5 个,长 165.92 km,库区河段 3 个,长 246.1 km。

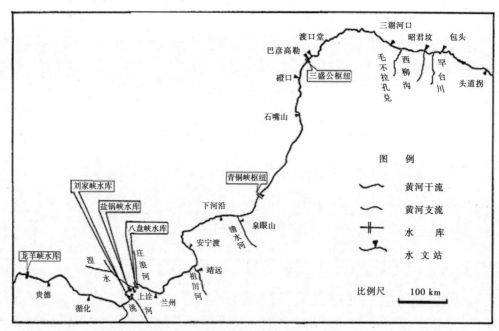

图 2-1　宁蒙河道示意图

2.1.1　宁夏河段河道特性

宁夏河段自中卫南长滩翠柳沟入境至石嘴山头道坎麻黄沟(尾部都思兔河河口至麻黄沟沟口为宁夏与内蒙古的界河)出境,全长 397 km,其中石嘴山以上长 372.4 km。全河段由峡谷段、青铜峡水利枢纽库区段和平原段三部分组成。峡谷段由黑山峡峡谷段和石嘴山峡谷段组成,总长 86.12 km,在黑山峡峡谷段规划有大柳树水利枢纽和已建成的沙坡头水利枢纽。青铜峡库区段自中宁枣园至青铜峡枢纽坝址,全长 44.14 km。下河沿至枣园及青铜峡坝址至石嘴山的平原段长 266.74 km。

宁夏下河沿—青铜峡河段长 124 km,河道迂回曲折,河心滩地多,河宽 200 ~ 3 300 m,平均比降 7.8‰;青铜峡—石嘴山河段长 194.6 km,河宽 200 ~ 5 000 m,河道平均比降为 2.0‰。按其河道特性,翠柳沟至麻黄沟之间可分为以下 5 个河段(见表 2-1[2])。

表 2-1 黄河宁夏河段河道特性

河段	河型	河长(km)	平均河宽(m)	主槽宽(m)	比降(‰)
翠柳沟—下河沿	山区	61.5	200	200	8.7
下河沿—仁存渡	非稳定分汊型	158.9	1 700	400	7.3
仁存渡—头道墩	过渡型	69.2	2 500	550	1.5
头道墩—石嘴山	游荡型	82.8	3 300	650	1.8
石嘴山—麻黄沟	峡谷型	24.62	400	400	5.6
备注	河道长 397 km,其中整治河道长 266.74 km。				

2.1.1.1 翠柳沟—下河沿

该河段为黄河黑山峡峡谷尾端,长 61.5 km,河槽束范于两岸高山之间,河宽 150 ~ 500 m,平均为 200 m,纵比降 8.7‰,受两岸高山约束,主流常年稳定。

2.1.1.2 下河沿—仁存渡

该河段长 158.9 km,其中下河沿以下 75.1 ~ 119.2 km(青铜峡坝址)之间的 44.1 km 河段,为青铜峡水库库区段。由于黄河上游出峡谷后,水面展宽,卵石推移质沿程淤积,洪水漫溢时,悬移质泥沙落淤于滩面,因此河岸具有典型的二元结构,下部为砂卵石,上部覆盖有砂土。河道内心滩发育,汊河较多,水流分散,流势多为 2 ~ 3 汊(见图 2-2、图 2-3),属非稳定性分汊河道(也有称其为游荡型),其河床演变主要表现为主汊、支汊的兴衰及心滩的消长,主流顶冲滩岸,造成险情。清水河在青铜峡库区上游右岸汇入黄河,红柳沟在库区段右岸汇入黄河,苦水河在库区下游右岸汇入黄河。

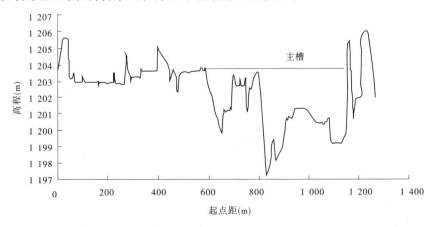

图 2-2 下河沿—仁存渡河段典型断面

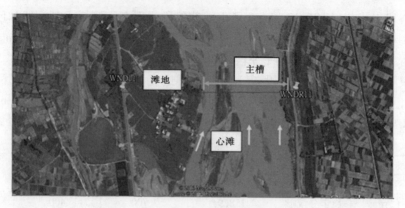

图 2-3　下河沿—仁存渡河段河道特征

本河段为砂卵石河床,河宽 500～3 000 m,主槽宽 300～600 m,河道纵比降青铜峡库区以上为 8.0‰,库区以下为 6.1‰,弯曲系数为 1.16。青铜峡水库库区段坝上 8 km 为峡谷河道,峡谷以上河床宽浅,水流散乱,其河床演变除受来水来沙条件及河床边界条件的影响外,还与水库运用方式密切相关。

2.1.1.3　仁存渡—头道墩

该河段为平原冲积河道,河床组成由下河沿—仁存渡的砂卵石过渡为砂质,为分汊型河道向游荡型河道转变的过渡型河道,也有将此段划为弯曲型河道。受鄂尔多斯台地控制,右岸形成若干节点,因此平面上出现多处大的河湾,心滩少,边滩发育(见图 2-4、图 2-5),主流摆动大。抗冲能力弱的一岸,主流坐弯时,常造成滩岸塌滩,出现险情。永清沟于左岸汇入黄河,水洞沟于右岸汇入黄河。

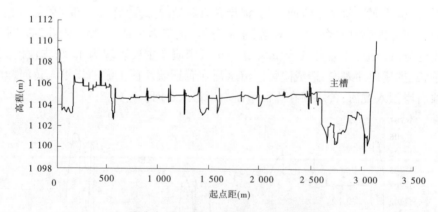

图 2-4　仁存渡—头道墩河段典型断面

本河段长 69.2 km,河宽 1 000～4 000 m,平均 2 500 m。主槽宽 400～900 m,平均宽约 550 m。河道纵比降 1.5‰,弯曲系数为 1.21,主流多靠右岸,左岸顶冲点变化不定,平面变化大。

2.1.1.4　头道墩—石嘴山

该河段受右岸台地和左岸堤防控制,平面上宽窄相间(见图 2-6、图 2-7),呈藕节状,断面宽浅,水流散乱,沙洲密布,河岸抗冲性差,冲淤变化较大,主流游荡摆动剧烈,两岸主

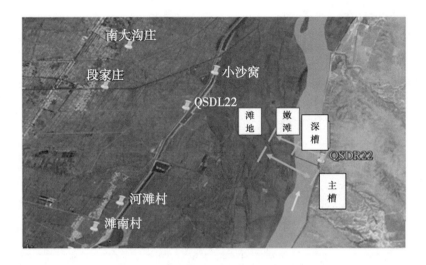

图 2-5　仁存渡—头道墩河段河道特征

流顶冲位置不定,经常出现险情,属游荡型河道。右岸有都思兔河汇入黄河。

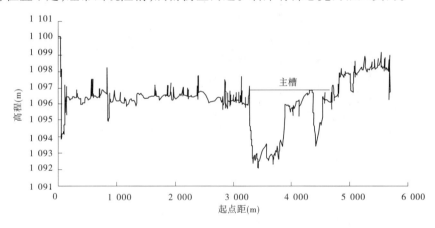

图 2-6　头道墩—石嘴山河段典型断面

图 2-7　头道墩—石嘴山河段河道特征

本河段长 82.8 km,河宽 188 ~ 6 000 m,平均 3 300 m。主槽宽 500 ~ 1 000 m,平均约650 m。河道纵比降 1.8‰,弯曲系数为 1.23。

2.1.1.5　石嘴山—麻黄沟

该河段黄河右岸为桌子山,左岸为乌兰布和沙漠,长 24.62 km,属峡谷河道(见图 2-8),河宽约 400 m,纵比降 5.6‰。受右岸山体和左岸高台地的制约,平面外形呈弯曲状,弯曲系数为 1.5,主流基本稳定。左岸有麻黄沟汇入黄河。

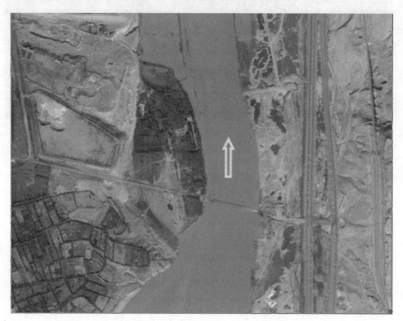

图 2-8　石嘴山—麻黄沟河段河道特征

2.1.2　内蒙古河段河道特性

黄河内蒙古段地处黄河最北端,自都思兔河口至马栅乡全长 843.5 km,其中石嘴山以下 823.0 km。受两岸地形控制,形成峡谷与宽河段相间出现,石嘴山—海渤湾库尾、海渤湾坝下—旧磴口、喇嘛湾—马栅为峡谷型河道,河道长度分别为 20.3 km、33.1 km 和120.8 km,其余河段河面开阔,由游荡型、过渡型及弯曲型河道组成。各河段河道基本特性见表 2-2[3]。

2.1.2.1　都思兔河口—石嘴山河段

该河段长 20.5 km,河宽 1 800 ~ 6 000 m,平均约 3 300 m;主槽宽 500 ~ 1 000 m,平均650 m;河道纵比降 1.8‰,弯曲系数 1.23。

该河段受右岸台地和左岸堤防控制,平面上宽窄相间,河床宽浅,河床抗冲性差,河道冲淤变化较大,水流散乱,流路游荡摆动剧烈,两岸主流顶冲部位不定,常出现险情,属游荡型河道。

表2-2 黄河内蒙古河段河道基本特性

序号	河段	河型	河长（km）	平均河宽（m）	主槽宽（m）	比降（‰）	弯曲系数
1	都思兔河口—石嘴山	游荡型	20.5	3 300	650	1.8	1.23
2	石嘴山—海勃湾库尾	峡谷型	20.3	400	400	5.6	1.50
3	海勃湾库区		33.0	540	400		
4	海勃湾坝下—旧磴口	峡谷型	33.1	1 800	500	1.5	1.31
5	三盛公库区		54.2	2 000	1 000		
6	巴彦高勒—三湖河口	游荡型	221.1	3 500	750	1.7	1.28
7	三湖河口—昭君坟	过渡型	126.4	4 000	710	1.2	1.45
8	昭君坟—头道拐	弯曲型	173.8	上段 3 000 下段 2 000	600	1.0	1.42
9	头道拐—喇嘛湾	过渡段	40.3	1 300	400	1.7	1.10
10	喇嘛湾—马栅	峡谷型	120.8	500	300	1.7	1.10
	合计		843.5				

2.1.2.2 石嘴山—海勃湾库尾河段

该河段为峡谷型,河长 20.3 km,黄河右岸为桌子山,左岸有乌兰布和沙漠。平均河宽 400 m,局部河段宽达 1 300 m;纵比降 5.6‰,弯曲系数 1.5。

2.1.2.3 海勃湾库区

海勃湾水库位于内蒙古自治区的乌海市,库区长 33.0 km。工程左岸为乌兰布和沙漠,右岸为内蒙古自治区的新兴工业城市乌海市,河谷为不对称河道,平均宽 540 m,在主槽宽 400 m 条件下,平水期水深一般为 0.5~2.5 m。

2.1.2.4 海勃湾坝下—旧磴口河段

该河段为峡谷型,河道长 33.1 km。受台地及沙漠前缘的控制,河道宽窄相间,存在较大的河心滩,汊河较多。该段河宽 700~3 000 m,平均河宽 1 800 m;主槽宽 400~900 m,平均宽 500 m;河道比降 1.5‰,弯曲系数 1.31。

2.1.2.5 三盛公库区

从旧磴口至三盛公坝址全长 54.2 km,库区为平原型水库,平均宽 2 000 m,主槽平均宽 1 000。右岸鄂尔多斯台地发育有众多走向大体平行的山洪沟,库区段河道的河势变化受来水来沙条件及水库运用的共同影响,较为复杂。

2.1.2.6 巴彦高勒—三湖河口河段

该河段为游荡型河道,长 221.1 km。黄河穿行于河套平原南缘,河身顺直,河床宽浅,水流散乱,河道内沙洲众多。该段河宽 2 500~5 000 m,平均宽 3 500 m;主槽宽 500~

900 m,平均宽 750 m;河道纵比降 1.7‰,弯曲系数 1.28。

该河段左岸有河套灌区总干渠二闸、三闸、四闸、六闸退水渠和总排干沟汇入黄河,还有刁人沟等山洪沟汇入黄河。

2.1.2.7　三湖河口—昭君坟河段

该河段为游荡型向弯曲型转化的过渡型河道,北岸为乌拉山山前倾斜平原,南岸为鄂尔多斯台地,沿河右岸有毛不拉孔兑、布色太沟(丁洪沟)和黑赖沟等三条孔兑汇入,河段长 126.4 km。由于上游游荡型河段的淤积调整,该河段滩岸已断续分布有黏性土,使该河段发展为由游荡型向弯曲型转变的过渡型河道。该河段河道宽广、河岸黏性土分布不连续,加之孔兑的汇入,主流摆动幅度仍较大,其河床演变的特性介于上游游荡型河道和下游弯曲型河道之间。

该河段河宽 2 000 ~ 7 000 m,平均宽 4 000 m;主槽宽 500 ~ 900 m,平均宽 710 m;河道纵比降 1.2‰,弯曲系数 1.45。

2.1.2.8　昭君坟—头道拐河段

该河段为弯曲型河道,河段长 173.8 km。黄河自包头折向东南,沿北岸土默特川平原南缘和南岸准格尔台地流向蒲滩拐,平面上呈弯曲状,由连续的弯道组成,右岸有西柳沟、罕台川、哈什拉川、壕庆河、木哈河、东柳沟和呼斯太沟等七大孔兑汇入,左岸有昆都仑河、五当沟、大黑河等数条来自阴山的支流汇入。水流经上游长距离的调整后,含沙量有所降低,滩岸分布有断续的黏性土层,抗冲性较强,加之南岸台地控制,该河段发育为弯曲型河道,其河床演变主要表现为凹岸的淘刷和凸岸边滩的淤长,常冲刷滩地及堤防,险情不断。另外,该河段河道较窄,河身弯曲,凌汛期易形成冰塞、冰坝等特殊冰情,且造成大的险情。

该河段河宽 1 200 ~ 5 000 m,上段较宽,平均宽 3 000 m,下段较窄,平均宽 2 000 m;主槽宽 400 ~ 900 m,平均宽 600 m;河道纵比降 1.0‰,弯曲系数 1.42。

三盛公—头道拐河段为复式断面,大部分河段断面由深槽(枯水河槽)、嫩滩及二滩构成(见图 2-9、图 2-10)。深槽(枯水河槽)为长期过流的河槽,在 1986 年龙羊峡水库和刘家峡水库联合调度运用控制后,全年 95% 的时间为 1 500 m^3/s 以下流量,因此河道内常年过流的就是这部分深槽。紧邻深槽的部分嫩滩是在深槽摆动过程中形成的较低滩地,没有明显的滩地横比降,基本没有农作物,也具有较大的过流能力。深槽和嫩滩合称为主槽,它是主要的行洪区;主槽以外的滩地滩唇明显,具有较大的滩地横比降,一般种植有农作物。近年来主要是凌汛期壅水导致滩区过水(2012 年洪水期间,滩地全部过水)。

2.1.2.9　头道拐—喇嘛湾河段

该河段为弯曲型向峡谷型的过渡段,长 40.3 km,河宽平均 1 300 m,主槽宽 400 m,河道纵比降 1.7‰。

2.1.2.10　喇嘛湾—马栅河段

该河段为峡谷型河道,长 120.8 km。河宽 400 ~ 1 000 m,主槽平均宽 300 m。在该段建有万家寨水利枢纽,左岸有浑河汇入黄河。

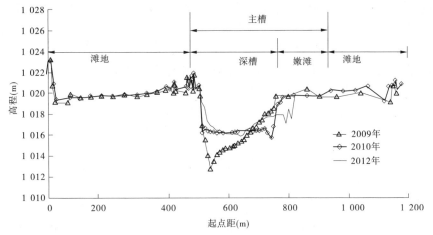

图 2-9　三湖河口水文站断面

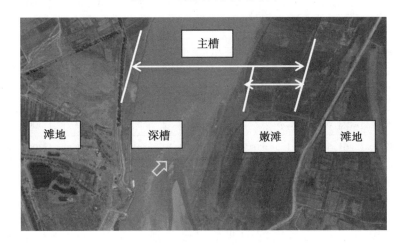

图 2-10　三湖河口水文站附近河道

2.2　主要支流概况

宁夏河段直接入黄主要支流分布在右岸,分别是清水河、红柳沟、苦水河、都思兔河,清水河和苦水河集水面积分别为 14 481 km^2 和 5 216 km^2,入黄水沙量比较大。

内蒙古河段直接入黄主要支流有 12 条,分别是左岸的昆都仑河、五当沟,右岸的十大孔兑。十大孔兑系指黄河内蒙古河段右岸毛不拉孔兑(也称毛不浪孔兑)、布色太沟、黑赖沟、西柳沟、罕台川、壕庆河、哈什拉川、木哈河、东柳沟和呼斯太沟等 10 条直接入黄的支流,流域面积总计 1.08 万 km^2,十大孔兑入黄泥沙量比较大。

2.2.1　清水河

2.2.1.1　自然地理特征

清水河发源于固原市原州区开城乡黑刺沟脑,集水面积 14 481 km^2(宁夏区内 13 511

km^2;甘肃省境内 970 km^2);河长 320 km,河道平均比降 1.49‰。地理坐标为东经 105°00′~107°07′,北纬 35°36′~37°37′。河源海拔 2 489 m,河口海拔 1 190 m。全流域处于黄土高原的西北边沿,地势南高北低,地貌以黄土覆盖的丘陵为主,黄土丘陵沟壑区面积占总面积的 82%,黄土覆盖层厚 30~100 m,植被很差,水土流失较严重。左岸支流有东至河、中河、苋麻河、西河、金鸡沟、长沙河 6 条;右岸有双井子沟、折死沟 2 条。流经原州区、西吉、同心、海原、中卫、中宁 6 县(市、区),由中宁县泉眼山汇入黄河。主要支流特征值见表 2-3[4],流域图见图 2-11[5]。

表 2-3　清水河主要支流特征值

二级支流	集水面积 (km^2)	河道长度 (km)	河道比降 (‰)	降水深 (mm)	降水量 (亿 m^3)	径流深 (mm)	径流量 (亿 m^3)	水面蒸发(mm)	输沙模数 (t/km^2)
东至河	500	45.1	9.26	470	2.35	40	0.200	1 000	1 000~5 000
中河	1 190	85	6.0	440	5.24	24	0.286	1 050	2 500~6 000
苋麻河	763	80.4	6.67	375	2.86	16.5	0.126	1 100	2 500~8 000
双井子沟	945	61.8	3.85	365	3.45	16	0.151	1 150	5 000~8 000
折死沟	1 860	102	3.11	320	5.95	10	0.186	1 250	5 000~8 000
西河	3 048	122.9	5.7	340	10.36	10	0.305	1 200	2 500~5 000
金鸡沟	1 069	92.6	6.58	240	2.57	5	0.053	1 500	1 500~4 000
长沙河	528	61.5	1	230	1.21	4	0.021	1 300	1 000~2 500

2.2.1.2　降雨情况

该流域属大陆性气候,为干旱半干旱地区,由于南部受六盘山、北部受腾格里沙漠的影响,以及纬度的差异,流域南部和北部气候差别大,降雨空间分布很不均匀(见图 2-12[5])。且局地暴雨多,年际变化大。该流域多年平均降雨量为 355 mm,上游硝口附近为暴雨区,硝口站年最大降雨量达 990.2 mm(1964 年),约为流域多年平均降雨量的 3 倍;流域年降雨量最大为 605.0 mm(1964 年),最小为 200 mm(1982 年),相差 2 倍多。降雨量年内分配也不均匀,主要集中在汛期(6~9 月),多年平均汛期降雨量占全年的 68.7%,最大可达 85% 以上。

2.2.1.3　蒸发

清水河流域日照多、湿度小、风大,水面蒸发强烈,多年平均年水面蒸发量 1 272 mm,变幅在 900~1 300 mm,干旱指数为 3.8。水面蒸发量变化趋势与年降水量相反,降水量大的地区,水面蒸发小,并随高程增加而减小,总趋势自南向北递增[4]。

流域内水面蒸发的年际变化较小,一般不超过 20%。年内变化大,随各月气温、湿度、日照、风速而变化。11 月至翌年 3 月为结冰期,蒸发量小。水面蒸发量最小月一般出现在气温最低的 12 月和 1 月。春季风大,气温较高,蒸发量增大,多年平均最大水面蒸发量多数出现在 6 月,个别站出现在 5 月。5、6 月是山区夏粮作物主要生长需水期,这期间水面蒸发量最大,使山区旱情发生频繁,9、10 月随气温的下降水面蒸发逐渐减小。

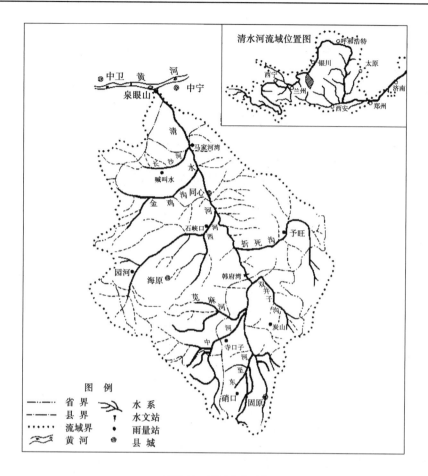

图2-11 清水河流域

陆地蒸发为土壤蒸发、植物散发和地面水体蒸发综合值,即流域或区域内的总蒸发量。清水河多年平均陆地蒸发量322 mm,其变化趋势、走向与年降水量相似,南部大,向北递减,变化在470~200 mm,降水量大的地区陆地蒸发值相应也大。

2.2.1.4 径流

清水河出口控制断面为泉眼山水文站。根据泉眼山水文站实测资料统计,多年平均径流量为1.10亿 m³(见表2-4),其中汛期占67%。实测最大径流量为3.92亿 m³(1964年),最小径流量0.17亿 m³(1960年)(见图2-13),最大与最小比值达到23。从年内分配看,7月和8月水量比较大,占全年的50%。不同年代看,20世纪70年代和80年代是枯水期,2000年以后汛期占年比例减少到52%。据黄河勘测规划设计有限公司《黄河宁蒙河段主槽淤积萎缩原因及治理措施和效果研究》2011年11月统计,清水河年来水量占宁夏河段支流总来水量的14.4%[6]。

从流域平均年径流深等值线图(见图2-14[5])可以看出,年径流深从上游到下游逐渐减小,南部地区虽然降水较多,径流模数较大。韩府湾站(汇流面积4 935 km²)以南,每平方千米产水量也只有2.9万 m³,约为黄河流域平均数的39%;韩府湾以北地区每平方千米产水量只有0.76万 m³,仅及南部地区的26%,水资源之贫乏由此可见一斑。北部地区

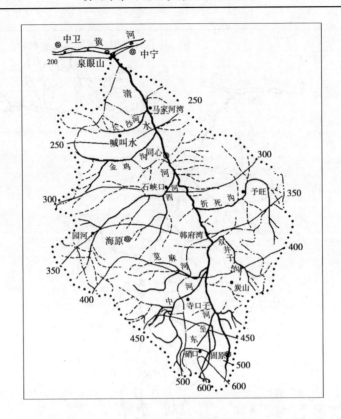

图2-12　清水河年降雨量等值线图　（单位:mm）

大多数支流都是季节河流,除汛期降雨时有水外,其余时间均干涸断流。

表2-4　清水河泉眼山站不同时段平均来水来沙特征

项目	月份	1957～1959年	1960～1969年	1970～1979年	1980～1989年	1990～1999年	2000～2012年	1957～2012年
水量 （亿 m³）	1	0.01	0.02	0.01	0.01	0.03	0.05	0.03
	2	0.02	0.03	0.02	0.02	0.04	0.06	0.03
	3	0.06	0.10	0.06	0.03	0.05	0.06	0.06
	4	0.03	0.07	0.03	0.03	0.04	0.05	0.04
	5	0.03	0.06	0.03	0.04	0.05	0.06	0.05
	6	0.05	0.07	0.04	0.08	0.10	0.10	0.08
	7	0.48	0.22	0.20	0.17	0.40	0.17	0.24
	8	0.64	0.42	0.21	0.22	0.44	0.23	0.32
	9	0.14	0.20	0.11	0.07	0.11	0.08	0.12
	10	0.03	0.10	0.04	0.03	0.06	0.07	0.06
	11	0.02	0.07	0.02	0.02	0.04	0.07	0.04
	12	0.01	0.04	0.01	0.01	0.03	0.06	0.03
	全年	1.52	1.40	0.78	0.73	1.39	1.06	1.10
	汛期	1.29	0.94	0.56	0.49	1.01	0.55	0.74

续表 2-4

项目	月份	1957~ 1959年	1960~ 1969年	1970~ 1979年	1980~ 1989年	1990~ 1999年	2000~ 2012年	1957~ 2012年
沙量 (亿 t)	1	0.000	0.000	0.000	0.000	0.000	0.000	0.000
	2	0.000	0.000	0.000	0.000	0.000	0.000	0.000
	3	0.000	0.002	0.001	0.000	0.001	0.000	0.001
	4	0.002	0.001	0.002	0.001	0.001	0.000	0.001
	5	0.001	0.002	0.004	0.012	0.009	0.005	0.006
	6	0.015	0.012	0.008	0.024	0.029	0.023	0.019
	7	0.246	0.033	0.082	0.055	0.198	0.073	0.096
	8	0.256	0.099	0.074	0.069	0.174	0.096	0.110
	9	0.005	0.035	0.021	0.018	0.030	0.007	0.020
	10	0.000	0.002	0.000	0.001	0.004	0.002	0.002
	11	0.000	0.000	0.000	0.000	0.000	0.000	0.000
	12	0.000	0.000	0.000	0.000	0.000	0.000	0.000
	全年	0.525	0.186	0.192	0.180	0.446	0.206	0.255
	汛期	0.507	0.169	0.177	0.143	0.406	0.178	0.228
含沙量 (kg/m³)	1	0	15	0	1	0	0	2
	2	0	1	1	1	1	3	2
	3	0	20	12	10	11	6	12
	4	67	14	75	33	18	8	27
	5	33	40	117	302	171	87	120
	6	300	176	211	294	290	227	239
	7	513	152	409	325	494	427	399
	8	400	235	351	313	395	417	344
	9	36	176	187	252	272	88	169
	10	0	20	5	34	64	27	28
	11	0	6	3	3	3	5	5
	12	0	1	2	2	2	3	2
	全年	345	136	246	247	320	194	232
	汛期	401	180	316	292	402	324	308

注:汛期指 7~10 月,下同。

2.2.1.5　洪水

清水河暴雨洪水基本上年年发生,洪水多发生在 6~9 月,其中洪水发生在 7~8 月的次数可占 90% 以上,4、10 月也偶然出现较大洪水。洪水一般具有含沙量大的特点,峰型一般为单峰,复式峰也时有出现。洪水过程一般持续 2~3 d,最大持续一周。

洪水主要来自流域上中游地区,干、支流洪水遭遇时有发生。水库拦蓄具有较大的削峰作用,如 1964 年 8 月 19 日洪水,清水河泉眼山天然洪峰流量达到 2 260 m³/s,但经过其上游水库拦蓄,实测流量仅 422 m³/s,削峰率 85%。

自 20 世纪 60 年代以来,清水河泉眼山发生大水的年份有 1964 年、1995 年、1996 年、

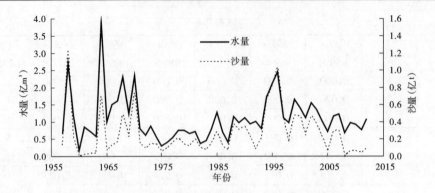

图 2-13　清水河流域泉眼山站历年水沙量过程

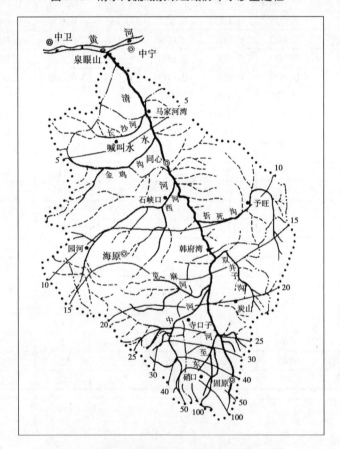

图 2-14　清水河年径流深等值线图　（单位:mm）

1997 年、2000 年、2003 年,最大洪峰流量为 625 m³/s(1996 年 7 月 28 日)。清水河大洪水与黄河大洪水一般不相遇。根据实测资料分析,1994 年、1999 年干支流相遇的洪水中,干流洪水量级一般比较小,且支流洪水陡涨陡落,对黄河干流洪水影响不大。

2.2.1.6　泥沙

　　根据泉眼山水文站实测资料统计,多年平均沙量为 0.255 亿 t(见表 2-4),平均含沙量 232 kg/m³,实测年最大沙量为 1.220 亿 t(1958 年),最小沙量 0.000 8 亿 t(1960 年),

最大值与最小值比例达到 1 525。年内分配看,7 月和 8 月沙量比较大,占全年的 81%;不同年代看,20 世纪 60 年代、70 年代和 80 年代沙量较少,90 年代沙量较大,2000~2012 年平均沙量 0.206 亿 t,较多年平均减少 19%。据黄河勘测规划设计有限公司《黄河宁蒙河段主槽淤积萎缩原因及治理措施和效果研究》[6]2011 年 11 月统计,清水河年来沙量占宁夏河段支流总来沙量的 71.9%。

清水河流域多年平均含沙量 232 kg/m³,其中汛期达到 308 kg/m³,20 世纪 90 年代年平均达到 320 kg/m³,汛期高达 402 kg/m³。2000~2012 年平均含沙量 194 kg/m³,其中汛期达到 324 kg/m³。

从流域侵蚀模数分区图(见图 2-15[5])可以看出,清水河流域内以中游侵蚀最为严重,如折死沟侵蚀模数达 7 710 t/(km²·a),1964 年实测含沙量 1 580 kg/m³;上游虽雨量较大,但土壤侵蚀并不严重,如固原以上侵蚀模数为 3 024 t/(km²·a);下游因雨量稀少,侵蚀轻微。

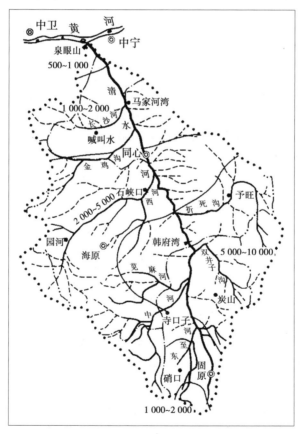

图 2-15　清水河流域侵蚀模数分区　(单位:t/(km²·a))

清水河流域水少沙多,时空分布不均匀;清水河沙量在宁夏支流来沙量中占主要位置。

2.2.1.7　工程情况及灌溉引水情况

1958~1960 年在干支流上修建了长山头、张家湾、沈家河、石峡口、寺口子、苋麻河等 6 座大中型水库,除张家湾水库于 1964 年被洪水冲毁外,其余水库均运用至今。20 世纪 70 年代又在干流及西河、东至河、杨达子沟等支流上修建了 6 座中型水库,同时在流域内兴建了众多小水库。流域内已建大中小型水库约 90 座,总库容 8.55 亿 m³。这些水库绝大多数位于干流上游及西河以南的支流,水质较好,构成清水河水库群,调蓄径流,灌溉良田,共有设计灌溉面积近 50 万亩,有效灌溉面积约 30 万亩。水库的兴建不仅增加了农业生产,而且有效地控制了流域泥沙,效益十分显著。

长山头水库是清水河流域治理中的关键性工程,控制流域面积 14 174 km²,占全流域面积的 97.9%,几乎控制了流域的全部水沙。该工程自 1960 年 8 月建成投入运用以来,由于库区淤积严重,已连续加高了 4 次,坝高由初建时的 26.5 m 加高至 34.5 m,库容由 0.86 亿 m³ 增至 3.05 亿 m³,进入大型水库之列。水库平时不蓄水,只滞洪拦泥,是一座大型拦泥库,这是由清水河多沙的特点所决定的。该水库不仅具有一般水库的防洪作用,而且拦沙淤地效益特别显著。

2.2.1.8　防洪治理与水土保持工程

清水河流域是宁夏暴雨洪水多发区,仅新中国成立后就发生过 1964 年、1992 年、1994 年、1996 年等流域性较大洪水。流域内植被稀疏、山体裸露、水土流失严重,支沟诸多且狭窄,一遇暴雨,极易引起山洪暴发,岸坡坍塌现象时有发生,严重威胁两岸群众生命财产以及城市、农田和重要基础设施安全,开展清水河防洪治理工程建设十分必要和迫切。防洪工程以干流两岸城镇和灌区段防洪为重点,在已有工程的基础上,对堤防进行达标建设,加固及新建堤防,改造完善穿堤建筑物,整治河道,治理险工险段,有效减少大量塌岸带来的损失,减轻河道险情,疏浚河道、理顺河势,进一步提高河道防洪能力,保障标准内洪水防洪安全。结合河道整治,消除塌坡险情,改善河道生态环境。扣除河源、水库库区、峡谷等非治理河道总长 33.66 km,规划治理河道总长 286.34 km,其中,已建工程和已列入中小河流治理项目长度 26.73 km,列入防洪治理工程整治河道总长度 259.61 km。

2011 年,清水河防洪治理工程列入了《全国中小河流治理和病险水库除险加固、山洪地质灾害防御和综合治理总体规划》重要支流治理名录。宁夏回族自治区组织编制的《清水河防洪治理工程可行性研究报告》于 2012 年 5 月通过了水利部的技术审查。2012 年 9 月,水利部将可研报告审查意见报送国家发展和改革委员会,工程主要目标和任务是对堤防进行达标建设,对河道险工险段进行治理,使清水河干流的防洪标准达到 10~20 a 一遇,工程估算总投资 16.64 亿元。

清水河水土保持措施主要有淤地坝、林地等,根据 2011 年完成的第一次全国水利普查成果,该流域现有梯田 83 667 hm²、林地 184 715 hm²、草地 48 569 hm²、封禁治理 341 023 hm²。另有水土保持工程淤地坝 352 座,坝地面积 6 075 hm²,治理面积为 6 640.5 km²,占流域面积的 45.9%。

2.2.2　苦水河

2.2.2.1　自然地理特征

苦水河为黄河一级支流,位于宁夏回族自治区东部。源自甘肃省环县沙坡子沟脑,向北流入自治区境内,经宁夏盐池县、同心县和吴忠市境,至灵武市新华桥汇入黄河。集水面积5 218 km²(其中宁夏境内4 942 km²);河长224 km,宽100~200 m。有甜水河、小河等主要支流汇入。

2.2.2.2　径流

苦水河出口控制断面为郭家桥水文站。根据郭家桥水文站实测资料统计,多年平均径流量为0.92亿m³(见表2-5),其中汛期占54%,实测最大径流量为2.18亿m³(2002年),最小径流量0.098亿m³(1963年),最大与最小比值达到22。年内分配看,7月和8月水量比较大,占全年的43%。不同年代看,20世纪60年代是枯水期,90年代是丰水期,2000~2012年平均水量1.29亿m³,较多年平均增加29%,但汛期占年比例减少到45%。苦水河历年水沙变化过程见图2-16。

表2-5　苦水河不同时段平均水沙变化

项目	月份	1957~1959年	1960~1969年	1970~1979年	1980~1989年	1990~1999年	2000~2012年	1957~2012年
水量(亿m³)	1	0.00	0.00	0.00	0.00	0.01	0.02	0.01
	2	0.01	0.00	0.00	0.01	0.02	0.03	0.01
	3	0.02	0.01	0.01	0.02	0.03	0.04	0.02
	4	0.00	0.00	0.01	0.02	0.04	0.05	0.02
	5	0.00	0.01	0.05	0.12	0.22	0.20	0.12
	6	0.00	0.02	0.10	0.15	0.27	0.22	0.15
	7	0.02	0.04	0.15	0.17	0.39	0.24	0.19
	8	0.11	0.08	0.16	0.19	0.37	0.22	0.20
	9	0.01	0.02	0.08	0.08	0.16	0.08	0.08
	10	0.01	0.01	0.01	0.03	0.04	0.04	0.03
	11	0.01	0.02	0.05	0.08	0.11	0.13	0.08
	12	0.01	0.00	0.00	0.01	0.02	0.02	0.01
	全年	0.20	0.21	0.62	0.88	1.68	1.29	0.92
	汛期	0.15	0.15	0.38	0.47	0.96	0.58	0.50

续表 2-5

项目	月份	1957~1959年	1960~1969年	1970~1979年	1980~1989年	1990~1999年	2000~2012年	1957~2012年
沙量（亿t）	1	0.000	0.000	0.000	0.000	0.000	0.000	0.000
	2	0.000	0.000	0.000	0.000	0.000	0.000	0.000
	3	0.000	0.000	0.000	0.000	0.000	0.000	0.000
	4	0.000	0.000	0.000	0.000	0.000	0.000	0.000
	5	0.000	0.000	0.000	0.001	0.002	0.001	0.001
	6	0.001	0.000	0.003	0.005	0.012	0.010	0.006
	7	0.007	0.004	0.014	0.003	0.061	0.014	0.018
	8	0.017	0.013	0.024	0.007	0.041	0.011	0.019
	9	0.000	0.000	0.002	0.001	0.011	0.003	0.003
	10	0.000	0.000	0.000	0.000	0.000	0.000	0.000
	11	0.000	0.000	0.000	0.000	0.000	0.000	0.000
	12	0.000	0.000	0.000	0.000	0.000	0.000	0.000
	全年	0.025	0.017	0.043	0.017	0.127	0.039	0.047
	汛期	0.024	0.017	0.040	0.011	0.113	0.028	0.040
含沙量（kg/m³）	1	0	0	0	0	0	0	0
	2	2	1	2	1	1	1	1
	3	5	2	7	1	1	1	2
	4	0	0	3	7	2	1	2
	5	0	3	9	12	8	3	7
	6	145	21	27	31	44	47	40
	7	337	117	90	20	155	59	96
	8	160	178	151	36	112	51	95
	9	11	10	27	12	70	33	40
	10	1	1	2	3	4	1	3
	11	0	1	3	3	2	2	2
	12	0	0	0	0	0	0	0
	全年	125	81	69	19	76	30	51
	汛期	160	113	95	23	118	48	80

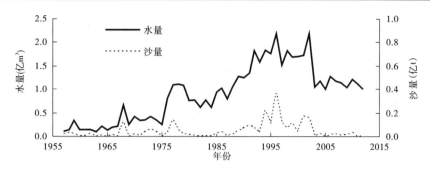

图 2-16　苦水河郭家桥历年水沙量变化过程

2.2.2.3　洪水

苦水河暴雨洪水几乎年年发生,多发生在 6 ~ 9 月,一般具有含沙量大的特点,峰型一般为单峰,洪水过程一般持续 2 ~ 3 d。自 20 世纪 60 年代以来,发生大水年份有 1968 年、1977 年、1985 年、1990 年、1992 年、1994 年、1999 年和 2002 年,发生的最大洪峰流量为676 m³/s(2002 年 6 月 8 日)。与清水河相似,苦水河大洪水与黄河干流的大洪水一般不相遇。根据实测资料分析,1994 年、1999 年干支流相遇的洪水中,干流洪水量级一般比较小,且支流洪水陡涨陡落,对黄河干流洪水影响不大。

2.2.2.4　泥沙

根据郭家桥水文站实测资料统计,多年平均沙量为 0.047 亿 t(见表 2-5),平均含沙量 51 kg/m³,实测年最大沙量为 0.365 亿 t(1996 年),年最小沙量 0.000 1 亿 t(1963 年),最大与最小比值达到 3 650。年内分配看,7 月和 8 月沙量比较大,占全年的 79%。不同年代看,20 世纪 60 年代和 80 年代沙量较少,90 年代沙量较大。

2.2.2.5　流域治理

苦水河流域内自然条件恶劣,水土流失严重,生态环境脆弱,暴雨洪水造成的洪水漫滩、塌岸等现象严重,威胁沿河两岸群众生命财产以及农田和重大基础设施安全,开展苦水河防洪治理工程建设十分必要和迫切。

苦水河治理受到了国家和自治区的高度重视,苦水河防洪治理工程列入《全国中小河流治理和病险水库除险加固、山洪地质灾害防御和综合治理总体规划》主要支流治理名录。工程建设的任务是以苦水河两岸城镇、工业园区和灌区防洪为重点,进行河道整治工程建设,治理险工险段,提高河道防洪能力,保障沿岸标准内洪水防洪安全(一般河段 10 a 一遇,太阳山工业园区段 50 a 一遇),共治理河道长度 218 km。十一届全国人大四次会议将苦水河流域综合治理的建议列为重点办理建议,2011 年 6 月全国人大、水利部对苦水河防洪工程进行了现场调研,要求全面加快苦水河防洪治理工程建设。《苦水河防洪治理工程可行性研究报告》已经黄河水利委员会审核,项目估算总投资 7.0 亿元。

2.2.3　十大孔兑

孔兑系蒙语中的河沟,十大孔兑位于黄河内蒙古河段南岸,发源于鄂尔多斯地台,流经库布齐沙带,横穿下游冲洪积平原后泄入黄河。十大孔兑分布区域介于东经 108°47′ ~ 110°58′、北纬 39°47′ ~ 40°30′之间,集水面积 10 767 km²。从西向东依次为毛不拉孔兑、布色太沟(丁洪沟)、黑赖沟、西柳沟、罕台川、壕庆河、哈什拉川、木哈河、东柳沟、呼斯太沟[7](见图2-17),是内蒙古河段的主要产沙支流。

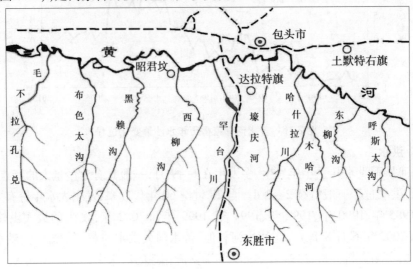

图2-17　内蒙古十大孔兑示意图

十大孔兑中只有3条孔兑有水文站,即毛不拉孔兑图格日格站(官长井)、西柳沟龙头拐站、罕台川红塔沟站(瓦窑、响沙湾),各站基本情况见表2-6和图2-18[7]。

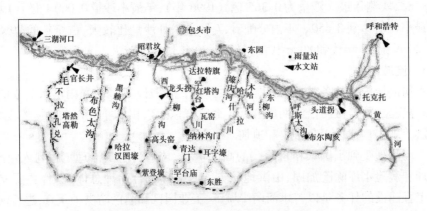

图2-18　十大孔兑水文站和雨量站观测位置

表2-6　十大孔兑水文站基本情况

项目	毛不拉孔兑		西柳沟	罕台川		
	官长井	图格日格	龙头拐	瓦窑	红塔沟	响沙湾
集水面积（km²）	1 241	1 036	1 145	829	603	826
至河口距离（km）	10.1		28.2			

2.2.3.1　自然地理条件

十大孔兑地势南高北低,上游为丘陵沟壑区,海拔在 1 300～1 500 m,面积为5 172

km^2,占总面积的 48%。本区处于稳定的鄂尔多斯地台,丘陵起伏,地表支离破碎,沟壑纵横,植被稀疏,水土流失严重。该区地表仅覆盖有极薄的风沙残积土,颗粒较粗,$d > 0.05$ mm 的粗泥沙占 60% 左右。下伏地层大部分为白垩侏罗系黄绿或紫红色泥质长石砂岩、砾岩(当地群众称砒砂岩),厚度较大,岩性结构松散,易风化,遇水即粉。地面坡度一般在 40°,最大可达 70°。

中部库布齐沙漠横贯东西,西宽东窄,最宽为 28 km,最窄也有 8 km。中部流域海拔 1 200 ~ 1 400 m。该区域沙漠面积 2 762 km^2,占十大孔兑总面积的 25.65%。沙带主要分布于罕台川以西,多属流动沙丘,面积 1 963 km^2,约占沙漠面积 2 762 km^2 的 71.1%;罕台川以东,沙漠面积仅 799 km^2,多属半固定沙丘。季风一到,库布齐沙带黄沙滚滚,大量风沙堆积在河床及两岸,洪水下来即被带走,形成洪水含沙量高、悬沙粒径较粗的特点。

十大孔兑下游为冲洪积扇区,属黄河冲积平原,地势平坦,土地肥沃,海拔在 1 000 m 左右,面积为 2 833 km^2,占总面积的 26.31%,是内蒙古自治区的主要商品粮基地之一。

2.2.3.2 降雨情况

十大孔兑的洪水是由暴雨产生的,各孔兑雨量站分布见图 2-19[7],观测暴雨的雨量站较少,最多时只有 11 个,只有毛不拉孔兑、西柳沟、罕台川 3 条支沟可常年观测降雨量。十大孔兑的降雨量年际间变化很大,如西柳沟年雨量最高可达 488.9 mm,最小时只有 128.4 mm,1960 ~ 1989 年平均为 263.5 mm。20 世纪 60 年代、70 年代、80 年代平均雨量分别为 291.3 mm、265.7 mm、236.2 mm,随年代而递减,而 60 年代、70 年代、80 年代的平均最大一日雨量分别为 47.2 mm、54.7 mm、41.1 mm,70 年代增加,80 年代减少。

十大孔兑的降雨量空间分布也很不均匀,暴雨中心多在黑赖沟、西柳沟、罕台川流域的上游丘陵沟壑区,1989 年 7 月 21 日的点雨量分布情况比较典型,见图 2-19[7]。

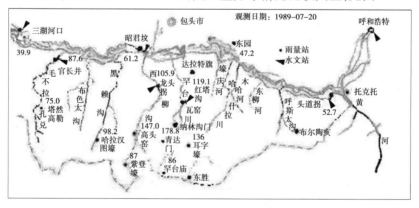

图 2-19 十大孔兑 1989 年 7 月 20 ~ 21 日点雨量分布

2.2.3.3 流域特征

十大孔兑从南到北直奔黄河,几乎等距离切割,流域形态相似,呈南北狭长形。各孔兑上游为鄂尔多斯地台北缘风沙残积区,河槽窄深,坡度陡,约为 1%,水流快,含沙量大,粒级粗。当水流经过中部库布齐沙漠,泥沙再度增加,泄至下游时,坡度突然变缓,平均为 1/800 ~ 1/1 300,河槽形成宽浅式,流速减弱,泥沙淤积,河床抬高,形成地上河。十大孔兑除壕庆河不入黄,其余均直接入黄。各支流特征见表 2-7[7]。

表2-7　十大孔兑区流域特征

河名	流域面积（km²）	河长（km）	至河源比降（‰）	5 km以上支沟（条）	灌溉面积（万亩）	入黄口至河源距离（km）	水量（万 m³）	沙量（万 t）	最大洪峰流量（m³/s）	输沙模数（t/(km²·a)）
毛不拉孔兑	1 261.5	110.9	3.98			3 203.7	1 268	386	2 720	
布色太沟	545.9	73.8	6.41	10	1.8		545	150	4 980	2 890
黑赖沟	943.8	89.2	3.48	22	1.3	3 251.8	1 416	360	3 800	3 800
西柳沟	1 193.8	106.3	3.57	27	1	3 287.9	2 855	428	6 940	4 840
罕台川	874.7	90.4	5.04	20	2		1 043	169	3 100	3 130
哈什拉川	1 088.6	92.4	3.44	26	2.5	3 367.7	3 267	590	4 040	5 430
木哈河	406.7	77.2	3.30	7		3 378.5	1 221	200	3 200	5 430
东柳沟	451.2	75.4	2.67	11	1.2	3 402.3	1 353	260	2 300	5 710
壕庆河	213.3	34.2	5.25	6	2		533	100	800	5 150
呼斯太沟	406	65	3.61			3 420.2	1 218	240	1 600	5 990

注：毛不拉孔兑、西柳沟、罕台川水沙量为1960～2012年实测资料平均。

1. 毛不拉孔兑

毛不拉孔兑位于达拉特旗最西缘，是达拉特旗与杭锦旗的一条界河。发源于杭锦旗阿门其日格乡龙虎淘劳亥，向西北至乌兰唤力盖庙转向东北于隆茂营北入黄河。全河在旧营盘壕入口处（邹格素海东北）以上为干沟，以下均有清水或间歇水。毛不拉孔兑流域大部为丘陵区，下游有部分明沙丘地带，两侧支沟较多，主要有格尔点盖壕、旧营盘壕、霍吉太沟、塔拉沟、什拉末儿洞沟、苏达尔沟等。毛不拉孔兑河长 110.9 km，在达拉特旗河段长 39 km，堤防长 9 km；总流域面积 1 261.5 km²，其中达拉特旗河段面积 415 km²。

根据毛不拉孔兑水文站实测资料统计，1960～2012 年平均径流量为 1 268 万 m³（见表 2-8），其中最大径流量为 8 785 万 m³（1989 年），最小径流量为 3.8 万 m³（1962 年）（见图 2-20），最大与最小比值达到 2 311。多年平均沙量为 386 万 t（见表 2-8），其中实测最大沙量为 7 160 万 m³（1989 年），最小沙量为 0.03 万 t（2011 年）（见图 2-20）。

20 世纪 80 年代水沙量均比较大，分别是 2000～2012 年平均的 2.6 倍和 5.5 倍，含沙量达到 523 kg/m³，是 2000～2012 年平均的 2.1 倍。进入 21 世纪以后，水沙量显著减少，沙量年平均仅 175 万 t，含沙量明显降低，最大洪峰流量 2 720 m³/s（2003 年"7·29"洪水）。

表2-8　毛不拉孔兑、西柳沟和罕台川各时段的水沙量

水沙特征值	流域	1960~1969年	1970~1979年	1980~1989年	1990~1999年	2000~2012年	1960~2012年
径流量（万m³）	毛不拉孔兑	942	1 068	1 853	1 928	713	1 268
	西柳沟	3 451	3 477	2 598	3 260	1 803	2 855
	罕台川			1 393	1 211	542	1 043
输沙量（万t）	毛不拉孔兑	220	267	968	363	175	386
	西柳沟	615	438	673	410	101	428
	罕台川			364	159	35	169
含沙量（kg/m³）	毛不拉孔兑	234	250	523	188	245	305
	西柳沟	178	126	259	126	56	150
	罕台川			261	131	65	162

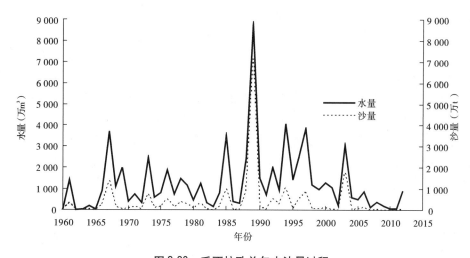

图2-20　毛不拉孔兑年水沙量过程

2. 布色太沟

布色太沟位于达旗西部,发源于杭锦旗塔拉沟乡梁上,向北流经达拉特旗呼斯梁乡和蓿亥图乡,在丁洪湾与迎喜圪堵之间出沟口,经黄河冲积平原于中和西乡裴家圪旦入黄河。全河从迎喜圪堵起至三坛口常年有清水或间歇水,清水流量最大0.2 m³/s。布色太沟全长73.8 km,堤防长26 km(包括卜洞沟4 km,阿什全林召东分洪8 km),主要支沟有卜洞沟、库底沟、茶窖沟、昌汉沟、纳林沟,流域面积545.9 km²。年径流总量545万m³,最大洪峰流量4 980 m³/s(2003年"7·29"洪水),输沙模数2 890 t/(km²·a),年平均输沙量150万t。

布色太沟流域上游干流长10 km,为丘陵区,植被稀少,土质松散,易被冲刷,水土流失严重;中游经库布齐沙漠带,风蚀严重;下游为黄河冲积平原,出沟口处建有乌兰水库。

3. 黑赖沟

黑赖沟发源于东胜市泊江海子乡补龙梁,向西北至十股壕转向东北,经呼斯梁、蓿亥图两个乡出四村右子头,于潭盖木独入黄河。河床上游由沙黏土互层组成,中、下游由细沙黏土混合组成。

全河除余家渠东至西河湾南村及河源有 5 km 干沟外,其余常年均有清水或间歇水,清水流量在 0.3~0.5 m³/s。

黑赖沟流域大部为丘陵地,李锁孔兑至死人塔为明沙丘地段,下游为河滩平地。主要支沟有纳林沟、近不池沟、哈拉汉图壕、黑塔沟、呼斯图沟、耳字沟、昌汗沟。黑赖沟全长 89.2 km²,堤防长 14 km,流域面积 943.8 km²,年径流总量 1 416 万 m³,最大洪峰流量 3 800 m³/s(2003 年"7·29"洪水),年平均输沙量 360 万 t,输沙模数 3 800 t/(km²·a)。

4. 西柳沟

西柳沟发源于东胜市漫赖乡宗对壕张家山顶,向西北流至宋家圪堵西转向东北,流经龙头拐又转向西北,经展旦召苏木于昭君坟乡河畔村入黄河。全沟在大路壕以上基本无水,以下常年均有清水或间歇水,清水流量 0.2~0.7 m³/s。西柳沟流域在吴四圪堵以上为丘陵沟壑区,水土流失严重,河床多由沙、卵石组成。吴四圪堵至苦菜湾属明沙丘地段,以下为开阔平地,河床由细沙组成,不够稳定。支沟在龙头拐以上较多,主要有鸡盖沟、盐路沟、昌汗沟、鄂勒五库沟、哈达图沟、鄂勒斯太沟、温家塔沟、石巴格图沟、乌兰斯太沟。

西柳沟全长 106.3 km,堤防长 35 km[8](包括淖畔退水 5 km),流域面积 1 193.8 km²,年最大洪峰流量 6 940 m³/s,年输沙模数 4 840 t/(km²·a),最大含沙量 1 550 kg/m³。

根据西柳沟水文站实测资料统计,1960~2012 年平均径流量为 2 855 万 m³(见表 2-8),其中最大径流量为 9 659 万 m³(1989 年),最小径流量 736 万 m³(2012 年)(见图 2-21),最大与最小比值达到 13。多年平均沙量为 428 万 t(见表 2-8),其中实测最大沙量为 4 749 万 t(1989 年),最小沙量 0.013 万 t(2011 年)(见图 2-21)。

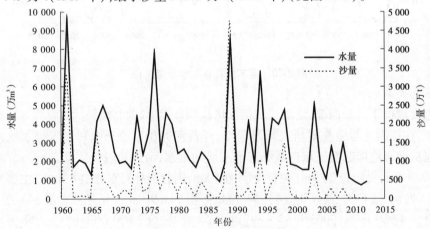

图 2-21　西柳沟年水沙过程

20 世纪 80 年代水沙量均比较大,分别是 2000~2012 年平均的 1.4 倍和 6.7 倍,含沙量达到 259 kg/m³,是 2000~2012 年平均的 4.6 倍。进入 21 世纪以后,水沙量显著减少,沙量年平均 101 万 t,含沙量明显降低,仅 56 kg/m³,最大洪峰流量 6 940 m³/s(2003 年

"7·29"洪水)。

5. 罕台川

罕台川发源于东胜市罕台庙乡苗家圪台南山顶,向北流经东胜市添漫梁乡、达旗耳字壕镇和青达门乡,穿库布齐沙漠,出瓦窑沟口,通过黄河冲积平原于贺家营子入黄河。全河在召沟门以下常年有清水或间歇水。

罕台川全长 90.4 km,堤防长 40.2 km(包括东壕赖退水 4 km),流域面积 874.7 km²。罕台川上游支沟较多,植被稀少,水土流失严重;中游为库布齐沙漠。罕台川上、中游流域呈南北狭长形状。两岸大于 1 km 的一级支沟 80 余条,其中流域面积大于 40 km² 的有 5条,东岸自上而下有鄂勒斯太沟、朝闹沟、合同沟,西岸有补芦沟、纳林沟。流域面积在10 ~ 40 km² 的支沟有 3 条,东岸有淖沟、河洛图沟,西岸有昌汗沟。

罕台川上、中游的干、支沟深而宽,一般深 30 ~ 40 m,宽 0.5 ~ 1.2 km。沟底比降1/120左右,川道两岸有支沟形成的冲积扇及二级台地。中游为 15 km 的库布齐沙漠,下游上段为洪积、风积复积层,下段为黄河冲积平原区。河道由瓦窑口至祁拴圪旦平均宽1 000 m,比降1/500,河槽呈宽浅式,岸坡为沙质土。1967 年前,水泉子坝以下无固定河道,洪水经常泛滥成灾。1967 年开挖了泄洪渠,泄洪渠经马兰滩、毛连圪卜滞洪区由小淖退入黄河。经几年运用,马兰滩、毛连圪卜滞洪区严重淤积。于是,1977 年春又开挖了由大坝壕起至贺家营子长 14.1 km、宽 500 m 的渠堤式泄洪渠直泄黄河。虽然河道顺直,但由于比降小(1/800 ~ 1/1 000),河道淤积严重,河床高出地面 4 m 以上,成为"悬河"。

罕台川多年平均输沙模数 3 130 t/(km²·a),最大洪峰流量 3 100 m³/s。

根据罕台川水文站实测资料统计,1960 ~ 2012 年平均径流量为 1 043 万 m³(见表2-8),其中实测最大径流量为 4 840 万 m³(1981 年),最小径流量 19 万 m³(1993 年)(见图2-22),最大径流量与最小径流量比值达到 255。多年平均沙量为 169 万 t(见表2-8),其中实测最大沙量为 2 182 万 t(1981 年),最小沙量 0.06 万 t(2011 年)(见图2-22)。

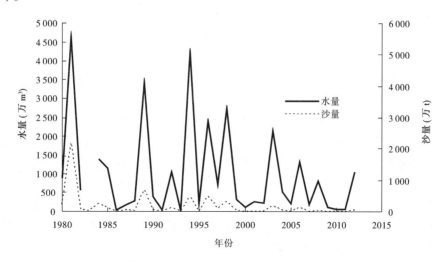

图 2-22　罕台川年水沙过程

20 世纪 80 年代水沙量均比较大,分别是 2000～2012 年平均的 2.6 倍和 10.4 倍,含沙量达到 261 kg/m³,是 2000～2012 年平均的 4 倍。进入 21 世纪以后,水沙量显著减少,沙量年平均仅 35 万 t,含沙量明显降低,平均仅 65 kg/m³,最大洪峰流量 3 100 m³/s(2003 年"7·29"洪水)。

6. 壕庆河

壕庆河发源于耳字壕镇石拉台山顶,向北流经转龙湾、园子塔拉、薛四营子入毛连圪卜,后通过小淖退水渠入黄河。壕庆河全长 34.2 km,堤防长 14 km[8],流域面积 213.3 km²,平均流量 0.17 m³/s,年径流总量 533 万 m³,最大洪峰流量 800 m³/s,年输沙量 100 万 t,输沙模数 5 150 t/(km²·a)。

壕庆河流域在秦油房以上属丘陵区,基本上常年均有清水,清水流量在 0.15～0.25 m³/s,秦油房以下地势较平坦,上、下游为窄深式河道,并较顺直。沟宽 35 m 左右,两岸均为硬黄土,淘刷不严重。下游上段河道深均超出 10 m,大小支沟集中在上游 10 km 之内。主要支沟有小沙母哈日沟、大沙母哈日沟和马沟。由于马沟与大沙母哈日沟基本在同一处汇于主沟,故在相汇处又称三叉沟,也是上、下游的分界线。

7. 哈什拉川

哈什拉川发源于东胜市塔拉壕乡神山豁子东山顶,向北流经东胜市塔拉壕、达旗敖包梁、耳字壕、盐店、新民堡、白泥井、榆林子等 7 个乡后,于榆林子乡老侯圪堵村东北入黄河。全河在巴伦图沟入口处(杜家圪塄)至瓦窑窑店、纳林沟门至新民堡附近有清水。

哈什拉川全长 92.4 km,堤防长 36 km[8],流域面积 1 088.6 km²。哈什拉川平均流量 1.04 m³/s,年平均径流量 3 267 万 m³,最大洪峰流量 4 040 m³/s,年输沙量 590 万 t,输沙模数 5 430 t/(km²·a)。

哈什拉川上游为丘陵区,河床切割较深,有的沟底已深入基岩,基岩多为松散的砂岩,易水蚀。两岸多为硬梁地,植被覆盖低,水土流失严重。支沟也全部集中于这一区域,其中 5 km 以上支沟 26 条,主要支沟有库伦沟、可图沟、小纳林沟、耳字沟、巴伦图沟、碾盘梁川、达汗沟、大红渠、哈拉补拉沟、纳林沟。中游为 15 km 库布齐沙漠;下游为洪积冲积扇区和黄河冲积平原区,这里河道浅而宽,又经常摆动,极易发生洪灾。

8. 木哈河

木哈河发源于敖包梁乡庆丰圪台南山顶。向北流经盐店、马场壕、白泥井等乡,于榆林子乡永龙泉入黄河。

木哈河原为哈什拉川的一条支沟,1946 年因引山洪,人为地与哈什拉川分开,独立成沟。木哈河全长 77.2 km,堤防长 24 km[8],流域面积 406.7 km²,平均流量 0.39 m³/s,多年平均径流量 1 221 万 m³,最大洪峰流量 3 200 m³/s(2003 年"7·29"洪水),年输沙量 200 万 t,输沙模数 5 430 t/(km²·a)。

木哈河从河源以下 5 km 处至孟段沟入口处、三眼井至永龙泉两段常年有清水或间歇水。上游大部为低缓丘陵,水土流失严重,主要支沟有小木哈河、阿楼苯沟和昌汗沟。下游地势平坦,两岸为细沙土,河床较其他沟窄深。

9. 东柳沟

东柳沟位于达拉特旗东部,上游称阿楼漫沟,发源于马场壕乡淡家壕山顶。西柳沟向北穿马场壕乡全境至什拉塔转向东北,经白泥井镇于吉格斯太乡九股地北入黄河。东柳沟全长 75.4 km,堤防长 21 km,流域面积 451.2 km²。东柳沟多年平均流量 0.43 m³/s,多年平均径流量 1 353 万 m³,最大洪峰流量 2 300 m³/s(2003 年“7·29”洪水)。年输沙量 260 万 t,输沙模数 5 710 t/(km²·a)。

东柳沟流域上游为低缓丘陵,所有支、毛沟在这一区域。主沟宽 200~300 m,主要支沟有五当沟、榆树壕、召沟、元成缘、乌兰十里壕。中游(什拉塔以上)为库布齐沙漠(约 10 km),是泥沙的主要来源区,沟道多呈窄深式,深 20~30 m,宽 50~20 m。祁海子处地下水露头,至什拉塔渠集有 0.2~0.3 m³/s 清水。下游为洪积冲积扇区,地势平坦,由于受洪水淤积,河床逐渐抬高,形成“悬河”,最高处高出地面 4 m。

10. 呼斯太沟

呼斯太沟位于达拉特旗最东缘,是达拉特旗与准格尔旗的界河。上游称公益盖沟,中游称窑子湾沟、南沟,下游称呼斯太沟。该河发源于准格尔旗布尔陶亥调尔素敖包,向西至北堡龙昌转向北于丑人圪旦东入黄河。全河除河源以下约 5 km 干沟外,均有清水。

呼斯太沟全长 65 km,流域面积 406 km²,其中达拉特旗境内长 33 km,堤防长 5 km,流域面积 201.5 km²。呼斯太沟多年平均径流量 1 218 万 m³,平均流量 0.39 m³/s,输沙模数 5 990 t/(km²·a),年输沙量 240 万 t,最大洪峰流量 1 600 m³/s。

该河流域上游为丘陵区,中游约有 10 km 明沙地带,下游较平坦。主要支沟有黑召沟、壕赖沟、鸡沟。其中鸡沟较大,并有伊勒斯太河从右侧汇入。

2.2.3.4　洪水

十大孔兑多数为季节性河流,只有汛期才有洪水发生。年内大洪水均由暴雨形成,由于十大孔兑河短坡陡,干旱少雨,降雨主要以暴雨形式出现,暴雨产生峰高量少、陡涨陡落的高含沙量洪水。由于各孔兑均发源于水土流失严重的砒砂岩区,又流经沙漠,常常是大水带大沙,多年平均输沙模数虽然只有 2 000~5 000 t/km²,但次洪输沙模数可达 30 000~40 000 t/km²,其中毛不拉孔兑和西柳沟最为严重。大量泥沙向黄河倾泄,常常在入黄口处形成沙坝淤堵黄河,直接影响包钢和包头市供水。1961~2012 年十大孔兑发生 9 次泥沙淤堵黄河现象,分别是 1961 年 8 月 21 日、1966 年 8 月 13 日、1976 年 8 月 2 日、1984 年 8 月 9 日、1989 年 7 月 21 日、1994 年 7 月 25 日、1996 年 8 月 13 日、1998 年 7 月 12 日、2003 年 7 月 29 日,其中 1961 年、1966 年、1989 年最严重。实测的孔兑洪水特征[7]见表 2-9。

2.2.4　其他支流

红柳沟为黄河一级支流,发源于宁夏回族自治区同心县田老庄乡黑山墩,集水面积 1 064 km²,河长 107 km,流经同心、中宁两县,由中宁县鸣沙洲汇入黄河,多年降雨量 266 mm,平均水量 0.1 亿 m³,平均沙量 250 万 t,平均含沙量 250 kg/m³,洪峰流量模数 0.33 m³/(s·km²)。流域干旱少雨、径流少、泥沙大,为季节性山洪沟,下游有中宁县河南灌区灌溉回归水汇入。

表 2-9　实测的孔兑洪水特征

河名	站名	洪号 （年-月-日）	洪峰流量 （m³/s）	洪水径流量 （万 m³）	洪水输沙量 （万 t）	最大含沙量 （kg/m³）
毛不拉 孔兑	官长井	1961-07-31	232	568	336	718
		1966-08-13	971	692	218	620
		1967-08-05	1 890	1 500	922	1 210
		1967-08-25	953	1 190	287	
	图格日格	1984-08-09	235	164	133	1 250
		1989-06-11	453	269	192	
		1989-07-21	5 600	6 110	6 690	1 500
西柳沟	龙头拐	1961-07-30	1 330	1 280	245	
		1961-08-21	3 180	5 300	2 968	1 200
		1966-08-13	3 660	2 320	1 656	1 380
		1971-08-31	602	356	217	1 420
		1973-07-10	640	554	139	
		1973-07-17	3 620	1 370	1 090	1 550
		1975-08-11	476	668	96.8	667
		1976-07-29	604	834	93.1	
		1976-08-02	1 330	2 260	460	383
		1976-08-03	1 160	513	271	
		1976-09-24	301	401	110	
		1978-08-07	296	1 100	150	557
		1978-08-12	722	1 100	246	
		1978-08-30	618	1 350	292	
		1979-07-26	342	657	135	1 150
		1979-08-12	701	592	406	
		1981-07-01	884	393	223	1 337
		1981-07-26	312	364	174	
		1982-09-26	449	586	257	120
		1984-07-30	264	215	62.3	792
		1984-08-09	660	956	347	
		1985-08-24	547	710	108	376
		1989-07-21	6 940	7 350	4 740	1 240
罕台川	瓦窑	1981-07-01	2 580	2 200	1 760	1 440
		1981-07-02	1 590	1 070	341	
		1981-07-13	485	387	118	
	红塔沟	1984-07-30	946	571	204	656
		1985-08-14	152	208	38.0	
		1985-08-24	270	326	44.0	588
		1989-07-21	3 090	3 120	697	433
呼斯太沟	呼斯太	1961-08-22	230	137	151	876

都思兔河为宁夏和内蒙古的界河,发源于鄂尔多斯市鄂托克旗察汗淖尔镇,向西经鄂尔多斯高原,于内蒙古与宁夏交界处注入黄河,河长 166 km,宽 50 ~ 100 m,流域面积 4 200 km²,无支流汇入,是鄂尔多斯市西部最大的一条黄河支流,全年长时间干沟无水,下游有一定清水流量。

昆都仑河是包头市境内最大的黄河支流,为大青山与乌拉山的天然分界,其上游俗称北齐沟。南北流向,发源于固阳县,流经包头市区,在哈林格尔乡注入黄河。全长 143 km,有支流 23 条,流域面积 2 716 km²,多年平均水沙量分别为 0.4 亿 m³ 和 75 万 t。属季节性河流,山洪多发生于 7 ~ 8 月,历史最大洪峰 7 050 m³/s(1856 年)。下游建有昆都仑水库,1959 年 11 月建成落闸蓄水,溢洪道也于 1960 年 7 月基本建成,设计洪峰流量为 3 100 m³/s,校核洪峰流量 5 000 m³/s,总库容 6 700 万 m³。工程以防洪为主,兼顾工业、农业、城市居民生活用水及农田灌溉,按一级建筑物标准设计,汛期调洪减峰,免除了洪水对包头市区和包钢厂区的威胁。特别是 1976 年 8 月 17 日水库上游发生大洪水,进库流量达 1 500 m³/s,经水库调洪减峰,下泄量仅 500 m³/s,保障了下游的安全,经国内著名水利专家论证,分别于 1964 年、1976 年两次对昆都仑水库进行扩建,使水库最大防洪能力达到 500 a 一遇,防 7 000 m³/s 洪水的标准。

五当沟发源于内蒙古自治区固阳县新建乡头道井,上游称东三岔沟,经吉忽伦图乡、国庆乡、石拐矿区至东园沟口,主沟长 74 km。出沟后自北向南从石河圪旦西南注入黄河。全长 86.8 km,流域面积 984 km²。最大流量 1 750 m³/s(1958 年),年平均水沙量 0.2 亿 m³ 和 109 万 t。

2.3　自然环境与人类活动概况

2.3.1　区间风沙

黄河流域的风沙活动主要分布在 3 个区域,即青海省龙羊峡以上黄河左岸的共和沙区、宁夏沙坡头至内蒙古河口镇之间黄河干流两岸的沙漠地区以及河口镇以下至无定河河口间黄河右岸的毛乌素沙地[5](见图 2-23)。

宁夏中卫县的沙坡头至内蒙古托克托县的河口镇黄河干流两岸沙漠地区,是黄河流域风沙活动的主要分布区。沙坡头至河口镇,黄河干流约 800 km,沿河两岸分布有腾格里沙漠、河东沙区、乌兰布和沙漠及库布齐沙漠。

该区年均降水量 140 ~ 410 mm,自西向东递增。降水量年际变化较大,年内分布不均。平均年变率为 26%,7 ~ 9 月降水量约占年降水量的 70%,降水多以暴雨出现。除石嘴山峡谷外,地形相对比较平缓,分布有洪积冲积平原,包括卫宁平原、银川平原和河套平原。

该区风沙地貌广泛分布,在一些干燥剥蚀山地丘陵、台地地区,覆盖有残、坡积物和零星叠加风积物。风沙活动主要分布在中卫河段左岸的腾格里沙漠、陶乐河段右岸的河东沙地、乌海至三盛公河段左岸的乌兰布和沙漠以及三盛公至河口镇河段右岸的库布齐沙漠。其中以中卫河段和乌海至三盛公河段的风沙较为活跃,这两个河段都分布在风口,是风沙入黄的主要通道。

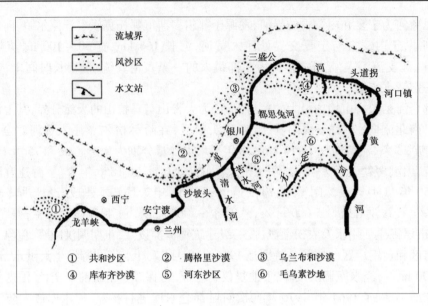

图 2-23　黄河流域风沙分布示意图

① 共和沙区　② 腾格里沙漠　③ 乌兰布和沙漠
④ 库布齐沙漠　⑤ 河东沙区　⑥ 毛乌素沙地

宁蒙河段风积沙入黄有三种形式:一是黄河干流两岸风成沙直接入黄,如乌兰布和沙漠风成沙直接入黄;二是通过沙漠、沙地及覆沙梁地的支流,如流经库布齐沙漠的十大孔兑,两岸的流沙于风季带入沟内,洪水季节洪水挟带风沙进入黄河;三是干流两岸冲积平原上覆盖的片状流沙地、半固定起伏沙地,在大风、特大风时,被吹入黄河,如石嘴山至乌海段、乌海至磴口段的黄河东岸。关于入黄风积沙量的大小,正如第1章所述,在不同的研究阶段有着不同的认识和相应的研究成果。

2.3.1.1　腾格里沙漠

腾格里沙漠是中国第四大沙漠,位于阿拉善地区东南部,介于北纬 37°30′ 至 40°,东经 102°20′ 至 106°。南越长城,东抵贺兰山,西至雅布赖山。南北长 240 km,东西宽 160 km,海拔 1 200～1 400 m。该沙漠面积约 4.27 万 km²。行政区划主要属阿拉善左旗,西部和东南边缘分别属于甘肃武威的民勤县和宁夏的中卫市。沙漠包括北部的南吉岭和南部的腾格里两部分,习惯统称为腾格里沙漠。

腾格里沙漠具有显著的大陆性气候特征。靠近湖盆和河流地段,水分条件较好。腾格里沙漠年平均气温 7～9 ℃,为内蒙古和宁夏光照最长、积温最高的地区之一。年降水量 116～118 mm。降雨虽少,但多集中在 7～8 月,雨热同季,为夏季 1 年生草类和其他小禾草生长提供了较好的水热条件。年蒸发量 3 000～3 600 mm,年平均风速 3～4 m/s,2～3 月出现 8 级暴风,年大风日数 30～50 d。

沙漠内大小湖盆多达 422 个,多为无明水的草湖,面积在 1～100 km²,呈带状分布,水源主要来自周围山地潜水。湖盆内植被类型以沼泽、草甸及盐生等为主,是沙漠内部的主要牧场。其中有 251 个积水,主要为泉水补给和临时集水。大部分为第三纪残留湖,是居民的主要集居地。总面积达 503 400 hm²,大多数为无积水或集水面积很小的芨芨草、马蓝等草湖。腾格里沙漠中的湖盆光热充足,水分条件较好,地下水较丰富,埋深 1～2 m,是沙漠内的绿洲,成为牧民世代居住生息之地。沙漠中南部的湖盆一般延伸长 20～30

km,宽 1 ~ 3 km,面积为 4 000 ~ 5 000 hm²,呈有规则的南北走向平行排列,其间为宽 3 ~ 5 km 的流动沙丘带所分隔;西部和南部边缘的湖盆大都为不规则分布,面积大小不一,大者为 5 000 ~ 10 000 hm²,小者面积都在 100 hm² 以下,并有许多湖水、泉水补给,水质良好,植被繁茂,面积虽小,却是当地水草丰美的畜牧业基地。据内蒙古河套总局勘测资料,浅层承压、半承压水极为丰富,有 100 m 含水层,总储量为 57 亿 m³,而且水质良好,是排灌的优质水源。1958 年开始进行治沙工作,营造防护林带成百条,封沙育草,从而使包兰铁路通过沙漠畅行无阻。

月亮湖是腾格里沙漠诸多湖泊中唯一有海岸线的原生态湖泊,长 3 km、宽 2 km。月亮湖一半是淡水湖,一半是咸水湖。

2.3.1.2　河东沙区

宁夏河东沙区是指位于黄河宁夏段东侧和东南侧的陶乐(今分属平罗县和银川市)、灵武、盐池及同心四县境内的沙地,区域面积约 19 000 km²,其中沙地面积约 5 000 km²。沙地南及东南临黄土高原,西接宁夏灌溉平原,北侧与东北侧接毛乌素沙地,总体上属毛乌素沙地的一部分,但其最北端陶乐一带又与库布齐沙漠及乌兰布和沙漠邻近,西侧及西南侧则遥接腾格里沙漠,因此在空间上是我国北方农牧交错区最具过渡性地域特征的沙地。

2.3.1.3　乌兰布和沙漠

乌兰布和沙漠地处内蒙古阿拉善盟和巴彦淖尔盟境内。北至狼山,东近黄河,南至贺兰山麓,西至吉兰泰盐池,总面积约 1 万 km²(见图 2-24[5])。

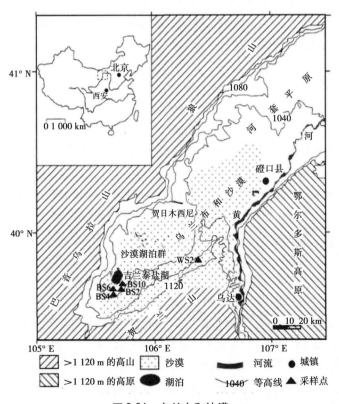

图 2-24　乌兰布和沙漠

　　属中温带干旱气候,干旱少雨,昼夜温差大,季风强劲。沙漠南部多流沙,中部多垄岗形沙丘,北部多固定和半固定沙丘。在磴口县二十里柳子至杭锦后旗太阳庙一线,营造有一条宽 300 ~ 400 m、长 175 km 的防风固沙林带,林带两侧 5 km 为封沙育草区,控制了沙漠东移。沙漠内除种树种草外,还开辟出 20 余万亩耕地,主要种植小麦、玉米、甜菜、葵花籽及各种瓜类。乌兰布和沙漠日照丰富,湖池广布,有发展农、牧、林、渔业的良好条件。

　　气候终年为西风环流控制,属中温带典型的大陆性气候,降水稀少,年平均降水量 102.9 mm,最大年降水量 150.3 mm,最小年降水量 33.3 mm,年均气温 7.8 ℃,绝对最高气温 39 ℃,绝对最低气温 -29.6 ℃,年均蒸发量 2 258.8 mm,无霜期 168 d,光照 3 181 h,太阳辐射 150 kcal/cm²,大于 10 ℃的有效积温 3 289.1 ℃。终年盛行西南风,主要害风为西北风,风势强烈,年均风速 4.1 m/s。风沙危害为主要自然灾害,但光热资源丰富,发展农业具有潜在优势。

　　就大地形来说,乌兰布和沙漠属于阿拉善高原之冲积平原,海拔 1 050 m,在地质构造上是一个断陷盆地,为细沙及黏土状第四纪冲积—湖积物所覆盖,其上为冲积、淤积和风积物,多为高低不等的流动、半固定、固定沙丘,平缓沙地及丘间低地相互交错呈复区分布的地貌类型。黄河自南向北流经磴口县的东南端,磴口绿洲的地势自东南向西北倾斜,海拔在 1 048 ~ 1 053 m。而乌兰布和沙漠整个地势都低于黄河水面,有引黄灌溉的条件,从而弥补了降雨少、蒸发大、干旱缺水的不利因素。且地下水埋深 5 ~ 8 m,浅层水资源丰富,水质良好宜于灌溉。据内蒙古河套总局勘测资料,浅层承压、半承压水极为丰富,有 100 m 含水层,总储量为 57 亿 m³,而且水质良好,是排灌的优质水源。

　　据有关资料记载,20 世纪 60 年代初,乌兰布和沙漠东部边缘距乌海尚有近 30 km。而此后不到 40 a,乌达区已经有近 1/3 的土地被乌兰布和沙漠吞没。乌兰布和沙漠东部边缘已经由黄河西岸的阿拉善盟扩展到黄河东岸海渤湾区,侵蚀面积近 100 km²,而且全部形成了新月型和半月型的流动沙丘,有的沙丘相对高度竟达 50 多 m。

　　根据自治区第三次荒漠化、沙化土地监测报告,乌海市的荒漠化、沙化面积占全市国土总面积的比例高达 80.12%。严重的荒漠化和沙化,导致了乌海自然生态环境恶劣,年均降水量不足 160 mm(2005 年仅有 81.5 mm),而蒸发量却高达 3 500 mm;沙尘天气、沙尘暴频发,日均风速大于 3 m/s 的日数最多达到 301 d。乌海市已成为内蒙古自治区乃至中国沙化最为严重的城市之一。

　　近年来,加大了乌兰布和沙漠生态治理工作,据巴彦淖尔市林业局统计,2005 ~ 2007 年乌兰布和沙漠每年增绿 10 万亩。2005 年,巴彦淖尔市率先在乌兰布和沙漠推出冷藏苗避风造林新技术,造林时间从过去的 4 月延长到 9 月,延长期达 5 个月,变一季度造林为三季度造林,同时先后推广了柴草网络、高压水打孔植苗、深坑栽植、开沟栽植等 20 多项治沙先进技术,极大地提高了造林成活率。据统计,森林覆盖率由 20 世纪 90 年代末的 4.5% 提高到现在的 15.3%,治沙面积达到了 120 万亩,有效改善了沙区生态环境。

　　2011 年 4 月起,磴口乌兰布和沙漠刘拐沙头三期生态综合治理工程全面开工建设。该工程属国家重点生态项目,总投资 500 万元,计划治理沙漠面积 4.1 万亩,其中柴草沙障压沙面积 2 万亩,栽植梭梭、花棒、沙枣等沙生固沙植物 800 万株。刘拐沙头一、二、三期生态综合治理全部完成后,将在黄河西岸的刘拐沙头新建成一条乌兰布和沙漠锁边林带,有效遏制乌兰布和沙漠向黄河直接输沙,确保母亲河安全。

2.3.1.4　库布齐沙漠

库布齐沙漠是中国第七大沙漠,位于鄂尔多斯高原脊线的北部,内蒙古自治区伊克昭盟杭锦旗、达拉特旗和准格尔旗的部分地区(见图 2-25)。西、北、东三面均以黄河为界,地势南部高,北部低。南部为构造台地,中部为风成沙丘,北部为河漫滩地,总面积约 145 万 hm²,形态以沙丘链和格状沙丘为主。流动沙丘约占 61%,长 400 km,宽 50 km,沙丘高 10~60 m,像一条黄龙横卧在鄂尔多斯高原北部,横跨内蒙古三旗。

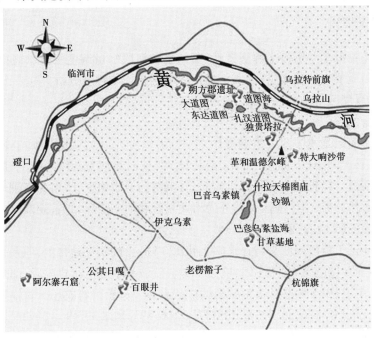

图 2-25　库布齐沙漠

气候类型属于温带干旱、半干旱区,年大风天数为 25~35 d。东部属于半干旱区,雨量相对较多;西部属于干旱区,热量丰富;中东部有发源于高原脊线北侧的季节性川沟十余条,沿岸土壤肥力较高;西部地表水少,水源缺乏,仅有内流河沙日摩林河向西北消失于沙漠之中。沙漠西部和北部因地靠黄河,地下水位较高,水质较好,可供草木生长。库布齐沙漠的植物种类多样,植被差异较大。东部为草原植被,西部为荒漠草原植被,西北部为草原化荒漠植被。主要植物种类为东部的多年禾本植物,西部的半灌木植物,北部河漫滩地碱生植物,以及在沙丘上生长的沙生植物。在北部的黄河阶地地区,多系泥沙淤积土壤,土质肥沃,水利条件较好,是黄河灌溉区的一部分,粮食产量较高,向来有"米粮川"之称。

东部地带性土壤为栗钙土,西部则为棕钙土,西北部有部分灰漠土。河漫滩上分布着不同程度的盐化浅色草甸土。由于干旱缺水,境内以流动、半流动沙丘为主。区内地带性植被,东部为干草原类型,西部为荒漠草原植被类型,西北部为草原化荒漠植被类型。干草原植被类型为:多年生禾本科植物占优势,伴生有小半灌木百里香等,也有一定数量的达乌里胡枝子、阿尔泰紫菀等;西部与西北部半灌木成分增加,建群种为狭叶锦鸡儿、藏锦鸡儿、红沙以及沙生针茅、多根葱等。北部河漫滩地生长着大面积的盐生草甸和零星的白刺沙堆。沙生植被为:流动沙丘上很少有植物生长,仅在沙丘下部和丘间地生长有籽蒿、杨柴、木蓼、沙米、沙竹等;流沙上有沙拐枣。半固定沙丘表现为:东部以油蒿、柠条、沙米、沙竹为主;西部以油蒿、柠条、霸王、沙冬青为主,伴生有刺蓬、虫实、沙米、沙竹等。固定沙丘表现为:东、西部都以油蒿为建群种;东部还有冷蒿、阿尔泰紫菀、白草等,牛心朴子也有一定数量。

2.3.2　灌区概况

灌区基本情况主要资料来源于文献《黄河上游河段水量调度引排水规律分析》[9],灌区引退水资料主要来源于文献《人类活动对入黄径流影响程度分析》[8]。

2.3.2.1　宁夏灌区

1.灌区情况

宁夏引黄灌区是我国四大古老灌区之一,位于宁夏自治区北部,属于黄河冲积性平原,南起中卫县美利渠口,北至石嘴山,南北长 320 km,东西宽 40 km;位于黄河上游下河沿—石嘴山河段。以青铜峡水利枢纽为界,其上游为卫宁灌区,下游为青铜峡灌区。由于黄河河道的自然分界,卫宁灌区又划分为河北灌区和河南灌区,青铜峡灌区又划分为河东灌区和河西灌区(见图 2-26[9])。

卫宁灌区位于黄河沙坡头与青铜峡之间 120 km 长的狭长地带上,原系多渠系无坝引水,土地面积 686 km²,灌溉面积 15.42 万 hm²。沙坡头水利枢纽建成后,部分渠道改为有坝引水,涉及中卫、中宁两县和青铜峡市的广武乡以及国营渠口农场。青铜峡灌区为有坝控制引水,位于宁夏北部,介于东经 105°37′~106°39′,北纬 37°49′~39°23′之间。青铜峡灌区行政区划上主要包括银川、石嘴山、吴忠 3 个地级市和青铜峡、利通区、灵武、永宁、银川郊区、贺兰、平罗、惠农、陶乐、盐池、同心等 11 个县(市、区)及 13 个国营农、林、牧、渔场。

当地水资源极其贫乏,且多以洪水形式出现,难以开发利用。灌区平均年降水量为 180~200 mm;年水面蒸发量由灌区内向周边递增,变化为 1 000~1 400 mm。黄河纵贯灌区南北,年过境水量 330 亿 m³。

宁夏河段的引水主要用于沿岸的农业灌溉,同时近些年新兴工业的引用水也越来越多,其退水规律主要与农业灌溉制度和工业用水工艺结构有关。1967 年青铜峡水利枢纽的建成和 2004 年沙坡头水利枢纽的建成,极大地改善了青铜峡灌区和卫宁灌区的引水条件,使两灌区主要引水渠变无坝引水为有坝引水,提高了引水保证率,促进了宁夏引黄灌区的快速发展。

宁夏引黄灌区共有大中型引水干渠 17 条(见表 2-10),灌溉面积 473 万亩,设计供水能力 816 m³/s,现状供水能力 812 m³/s,总干渠引水能力 866 m³/s。其中卫宁灌区引水渠有美利渠、跃进渠、七星渠、羚羊寿渠、羚羊角渠、固海扬水泵站等,卫宁灌区引水能力 171 m³/s(见表 2-11);青铜峡灌区为有坝引水,坝上有东干渠引水,坝下有河东、河西总干渠

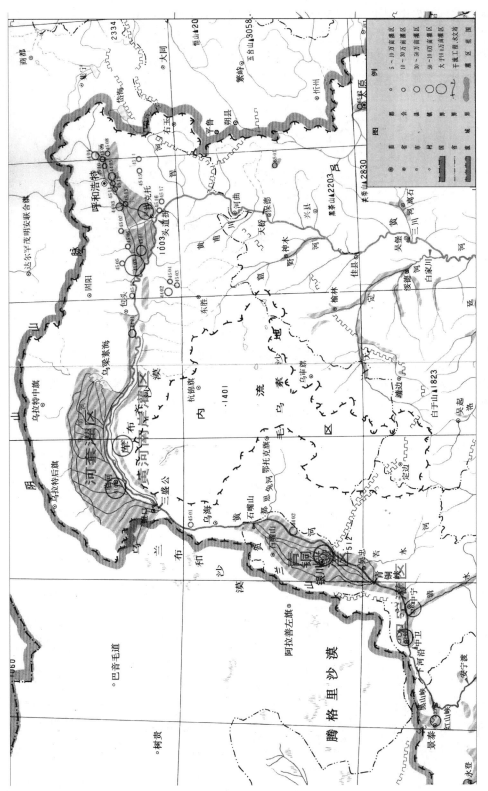

图 2-26　宁夏、内蒙古灌区分布示意图

接纳青铜峡枢纽发电尾水,再分配至 9 条引水干渠。河东灌区有秦渠、汉渠、马莲渠 3 条,河西灌区有泰民渠、西干渠、惠农渠、汉延渠、唐徕渠、大清渠 6 条。干渠总长 1 026 km,引水能力 685 m^3/s,灌溉面积 386 万亩,灌区排水沟数量可占全灌区总数的 75%。青铜峡灌区主要引水渠和排水沟见图 2-27。

图 2-27　青铜峡灌区主要引水渠和排水沟

表 2-10　宁夏重点灌渠工程情况一览表

灌渠名称	水源名称	引水方式	引水地点	管理机构名称	主管上级	建成时间	受益地区
美利渠	黄河	自流	宁夏中卫县沙坡头	中卫水利水保局	中卫县	元代	中卫黄河北岸
跃进渠	黄河	自流	宁夏中卫县孟家河沟	跃进渠管理处	省水利厅	1958	中卫、中宁
七星渠	黄河	自流	宁夏中卫县申家滩	七星渠管理处	省水利厅	明代	中卫、中宁
羚羊寿渠	黄河	自流	宁夏中卫县狄家状子	中卫水电局	中卫县	明代	中卫
固海扬水	黄河	提水	宁夏中卫县泉眼山	固海扬水管理处	省水利厅	1986	固原、海原、同心、中宁
盐环定扬水	东干渠	提水	宁夏青铜峡东干渠	盐环定扬水管理处	省水利厅	1996	盐池、环县、定边、同心
东干渠	黄河	自流	宁夏青铜峡水库坝下	青铜峡渠首管理处	省水利厅	1975	青铜峡、吴忠、灵武

续表 2-10

灌渠名称	水源名称	引水方式	引水地点	管理机构名称	主管上级	建成时间	受益地区
汉渠	河东总干渠	自流	宁夏青铜峡水库坝上	秦汉渠管理处	省水利厅	公元前 119	青铜峡、吴忠、灵武
秦渠		自流	宁夏青铜峡水库坝下	秦汉渠管理处	省水利厅	公元前 214	青铜峡、吴忠、灵武
马莲渠		自流	宁夏青铜峡水库坝下	秦汉渠管理处	省水利厅		青铜峡、吴忠
西干渠	河西总干渠	自流	宁夏青铜峡水库坝下	西干渠管理处	省水利厅	1960	青铜峡、永宁、银川、贺兰
唐徕渠		自流	宁夏青铜峡水库坝下	唐徕渠管理处	省水利厅	公元前 102	青铜峡、永宁、银川、贺兰、平罗
惠农渠		自流	宁夏青铜峡水库坝下	惠农渠管理处	省水利厅	1729	青铜峡、永宁、银川、贺兰、平罗、惠农
汉延渠		自流	宁夏青铜峡水库坝下	汉延渠管理处	省水利厅	公元前 221	青铜峡、永宁、银川、贺兰
泰民渠		自流	宁夏青铜峡水库坝下	青铜峡渠首管理处	省水利厅	清代	青铜峡、吴忠
大清渠		自流	宁夏青铜峡水库坝下	青铜峡渠首管理处	省水利厅	1960	青铜峡
陶乐扬水	黄河	提水	宁夏陶乐县	陶乐水电局	陶乐县	1954 ~ 1984	陶乐县

表 2-11 宁夏引黄灌区引水工程基本情况

灌区名称		引水渠名称	水源	引水能力（m³/s）	灌溉面积（万 hm²）	2011 年引水量（亿 m³）	水文站或监测站
卫宁灌区	河北灌区	美利总干渠	黄河	47	17.3	4.783	下河沿
		跃进渠	黄河	28	10	2.529	胜金关
	河南灌区	七星渠	黄河	58	22.7	8.746	申滩
		羚羊寿渠	黄河	12	7.5	0.822	羚羊寿渠
		羚羊角渠	黄河	1	0.5	0.042	羚羊角渠
	固海	固海扬水	黄河	25	38.7	2.28	泉眼山

续表 2-11

灌区名称		引水渠名称	水源	引水能力 （m³/s）	灌溉面积 （万 hm²）	2011 年 引水量 （亿 m³）	水文站或 监测站
青铜峡灌区	河东灌区	河东总干渠	黄河	131	38	7.22	青铜峡
		秦渠	河东总干渠	65.5	30.7	4.08	秦坝关
		汉渠	河东总干渠	33.5	8.7	2.32	余家桥（2）
		马莲渠	河东总干渠	21	5.1	0.817	余家桥
		东干渠	黄河	45	26.3	4.856	东干渠
	河西灌区	河西总干渠	黄河	450	253.3	33.69	青铜峡
		西干渠	河西总干渠	60	40	6.082	西干渠
		唐徕渠	河西总干渠	152	54.9	10.575	大坝
		汉延渠	河西总干渠	80	36	5.17	小坝
		惠农渠	河西总干渠	97	43.3	9.127	龙门桥
		大清渠	河西总干渠	25	7	1.436	大坝
		泰民渠	河西总干渠	19	5.7	0.817	泰民渠
		陶乐扬水渠	黄河			0.9	陶乐

此外，为了解决黄土丘陵区和台地地区人民生活和灌溉用水，又陆续发展了一些扬水灌区，如南山台子、固海、红寺堡、盐环定等。其中南山台子扬水工程设计扬水流量 6.65 m³/s，设计灌溉面积 15 万亩；固海扬水工程由固海、同心扬水工程组成，设计灌溉面积 49 万亩，设计供水能力 20 m³/s；红寺堡扬水工程主要分布在宁夏中卫市中宁县、吴忠市的红寺堡区、利通区和同心县，设计流量 25 m³/s，灌溉面积 55 万亩；盐环定扬水工程为陕甘宁三省的盐池、环县、定边三县供水，设计扬水流量 11 m³/s，设计灌溉面积 33 万亩。

宁夏引黄灌区内沟渠纵横，湖泊、洼地连片，经过 20 世纪 50 ~ 60 年代大规模整修，建立起骨干排水沟。灌区的排水主要以明沟排水为主，绝大部分主干排水沟均设立了水文控制站。以青铜峡灌区为例，水文站控制排水干沟 20 条，控制排水面积 4 034.2 km²，占总排水面积的 80.7%；未控制排水沟（主要是小毛沟）72 条，控制排水面积 835.54 km²，占总排水面积的 16.7%，调查排水沟（每月实测 2 ~ 3 次）8 条，控制面积 130.03 km²，占总排水面积的 2.6%。引黄灌区主要排水沟及水文监测站见表 2-12。

目前宁夏引黄灌区引水渠道监测站有 19 个，其中水文站 15 个，监测站 4 个。灌区排水渠道监测站有 24 个，其中水文站 9 个，监测站 15 个。宁夏引黄灌区共有排水沟 223 条（其中直接入黄一级排水沟 177 条，水文站以下二级排水沟 46 条），排水能力 600 m³/s。有水文站监测控制的排水沟 24 条，排水面积 4 363 km²。

表 2-12 宁夏引黄灌区主要排水沟基本情况

灌区		排水沟名称	排入河道	排水能力 (m^3/s)	排水面积 (km^2)	2011 年排水量 (亿 m^3)	水文站或监测站
卫宁灌区	河北灌区	中卫一排	黄河	11.5	164	1.452	胜金关
	河南灌区	南河子	黄河	40	117	1.068	南河子
		九排沟	黄河			0.796	南河子
		北河子	黄河	15	46.4	0.22	南河子
		红柳沟	黄河		2.25	0.069	鸣沙洲
青铜峡灌区	河东灌区	金南干沟	黄河	16	72	0.379	郭家桥
		清水沟	黄河	30	192	1.547	郭家桥
		苦水河	黄河	50	119	1.008	郭家桥
		南干沟	苦水河	8.3	69.4	0.419	郭家桥
		东排水沟	黄河	12.6	91.4	1.274	郭家桥
		西排水沟	黄河	8	61.4	与东排合并	郭家桥
	河西灌区	大坝沟	黄河	3	39.6		望洪堡
		中沟	黄河	10	79.6	0.815	望洪堡
		反帝沟	黄河	15	60	0.755	望洪堡
		中滩沟	黄河	10	62.8	0.623	望洪堡
		胜利沟	黄河	5	25.6	0.382	望洪堡
		一排	黄河	35	206	1.953	望洪堡
		中干沟	黄河	11	55.6	0.382	望洪堡
		永清沟	黄河	18.5	52.8	0.732	贺家庙
		永二干沟	黄河	15.5	124	0.962	贺家庙
		二排	黄河	25	287	0.641	贺家庙
		银新沟	黄河	45	126	1.239	贺家庙
		四排	黄河	54	744	1.663	通伏宝
		五排	黄河	56.5	592	1.015	熊家庄
		三排	黄河	31	974	1.974	达家梁子

2. 灌区引水特点

宁夏河段分为下河沿以上、下河沿—青铜峡、青铜峡—石嘴山和石嘴山以下河段共四部分。其中下河沿以上美利渠引水与下河沿—青铜峡河段引水（不包括东干渠）为卫宁灌区引水,青铜峡—石嘴山河段引水与东干渠引水及石嘴山以下宁夏河段引水为青铜峡灌区引水。

　　1950~2012 年宁夏灌区年均引水量为 64.86 亿 m³,占同期黄河下河沿水文站径流量的 22%。1950~2006 年宁夏灌区年均引水量为 64.75 亿 m³,其中卫宁灌区年均引水量为 15.62 亿 m³,青铜峡灌区年均引水量为 49.13 亿 m³,引水主要为青铜峡灌区,占宁夏引水量的 76%。宁夏灌区引水量 1969 年以前年平均不足 50 亿 m³,90 年代达到 80.74 亿 m³。青铜峡灌区引水发展最快,由 1969 年以前的 36.15 亿 m³,到 90 年代的 62.36 亿 m³ (见表 2-13),增加 73%。

表 2-13　宁夏灌区不同时段年引水量

时段	年均引水量(亿 m³)			汛期平均引水量(亿 m³)			汛期占年比例(%)		
	宁夏灌区	卫宁灌区	青铜峡灌区	宁夏灌区	卫宁灌区	青铜峡灌区	宁夏灌区	卫宁灌区	青铜峡灌区
1950~1969 年	49.24	13.09	36.15	25.30	6.76	18.54	51	52	51
1970~1979 年	66.82	16.06	50.76	31.81	7.84	23.97	48	49	47
1980~1989 年	71.29	15.30	55.99	32.51	7.12	25.39	46	47	45
1990~1996 年	80.74	18.38	62.36	33.61	7.72	25.89	42	42	42
1997~2006 年	75.95	18.61	57.34	30.27	7.55	22.72	40	41	40
1950~2006 年	64.75	15.62	49.13	29.60	7.27	22.33	46	47	45

　　1950~2006 年宁夏灌区汛期平均引水量为 29.60 亿 m³,其中卫宁灌区引水量为 7.27 亿 m³,青铜峡灌区引水量为 22.33 亿 m³,分别占年引水量的 47% 和 45%。

　　从多年平均各月引水量看,宁夏引黄灌区引水时段为 3~11 月,主要引水期在 4~11 月。主要引水期内,6 月引水流量最大,大约为 500 m³/s(见图 2-28),5~8 月引水流量均超过 400 m³/s。不同时段看,90 年代引水流量最大,5 月和 6 月流量均超过 600 m³/s。

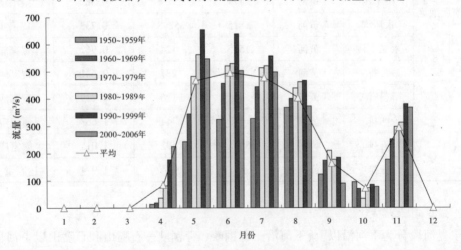

图 2-28　不同年代宁夏灌区月引黄流量变化

3. 灌区排水特点

下河沿以上美利渠无排水,下河沿—青铜峡河段为卫宁灌区排水,青铜峡—石嘴山河段为青铜峡灌区排水。1950 ~ 2012 年宁夏灌区平均排水 33.24 亿 m³。

1950 ~ 2006 年宁夏灌区年均排水 34.50 亿 m³,其中卫宁灌区总排水量 10.19 亿 m³,青铜峡灌区总排水量 24.31 亿 m³。灌区排水由 1969 年以前的 23.82 亿 m³,增加到 90 年代的 47.69 亿 m³(见表 2-14),增加 100%。排水量最大年份为 1998 年,达到 52.6 亿 m³(见图 2-29)。

表 2-14　宁夏引黄灌区不同时段排水量

时段	年均排水量(亿 m³)			汛期平均排水量(亿 m³)			汛期占年比例(%)		
	宁夏灌区	卫宁灌区	青铜峡灌区	宁夏灌区	卫宁灌区	青铜峡灌区	宁夏灌区	卫宁灌区	青铜峡灌区
1950 ~ 1969 年	23.82	10.04	13.78	18.00	5.75	8.63	76	57	63
1970 ~ 1979 年	38.02	11.65	26.37	21.66	6.40	15.26	57	55	58
1980 ~ 1989 年	38.22	10.15	28.07	19.49	5.17	14.32	51	51	51
1990 ~ 1996 年	47.69	11.14	36.55	22.96	5.31	17.65	48	48	48
1997 ~ 2006 年	39.38	8.38	31.00	17.37	3.77	13.60	44	45	44
1950 ~ 2006 年	34.50	10.19	24.31	19.40	5.36	12.77	56	53	53

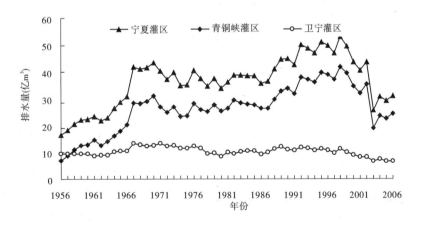

图 2-29　宁夏灌区历年排水量过程线

1950 ~ 2006 年宁夏引黄灌区汛期平均排水量为 19.40 亿 m³,其中卫宁灌区汛期平均排水量 5.36 亿 m³,青铜峡灌区汛期平均排水量 12.77 亿 m³,汛期灌区排水由 1969 年以前的 18.00 亿 m³,增加到 90 年代的 22.96 亿 m³,增加 28%(见表 2-14)。

宁夏引黄灌区全年各月均有排水。主要排水期在 4 ~ 11 月,与灌水期吻合。

4. 灌区引排水关系

宁夏引黄灌区引排水变化趋势基本一致,排水量随引水量的增大而增大,随引水量的减小而减小。1999 年以前,引水量呈增长趋势,1999 年以后,引水量呈下降趋势;与此对应,排水量和排引比在 1998 年以前呈增长趋势,1998 年以后呈下降趋势(见图 2-30)。

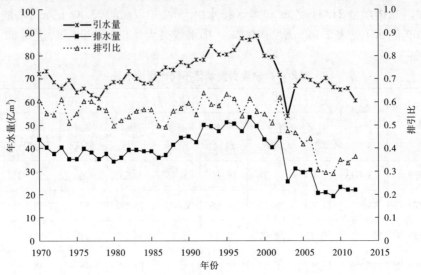

图 2-30　宁夏灌区年引排比水量过程

1950 ~ 2012 年宁夏灌区的平均排引比为 0.51。1950 ~ 2006 年宁夏灌区的平均排引比为 0.53,其中卫宁灌区较高为 0.65,青铜峡灌区较低为 0.49。1997 ~ 2006 年,青铜峡灌区排引比为 0.55,卫宁灌区排引比大幅度降低至 0.45,也使宁夏灌区的排引比降到历史较低水平 0.52(见表 2-15、图 2-31)。

表 2-15　宁夏灌区不同时段排引比对比表

时段	宁夏引黄灌区	卫宁灌区	青铜峡灌区
1950 ~ 1969 年	0.48	0.77	0.38
1970 ~ 1979 年	0.57	0.73	0.52
1980 ~ 1989 年	0.54	0.66	0.50
1990 ~ 1996 年	0.60	0.61	0.59
1997 ~ 2006 年	0.52	0.45	0.55
1950 ~ 2006 年	0.53	0.65	0.49

5. 灌区引沙特点

1976 ~ 2012 年宁夏引黄灌区平均引沙量 1 301 万 t。2000 年以来引沙量保持在较低水平。最大引沙为 5 430 万 t(1999 年),最小引沙量为 651 万 t(2010 年)(见图 2-32)。

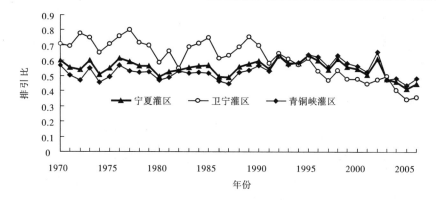

图 2-31　宁夏灌区不同区域排引比变化过程

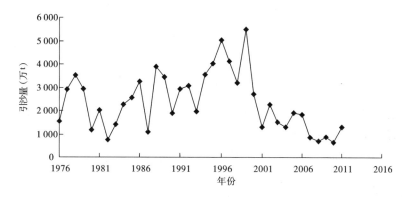

图 2-32　宁夏灌区引沙量年际变化过程

　　1976～2006 年汛期平均引沙量 1 974 万 t,占同期年引沙量的 76%。最大引沙量为 4 582 万 t(1999 年),最小引沙量为 1 022 万 t(2004 年)。

　　根据 1997～2006 年资料分析,宁夏引黄灌区引沙主要在 5～9 月,月引沙量均在 200 万～1 000 万 t,5～9 月引沙量为 2 413 万 t,占年引沙量的 94%。其中 7 月引沙量最大,为 977 万 t,10 月引沙量最小,只有 12 万 t(见图 2-33)。

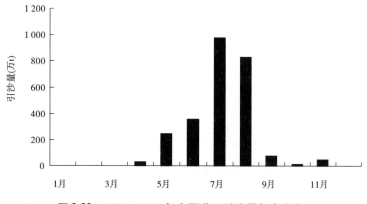

图 2-33　1997～2006 年宁夏灌区引沙量年内变化

6. 灌区排沙

1976～2006 年平均排沙量 478 万 t,占引沙量的 18.3%。2000 年以后排沙量在 400 万 t 左右(见图 2-34)。

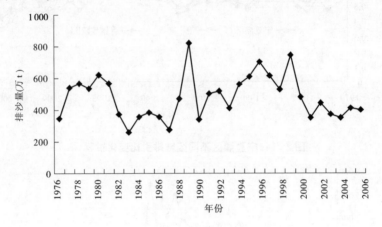

图 2-34　宁夏灌区历年排沙量变化过程

根据 1997～2006 年资料分析,宁夏引黄灌区排沙主要集中在每年的 5～8 月,月排沙量均在 100 万 t 左右,5～8 月排沙量为 407 万 t,占年排沙量的 86%。其中 5 月排沙量最大,为 107 万 t,10 月排沙量最小,只有 2 万 t(见图 2-35)。

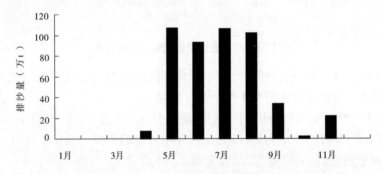

图 2-35　1997～2006 年宁夏灌区排沙量年内变化

2.3.2.2　内蒙古灌区

1. 灌区情况

内蒙古引黄灌区由河套灌区、黄河南岸灌区、磴口扬水灌区、民族团结灌区、麻地壕扬水灌区、大黑河灌区及沿黄小灌区组成。地理位置介于东经 106°20′～112°06′,北纬 37°35′～41°18′之间,东西长 480 km,南北宽 10～415 km,总面积约 2.13 万 km²。现状总灌溉面积 1 168.68 万亩,涉及巴彦淖尔市、鄂尔多斯市、包头市、呼和浩特市、乌海市、阿拉善盟的 17 个旗(县、市、区)(见图 2-36)。内蒙古引黄灌区属干旱半干旱地区,年降水量 130～400 mm,由西向东递增;蒸发量 1 840～2 390 mm,由东向西递增。30 万亩以上大型灌区 4 处,灌溉面积 1 096.06 万亩,占内蒙古引黄灌区总面积的 93.8%;其中内蒙古河套灌区为全国特大型灌区,灌溉面积 861.54 万亩,占总面积的 73.7%(见表 2-16)。

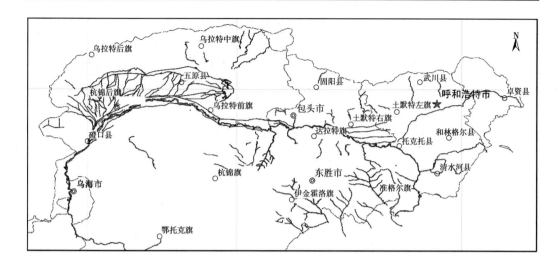

图 2-36 内蒙古引黄灌区位置示意图

表 2-16 内蒙古引黄灌区情况

灌区名称	土地面积 （万亩）	耕地面积 （万亩）	现状灌溉面积 （万亩）
河套灌区	1 679.31	1 395.30	861.54
黄河南岸灌区	719.90	267.00	139.62
磴口扬水灌区	191.80	146.60	63.50
民族团结灌区	74.70	46.00	22.50
麻地壕灌区	177.15	94.06	31.40
大黑河灌区	240.98	132.64	24.72
沿黄小灌区			25.40
合计	3 083.84	2 081.60	1 168.68

目前,内蒙古引黄灌区有引水总干渠 5 条,长 365.66 km,已衬砌 6.3 km,占总长的 1.7%;干渠 67 条,长 1 504.08 km,已衬砌 105.56 km,占总长的 7.0%;分干渠 56 条,长 1 182.88 km,已衬砌 54.47 km,占总长的 4.6%。灌区引水骨干渠系工程见表 2-17。

内蒙古引水主要集中在石嘴山—巴彦高勒河段的三盛公水利枢纽,退水主要在巴彦高勒—头道拐区间。

表 2-17　内蒙古引黄灌区骨干渠系工程现状表

灌区名称	渠道	数量(条)	长度(km)	衬砌长度(km)	引水能力(m³/s)	渠系水利用系数(%)
河套	总干渠	1	180.85		565.0~78.0	0.42
	干渠	13	779.74	55.86	93.0~2.6	
	分干渠	48	1 069	24.67	25.0~1.0	
	支渠	339	2 218.5	20	15.0~0.5	
黄河南岸	总干渠	1	148		40.0~19.0	自流 0.35 提水 0.51
	干渠	45	446.65	16.5	0.7~4.5	
	支渠	122	328.15		0.5~2.5	
磴口	总干渠	1	18.05	6.3	50	0.51
	干渠	3	132.1		7.0~22.0	
	支渠	89	336		0.5~2.5	
民族团结	总干渠	1	13.86		25.3	0.46
	干渠	3	98.3	22.7		
麻地壕	总干渠	1	4.9		8.0~40.0	0.42
	干渠	3	47.29	10.5	8.0~18.6	
	分干渠	8	113.88	29.8	8.0~18.6	
	支渠	48	207.37	7.5	0.8~2.0	
总干渠合计		5	365.66	6.3		
干渠合计		67	1 504.08	105.56		
分干渠合计		56	1 182.88	54.47		
支渠合计		598	3 090.02	27.5		

内蒙古引黄灌区排水渠道主要分布在河套灌区。河套灌区排水系统分为七级,其中总排干沟1条,全长228 km;干沟12条,全长503 km;分干沟59条,全长925 km;支沟297条,全长1 777 km;斗、农、毛沟17 322条,全长10 534 km(见表2-18)。

1)河套灌区

河套灌区和黄河南岸灌区位于黄河上游石嘴山—三湖河口河段。前者经由沈乌干渠、总干渠从黄河干流引水,退水主要通过二、三、四闸直泻、渡口、南一等排水沟直排以及乌梁素海西山嘴排水入黄。后者经由南干渠引水,通过灌区排水沟等退水入黄。磴口灌区、麻地壕灌区和民族团结等灌区位于三湖河口—头道拐河段,由磴口总干渠、民族团结渠等渠首泵站从黄河提水。

河套灌区是我国最大的一首制自流引水灌区。河套灌区引黄灌溉始于秦,兴于汉,已有两千多年历史。灌区东西长250 km,南北宽50余km,土地面积1 679.31万亩,设计灌溉面积1 233万亩,实际灌溉面积861.54万亩,分由北总干渠、沈乌干渠、南岸干渠三大取水工程引水灌溉,由黄河三盛公水利枢纽统一调配。

表2-18　河套灌区排水工程现状表

项目	条数			长度(km)		
	规划	已建	已建占规划(%)	规划	已建	已建占规划(%)
干沟	12	12	100	509.96	503.28	98.7
分干沟	68	59	86.8	1 200.12	925.54	77.1
支沟	329	297	90.3	2 017.99	1 777.2	88.1
斗沟	2 232	1 514	67.8	4 643.81	2 536.6	54.6
农沟	12 674	3 171	25	12 858.27	2 902.3	22.6
毛沟	75 487	12 637	16.7	50 630.58	5 095.1	10
支沟以上小计	409	368	90	3 728.07	3 206.02	86
支沟以下小计	90 393	17 322	19.2	68 132.66	10 534	15.5
合计	90 802	17 690	19.5	71 860.73	13 740.02	19.1

2)磴口扬水灌区

磴口扬水灌区(前身民生渠)开发于1928年,初建于1966年,扩建于1974年,1978年作了临河式泵站的改建,是内蒙古引黄灌区最大的电力扬水灌区。灌区位于土默川平原,设计灌溉面积116万亩,一级扬水87万亩,二级扬水29万亩;包头市灌溉面积65万亩,呼和浩特市灌溉面积51万亩。设计扬水流量50 m³/s,加大流量60 m³/s,总干渠全长18.05 km,其主要任务是向民生、跃进两大干渠输水,承担9万亩的农田灌溉任务。民生干渠全长52.6 km,设计流量30 m³/s,加大流量36 m³/s,承担47万亩农田灌溉任务和向二级扬水站供水任务。跃进干渠全长59.85 km,设计流量15.5 m³/s,加大流量19 m³/s,承担31万亩的农田灌溉任务,近年来实灌面积40多万亩。

2.灌区引水特点

1)石嘴山—头道拐河段

据统计1972~2012年内蒙古河段灌区,石嘴山—头道拐河段(简称石—头河段)引水量年平均62.92亿 m³。1972~2006年平均引水量为63.09亿 m³,其中汛期引水量为38.05亿 m³,占年总引水量的60%。根据灌区不同年代月引水流量图2-37,可以看出多年平均10月引水量最大,达到507 m³/s。

2)石嘴山—三湖河口河段

石嘴山—三湖河口河段主要为河套灌区和黄河南岸灌区引水,三湖河口—头道拐河段主要是磴口扬水灌区和民族团结扬水灌区的引水。

石嘴山—三湖河口河段(简称石—三河段)1962~2006年均引水量57.77亿 m³(见表2-19),其中河套灌区多年平均引水量为54.44亿 m³,占总引水量的94%;黄河南岸灌

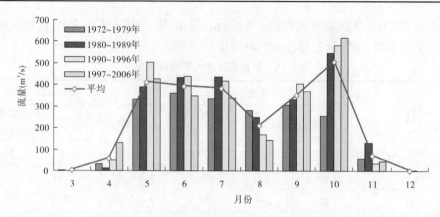

图2-37　不同年代宁蒙河段月引水流量变化

区多年平均引水量为 3.33 亿 m^3，占总引水量的 6%。引水量最大年份为 1991 年(见图2-38)，达到 68.9 亿 m^3，相应河套灌区引水量 64.3 亿 m^3。

表2-19　石—三河段引黄灌区不同时期引水量变化

时段	年均引水量(亿 m^3)			汛期平均引水量(亿 m^3)	汛期占年(%)
	河套灌区	黄河南岸灌区	合计		
1962~1969 年	44.99	2.30	47.29	31.79	67.2
1970~1979 年	46.33	2.93	49.26	30.44	61.8
1980~1989 年	59.26	4.04	63.30	40.16	63.4
1990~1996 年	60.72	4.23	64.95	40.25	62.0
1997~2006 年	57.66	3.27	60.93	37.74	61.9
1962~2006 年	54.44	3.33	57.77	36.31	62.9

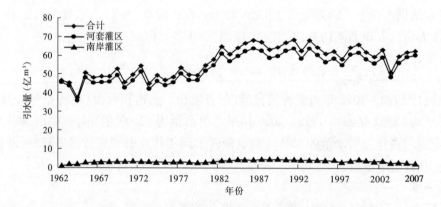

图2-38　石—三河段引黄灌区历年引水量变化过程

1962~2006 年汛期平均引水量 36.31 亿 m^3，占年引水量的 62.9%。比较各月平均引水流量，10 月引水流量最大，为 431 m^3/s(见图2-39)，4 月引水流量最小，为 33 m^3/s。

最大月引水量是最小月的 13 倍左右(最大、最小月引水量主要针对引水期内,下同)。

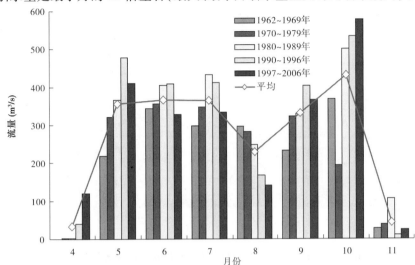

图 2-39 石—三河段引黄灌区不同时段月引水流量变化

3)三湖河口—头道拐河段

三湖河口—头道拐河段(简称三—头河段)主要是磴口扬水灌区和民族团结扬水灌区的引水。

1972~2006 年多年平均年引水量 3.05 亿 m³,见表 2-20,其中汛期平均引水量 1.18 亿 m³,约占全年引水量的 38.7%。其他时段汛期引水量所占全年引水量的比例较稳定,均在 38% 左右。

表 2-20 三—头河段引黄灌区不同年代引水量变化对比表

时段	年均引水量(亿 m³)	汛期平均引水量(亿 m³)	汛期占年比例(%)
1972~1979 年	1.29	0.50	38.8
1980~1989 年	3.69	1.43	38.8
1990~1996 年	4.00	1.50	37.5
1997~2006 年	3.17	1.26	39.7
1972~2006 年	3.05	1.18	38.7

1962~2006 年以 10 月引水为最多,约 64 m³/s,8 月引水最少,为 2 m³/s,最大月引水量约是最小月的 32 倍(见图 2-40)。

3. 灌区排水特点

内蒙古河段排水主要在石—三河段,1962~2012 年平均排水量 10.77 亿 m³。

石—三河段 1970~2006 年平均排水量为 10.02 亿 m³,其中河套灌区为 9.29 亿 m³,占总排水量的 92.7%;黄河南岸灌区排水量为 0.73 亿 m³,占总排水量的 7.3%。不同时段排水量变化对比见表 2-21。图 2-41 给出了石—三河段引黄灌区历年排水量过程。

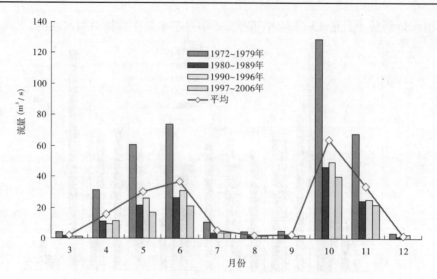

图 2-40　三—头河段引黄灌区不同时段月引水流量变化

表 2-21　石—三河段引黄灌区不同时段排水量

时段	年均排水量(亿 m³)		
	河套灌区	黄河南岸灌区	合计
1970～1979 年	6.53	0.36	6.88
1980～1989 年	11.17	0.64	11.81
1990～1996 年	11.65	1.17	12.81
1997～2006 年	8.52	0.90	9.42
1970～2006 年	9.29	0.73	10.02

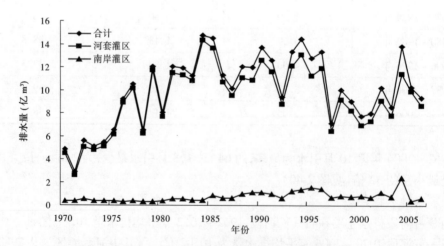

图 2-41　石—三河段引黄灌区历年排水量过程

1970～2006 年汛期排水量 6.19 亿 m³，占年总排水量的 61.7%。不同时段汛期排水量及其占全年排水量比例对比见表 2-22。

表 2-22 石—三河段引黄灌区不同时段汛期排水量变化对比

时段	年排水量(亿 m³)	汛期排水量(亿 m³)	汛期所占年比例(%)
1970~1979 年	6.88	4.53	65.8
1980~1989 年	11.81	7.54	63.9
1990~1996 年	12.81	7.77	60.6
1997~2006 年	9.42	5.38	57.1
1970~2006 年	10.02	6.19	61.7

多年平均排水期排水流量 9 月最多,约为 82 m³/s,11 月排水量较少,约为 22 m³/s (见图 2-42)。

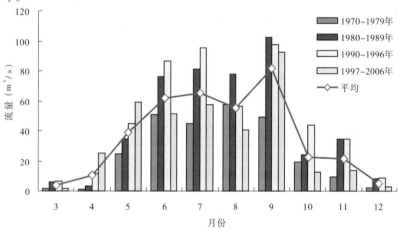

图 2-42 石—三河段引黄灌区不同时段各月排水流量

4. 灌区引排水关系

石—三河段引黄灌区引排水变化趋势基本一致(见图 2-43),排水量随引水量的增减而增减。1970~2006 年平均排引比为 0.17,1979 年排引比最大,为 0.24;1972 年最小,为 0.10。最大值约是最小值的 2.4 倍。

5. 灌区引沙

据统计内蒙古河段引黄灌区 1972~2012 年平均引沙量为 1 500.8 万 t。

1)石嘴山—头道拐河段

石—头河段 1972~2006 年多年平均引沙量为 1 605.21 万 t,汛期引沙量为 1 279.82 万 t,占年总引沙量的 79.7%。石—三河段分别占年引沙量和汛期引沙量的 95.1% 和 97.1%。

2)石嘴山—三湖河口河段

石—三河段引黄灌区 1972~2006 年平均引沙量为 1 524.4 万 t(见表 2-23),其中汛期引沙量为 1 242.25 万 t,占年总引沙量的 81.5%。图 2-44 给出了该河段引黄灌区历年引沙量比较。

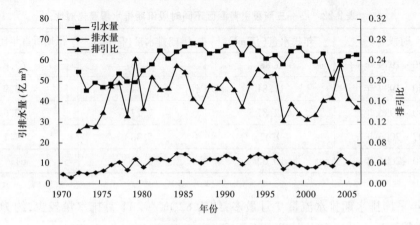

图 2-43　石—三河段引黄灌区年引排水量过程

表 2-23　石—三河段引黄灌区不同时段引沙量

时段	年均引沙量（万 t）	汛期平均引沙量（万 t）	汛期占年比例（%）
1972～1979 年	1 002.78	869.29	86.7
1980～1989 年	1 293.01	1 091.03	84.4
1990～1996 年	1 637.64	1 313.44	80.2
1997～2006 年	2 093.83	1 641.99	78.4
1972～2006 年	1 524.40	1 242.25	81.5

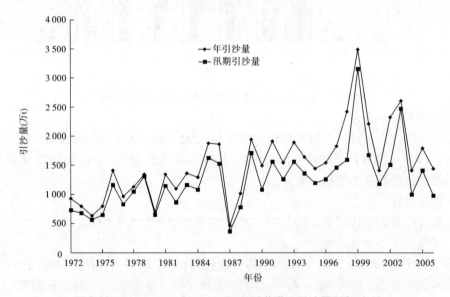

图 2-44　1972～2006 年石—三河段引黄灌区引沙量逐年对比

多年平均引沙量以 10 月为最多，为 340.2 万 t（见图 2-45），占全年引沙量的 22.3%；最小为 4 月，引沙量为 15.17 万 t，占全年引沙量的 1%。

3）三湖河口—头道拐河段

1972～2006 年平均引沙量 80.81 万 t（见表 2-24），其中汛期占 46.5%（见图 2-46）。2005 年引沙量最大。

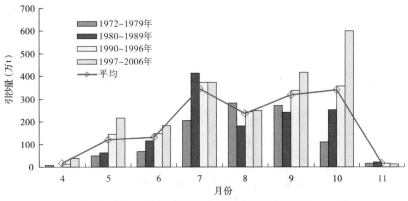

图 2-45　石—三河段引黄灌区不同时段引沙量年内分配

表 2-24　三—头河段引黄灌区不同时段引沙量

时段	年均引沙量(万 t)	汛期平均引沙量(万 t)	汛期占年比例(%)
1972~1979 年	39.11	20.41	52.2
1980~1989 年	104.81	52.45	50
1990~1996 年	88.32	31.56	35.7
1997~2006 年	84.91	40.65	47.9
1972~2006 年	80.81	37.58	46.5

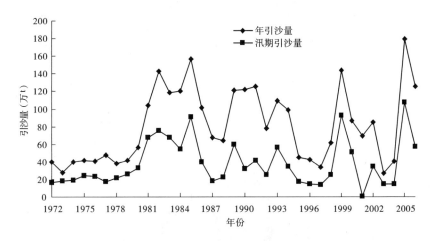

图 2-46　1972~2006 年三—头河段引黄灌区引沙量

1972~2006 年引沙量以 10 月为最多,为 27.1 万 t(见图 2-47),占全年引沙量的 33%;9 月引沙最少,为 1.68 万 t,占全年的 2%。

6. 灌区排沙

石—三河段 1972~2006 年平均年排沙量为 235.02 万 t(见表 2-25),占引沙量的 15.4%,其中 1999 年排沙量最大,为 473.36 万 t;2004 年排沙量最小,为 214.37 万 t,年排沙量最大与最小值之比为 2.2。

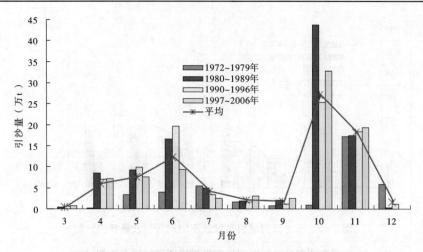

图 2-47　三—头河段引黄灌区不同时段引沙量年内分配

表 2-25　石—三河段引黄灌区不同时段排沙量

时段	年均（万 t）	汛期（万 t）	汛期占年比例（%）
1972～1979 年	187.1	163.05	87.1
1980～1989 年	203.05	169.11	83.3
1990～1996 年	240.96	198.00	82.2
1997～2006 年	301.17	253.55	84.2
1972～2006 年	235.02	197.63	84.1

　　1972～2006 年汛期平均排沙 197.63 万 t,约占全年排沙量的 84.1%。由图 2-48 可以看出,8 月排沙最多,为 68.29 万 t,占全年排沙量的 29%;11 月排沙最少,为 2.39 万 t,占全年的 1.0%。

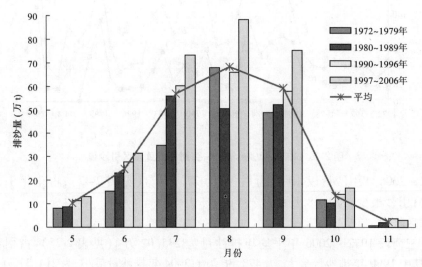

图 2-48　石—三河段引黄灌区不同时段排沙量年内分配

2.3.3 水利工程

宁蒙河段下河沿—头道拐区间干流现有 3 座大型水利工程,分别是青铜峡水库、海勃湾水利枢纽、三盛公水利枢纽(见图 2-49)。该河段上游主要有龙羊峡水库、刘家峡等水库。

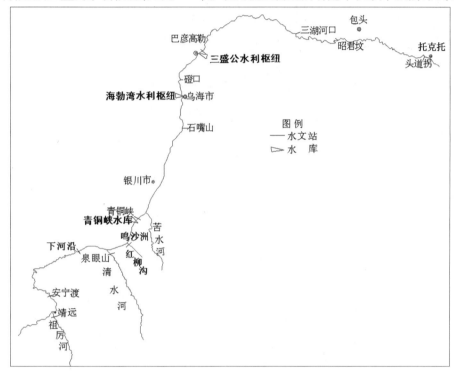

图 2-49 宁蒙河段干流工程及水文站分布示意图

2.3.3.1 青铜峡水库

1. 水库概况

青铜峡水库位于黄河上游宁夏境内青铜峡峡谷出口处,是黄河上游龙羊峡—青铜峡段水电梯级的最后一级。坝址以上 8 km 内为峡谷,控制流域面积 28.5 万 km^2,占黄河流域面积的 35.9%。青铜峡水库是一座日调节型水库,以灌溉与发电为主,兼有防洪、防凌、城市供水等综合利用为一体的低水头水利枢纽工程。青铜峡水利枢纽工程于 1960 年 2 月主河道截流,1967 年 4 月开始下闸蓄水,特殊的地理位置决定其在灌溉、防凌中发挥着重要的作用。

青铜峡水库距上游的沙坡头水库 124.5 km。青铜峡水库含沙量预报的水文站为黄河干流安宁渡站,上距坝址 315 km;黄河干流入库站为下河沿水文站,上距坝址 122.5 km;支流入库站及来沙预报水文站为清水河泉眼山站,清水河入口距坝 73.6 km,坝下 0.9 km 为水库出库水文站青铜峡水文(三)站(见图 2-49[11])。

青铜峡水库坝长 687.3 m,坝顶高程 1 160.20 m,坝高 42.7 m,坝宽 46.7 m,设计正常高水位 1 156.0 m,最高洪水位 1 156.9 m,水库正常蓄水位 1 156 m,在正常蓄水位 1 156 m 以下总库容为 6.06 亿 m^3,水库面积为 113 km^2,最大回水长度 45 km。工程泄洪排沙设施有 3 孔泄洪闸、7 孔溢流坝、15 孔泄水管(见图 2-50)。

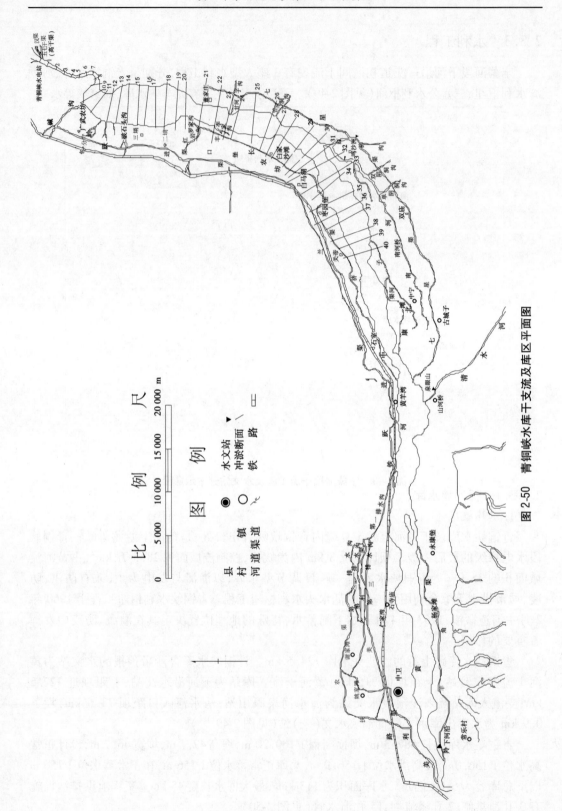

图 2-50　青铜峡水库干支流及库区平面图

河西总干渠(唐徕渠),为 1#、2# 机组出水,最大引水流量 450 m³/s;河东总干渠(秦汉渠),为 9# 机组出水,最大引水流量 115 m³/s;东高干渠,直接从库区坝上右岸引水,最大引水流量 75 m³/s。

水库工程于 1967 年 4 月初建成蓄水运用以来,由于泥沙淤积严重,到 1979 年汛后,总库容只剩 0.44 亿 m³,库容损失达 92.1%。2012 年实测正常高水位以下相应有效库容为 0.36 亿 m³,占原始库容 6.06 亿 m³ 的 5.9%,库容损失 94.1%。

2. 来水来沙概况

青铜峡水库干流入库水文站为下河沿水文站,支流为清水河的泉眼山水文站。根据 1954~2012 年资料统计,青铜峡水库入库多年水量 297 亿 m³(见表 2-26),其中干流占 99%。在刘家峡、龙羊峡水库蓄水之前,年际水量分配很不均匀,汛期占全年水量的 62%,龙刘两库联调后,年内水量分配逐步趋向均匀,汛期占全年水量的 42% 左右。入库水量减少主要发生在干流,干流下河沿由建库前的年平均 341.8 亿 m³,减少到 2000~2012 年平均的 258.4 亿 m³,减少 24%,而相应支流减少量不大。

表 2-26　不同时段入库水量变化　　　　　　　　　　　(单位:亿 m³)

时段	下河沿			清水河			入库		
	汛期	全年	汛期占年(%)	汛期	全年	汛期占年(%)	汛期	全年	汛期占年(%)
1954~1968 年	211.3	341.8	62	1.0	1.4	71	212.3	343.2	62
1969~1986 年	168.9	318.0	53	0.5	0.8	63	169.4	318.8	53
1987~1999 年	105.6	249.7	42	0.9	1.3	69	106.5	251.0	42
2000~2012 年	110.7	258.4	43	0.5	0.9	56	111.2	259.3	43
1954~2012 年	152.9	295.9	52	0.7	1.1	64	153.6	297.0	52

青铜峡水库入库多年沙量 1.428 亿 t(见表 2-27),其中干流占 82%。在刘家峡、龙羊峡水库蓄水之前汛期占全年沙量的 88%,龙刘两库联调后,年内沙量分配逐步趋向均匀,2000 年以后汛期占全年沙量的 77% 左右。入库沙量减少主要发生在干流,干流下河沿由建库前的年平均 2.209 亿 t,减少到 2000~2012 年平均的 0.427 亿 t,减少 81%,而相应支流减少量不大。

从年均含沙量来看,建库前年平均为 7.4 kg/m³,刘家峡单库时减小到 4.3 kg/m³,略有降低,2000~2012 年则显著降低到 2.4 kg/m³。入库泥沙以悬沙为主,推移质输沙只占总输沙量的 0.5%。悬移质泥沙中值粒径在刘家峡水库建成前为 0.03 mm,刘家峡水库建成后减小为 0.015~0.018 mm[15]。

表 2-27　不同时段入库沙量变化　　　　　　（单位：亿 t）

时段	下河沿			清水河			入库		
	汛期	全年	汛期占年(%)	汛期	全年	汛期占年(%)	汛期	全年	汛期占年(%)
1954~1966 年	1.932	2.209	87	0.250	0.269	93	2.182	2.478	88
1967~1986 年	0.890	1.073	83	0.152	0.177	86	1.042	1.250	83
1987~1999 年	0.675	0.862	78	0.364	0.400	91	1.039	1.262	82
2000~2012 年	0.311	0.427	73	0.177	0.206	86	0.488	0.633	77
1954~2012 年	0.980	1.173	84	0.228	0.255	89	1.208	1.428	85

3. 水库运用方式

青铜峡水库自 1967 年蓄水运用以来，大致经历了三个运用阶段：第一阶段为蓄水运用，第二阶段为汛期降低水位蓄清排浑运用，第三阶段为蓄水运用结合沙峰期及汛末排沙运用。从 20 世纪 80 年代初即开始采用了"汛期洪前预泄排沙，洪水末期蓄水发电，汛末水库集中冲沙"的水库综合调度，效果显著[13]。

第一阶段自 1967 年至 1971 年。1967 年 4 月开始蓄水，虽然汛期水位控制在 1 151 m 左右，但由于当年来沙 3.449 亿 t，大大超过多年平均值，水库库容当年损失高达 36.5%。1968 年继续抬升库水位，汛期平均运行水位为 1 152.85 m，水库继续淤积。到 1969 年以后，水库运行水位进一步抬升到 1 154 m 以上，甚至个别月份出现汛期水位较非汛期为高的情况。如 1969 年 9 月平均水位为 1 155.76 m，接近正常高水位。由于初期缺乏运行经验，对泥沙淤积的认识不够，加之追求发电效益而抬升汛期运行水位，仅 5 a 时间（到 1971 年汛末），水库大部分库容已被淤掉，库容已由设计的 6.06 亿 m³ 减至 0.79 亿 m³，损失 87%[11]。

第二阶段自 1972 年至 1976 年，在"兴利排沙保库"并重方针指导下，采用非汛期正常蓄水，汛期降低水位排沙的蓄清排浑的运行方式。利用汛期来沙大，坝前水位低，库区比降陡，洪水挟沙能力强等特性，将汛期水位降低至 1 154 m。以排沙为主，充分发挥排沙建筑物的作用，不仅把上游来沙全部排出库外，还冲刷 0.05 亿 m³，有效降低了滩库容的淤积速度。库区泥沙在冲淤数量上趋于平衡，保持了一定的槽库容与长期效益。

第三阶段自 1977 年开始持续至今，采用蓄水运行与沙峰期排沙、汛末低水位集中冲沙相结合的运行方式，秉持高蓄水多发电原则。鉴于第二阶段运行期间，汛期降低水位，虽然库容能达到年内冲淤平衡，但损失了部分电能。在保证电力系统负荷的前提下，发生大洪水和大沙峰时，应降低水位运行排沙。尽管规定"沙峰进库时开闸泄水排沙"，但实际上 1977~1979 年三年淤积量很大，1 156 m 以下库容由 0.84 亿 m³ 减少到 0.44 亿 m³。这期间坝前水位上升 1.2 m，河床也相应淤高 1.0 m 左右。到 1980 年 10 月，总库容仅剩 0.415 亿 m³，库容损失 93.2%。库容的大量损失，对电站安全运行以及下游灌溉、防凌均不利。为了控制淤积进一步发展，又重新拟定运行方式，根据水文预报，除了在洪水期降低水位排沙减淤外,还不失时机地在汛末集中放空水库进行排沙,扩大库容。该阶段总的趋势是库容进一步损失,但短期的低水位拉沙对扩大槽库容效果还是比较明显的。

4. 水库淤积情况

青铜峡水库自运用以来,水库库容变化经历了快速淤积、缓慢淤积和基本稳定三个阶段。第一阶段自水库运用至 1971 年为快速淤积阶段,库区淤积了 6.56 亿 m³,89.3% 的库容被淤掉,库容仅剩 0.79 亿 m³,占原始库容的 10.7%,其中 1966~1971 年年均淤积1.056 亿 m³;1971 年至 1987 年为缓慢淤积阶段,水库又淤积了 0.35 亿 m³,库容减少到0.44 亿 m³,年均淤积 0.02 亿 m³;1987~2008 年,水库库容一般在 0.23 亿~0.59 亿 m³变化,年际间库容变化不大。2008 年汛后库容仅剩 0.372 1 亿 m³,相当于原始库容的5.1%,有 94.9% 的库容被淤掉。2012 年 11 月实测库容资料显示,1 156 m 以下的库容为0.362 8 亿 m³,仅为设计库容的 5.99%。图 2-51 为青铜峡水库库容变化过程。

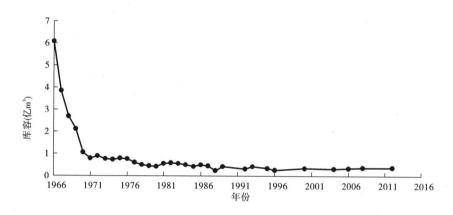

图 2-51 青铜峡水库正常运用水位(1 156 m)以下库容变化过程

2.3.3.2 海勃湾水利枢纽

海勃湾水利枢纽位于黄河干流内蒙古自治区乌海市境内,是一座防凌、发电等综合利用工程。距乌海市区 3 km,距 110 国道仅 1 km,距包兰铁路乌海火车站 3 km,下游 87 km 为已建的内蒙古三盛公水利枢纽。工程左岸为阿拉善盟,右岸为乌海市。正常蓄水情况下可以形成 100 多 km² 的水面。坝址以上河段长约 2 837 km,控制流域面积 31.34 万km²。水库正常蓄水位 1 076.0 m,死水位 1 069.0 m,总库容 4.87 亿 m³。设计洪水标准为 100 a 一遇,校核洪水标准为 2 000 a 一遇。土石坝布置在黄河左岸,坝长 6 371 m,顶宽 7 m,最大坝高 16.2 m。泄洪闸共 16 孔,布置在黄河主河槽左部。水电站布置在河床坝段右岸,装机 4 台,总装机容量 9 万 kW,多年平均发电量 3.82 亿 kWh。

2010 年 11 月 26 日枢纽导流明渠工程竣工,2014 年 2 月 12 日枢纽工程开始分凌下闸蓄水,2014 年 5 月 26 日枢纽工程首台机组正式发电。水库运用可使内蒙古河段的设防标准由 50 a 一遇提高到 100 a 一遇。

2.3.3.3 三盛公水利枢纽

1. 水库概况

三盛公水利枢纽位于黄河上游内蒙古自治区河套平原的入口处,磴口县境内巴彦高勒镇东南包兰铁路铁桥下游 2.6 km 处的黄河干流上。枢纽邻近乌兰布和沙漠的边缘,东距包头市 300 余 km,南距银川市 200 余 km。枢纽以上流域面积 31.4 万 km^2。兴建于 1959 年,1961 年 5 月竣工投入运用,枢纽由拦河土坝、拦河闸、总干进水闸、南岸进水闸、沈乌进水闸、库区围堤及总干渠电站等组成。枢纽设计洪水标准 $P=1\%$,设计洪水百年一遇为 6 820 m^3/s,校核洪水千年一遇为 8 670 m^3/s。设计库容 0.80 亿 m^3,现有库容约为 0.36 亿 m^3(2012 年汛前实测)。

三盛公水利枢纽是一个以灌溉为主,兼有供水、发电、防洪防凌、交通等功能的拦河闸式大型取水枢纽,主要解决内蒙古黄河灌区的用水问题。该灌区面积大,地域辽阔,沿黄河两岸共分为三大片:左岸有河套灌区及土默川灌区,右岸有鄂尔多斯市南岸灌区。总土地面积 193 万 hm^2[8]。作为黄河三盛公引黄工程的首部枢纽,承担着河套灌区 900 万亩(2011 年统计)的农田灌溉任务,设计灌溉面积(远景)为 1 513.5 万亩。年引水量近 60 亿 m^3,三盛公水电站总装机容量 2 000 kW,年发电量 700 万 kWh,已作为西北电网的调峰电站;同时承担引水和发电任务,并保证包头钢铁工业和城市供水调节;还有调水调沙、防洪防凌等综合效益。三盛公水利枢纽是当前黄河干流上唯一运行良好的低水头引黄灌溉工程,是发挥灌溉效益,减少泥沙入渠,保持有效沉沙库容,消除水沙灾害的工程之一,对保护黄河两岸灌区及包兰铁路干线、公路和光缆信息干线安全等人民生命财产安全都至关重要。

三盛公水利枢纽拦河闸距上游海勃湾水利枢纽 87 km(见图 2-49)。三盛公水利枢纽含沙量预报的水文站为石嘴山水文站,距拦河闸 145 km;枢纽的入库控制站为磴口水文站,距拦河闸 53.8 km,磴口至拦河闸之间没有大支流汇入。枢纽的出库控制站为巴彦高勒水文站,在拦河闸下游 600 m 处,库区平面如图 2-52 所示。

2. 来水来沙概况

三盛公水利枢纽以上黄河干流来水来沙的一个显著特点是水沙异源,水量 99% 来自兰州以上,而 44% 的沙量则来自兰州以下区间的支流。水沙异源的特点导致三盛公水利枢纽库内的水沙关系极不匹配,即大水带小沙,中、小水带大沙。大水带小沙,水流挟沙能力强,有利于枢纽库区的冲刷;中、小水带大沙,再加上枢纽的壅水运用造成枢纽库段的淤积加剧。此外,库区左岸的乌兰布和入库风沙也是造成水库淤积的一个原因。

根据 1962～2012 年三盛公水库入库磴口站的实测资料,三盛公水库多年平均径流量 262.12 亿 m^3(见表 2-28),1968 年以前为 370.69 亿 m^3,刘家峡单库运用时为 291.30 亿 m^3,龙羊峡水库投入运用以后的 1987～1999 年为 225.66 亿 m^3,2000 年以后为 210.32 亿 m^3,来水量较 1968 年以前减少了 43%。年最大径流量为 504.43 亿 m^3(1967 年),年最小径流量为 164.29 亿 m^3(1997 年)。刘家峡和龙羊峡水库投入运用改变了水量的年内分配,汛期水量占全年比例由 1963～1968 年的 65%,减少为目前的 44%。水库调蓄洪水,同时减少了入库洪峰流量,1968 年以前,入库最大洪峰流量为 5 710 m^3/s,2000 年以后减少到 2 960 m^3/s,减少 48%。

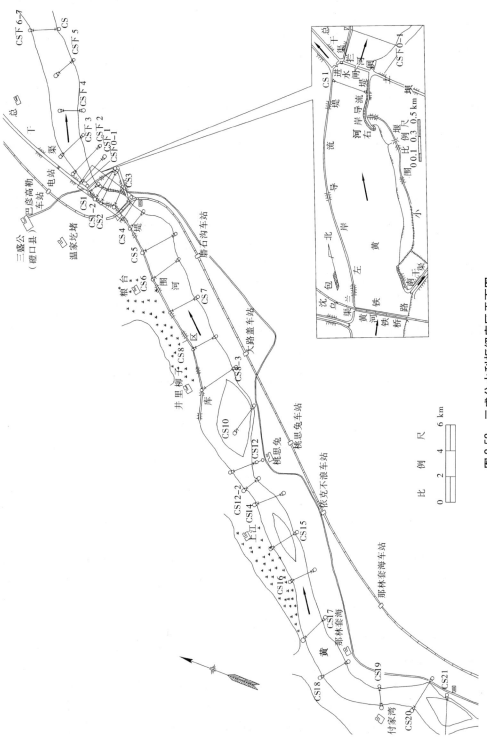

图 2-52　三盛公水利枢纽库区平面图

表 2-28　　　磴口站多年平均水沙特征统计表

时段	年水量（亿 m³）	年沙量（亿 t）	汛期占全年水量比例(%)	汛期占全年沙量比例(%)	最大流量（m³/s）	最大含沙量（kg/m³）
1963～1968 年	370.69	1.919	65	84	5 710	61.6
1969～1986 年	291.30	0.932	54	80	5 740	79.4
1987～1999 年	225.66	0.910	44	69	3 410	76.4
2000～2012 年	210.32	0.523	44	61	2 960	29.0
1963～2012 年	262.12	0.939	51	75	5 740	79.4

　　三盛公水库多年平均沙量为 0.939 亿 t,1968 年以前为 1.919 亿 t,刘家峡单库运用时为 0.932 亿 t,1987～1999 年为 0.910 亿 t,2000 年以后为 0.523 亿 t,来沙量较 1968 年以前减少了 73%。年最大沙量为 3.611 亿 t(1964 年),年最小沙量为 0.247 亿 t(2011 年)。

　　根据磴口水文站悬移质泥沙颗粒分析资料统计,龙羊峡水库投入运行前,泥沙平均粒径为 0.041 mm,龙羊峡水库投入运行后泥沙平均粒径为 0.026 mm。20 世纪 80 年代以前,泥沙中值粒径在 0.035～0.020 mm,90 年代泥沙中值粒径在 0.022～0.006 mm,悬移质泥沙颗粒有细化的趋势,而且呈现出汛期泥沙较细,非汛期泥沙颗粒较粗的状况,见表 2-29[6]。

表 2-29　磴口站悬移质泥沙平均粒径　　　　　　　　　（单位:mm）

年份	1965～1970 年	1971～1980 年	1981～1990 年	1991～1999 年
非汛期	0.056	0.067	0.051	0.029
汛期	0.04	0.039	0.034	0.026

　　入库水沙同步,洪水历时长,一般洪峰和沙峰同时到来,或沙峰滞后洪峰几个小时,洪水过程线为矮胖型;来水来沙集中在汛期,尤其是来沙,往往集中在几场大洪水期。

　　3.水库运用方式

　　三盛公水利枢纽运用总原则是,必须在保证工程安全的前提下充分发挥工程效益,当供水与安全发生矛盾时,供水服从安全,绝对保证包头钢铁公司工业用水(保证下泄流量不小于 100 m³/s,除非干流来水流量不到 100 m³/s);优先满足灌溉用水,并以粮食作物浇青为主,林地用水安排在丰水期;在不影响灌溉用水的情况下,尽量照顾发电用水;在满足用水的前提下,尽量降低闸上水位,以减少库区淤积,降低拦河闸运用水头。

　　汛期:灌溉服从防汛;根据洪水预报,洪峰到来之前,提前泄水降低闸前水位,以增加调洪库容;洪水到来时,在超过设计流量、水位时,利用各引黄水闸进行分洪,削减洪峰。

　　凌汛期:凌汛期包括封河期(11 月下旬至 12 月)和开河期(2 月下旬至 3 月上旬),一般在封河期兰州断面流量不超过 700 m³/s,开河期不超过 500 m³/s,控制时间为 15 d。凌汛期三盛公水利枢纽配合上游水库进行防凌运用。

按运用方式分为以下几种。

1)减淤运用

三盛公水利枢纽的正常运用水位为 1 055 m,在 5 ~ 10 月的灌溉期,为了减少无效壅水造成的滩地淤积,灌溉期的闸前水位一般控制为 1 054.2 m 左右。

2)排沙运用

三盛公水利枢纽的来沙在年内分配极不均匀,85% 集中在汛期,尤其是洪水期的几场洪水,如 1964 年 8 月 21 ~ 25 日 5 d 的输沙量就达到 0.471 亿 t。枢纽槽库容在 0.35 亿 ~ 0.40 亿 m^3,如果沙峰期不排沙,那么几场洪水甚至一场洪水的来沙就会将库区淤满。因此,制定了"错峰排沙"的运行方式:当石嘴山水文站的含沙量达到 23 kg/m^3 或 25 kg/m^3 时,即使农作物需水,也要停止灌溉,敞泄或降低闸前水位进行排沙。"错峰排沙"运行方式的具体做法是,在保证供水和发电的前提条件下,提前蓄高闸前水位,增大库内蓄水量,然后泄空水库,在排放入库泥沙的同时,利用溯源冲刷的冲刷力,冲刷淤积物,达到恢复库容的目的。

3)冲刷运用

冲刷运用包括灌溉期停灌冲刷(错峰排沙)和非灌期敞泄冲刷(凌汛前后冲刷)。其中灌溉期停灌冲刷,即利用灌溉间歇,在较短时间内将水库泄空,增大比降,冲刷掉前期淤积物。一般在每年的 8 月中旬进行,历时 10 ~ 15 d。灌溉期停灌冲刷的有利条件是流量较大。非灌期敞泄冲刷,一般在每年的 11 月至翌年 4 月,敞开闸门,降低闸前水位冲沙,分为凌前冲刷和凌后冲刷。非灌期敞泄冲刷的优点是来水的含沙量低。根据以往的观测分析成果,灌溉期停灌冲刷的排沙比可以达到 130% 以上,非灌期敞泄冲刷的排沙比可达 250%。图 2-53 ~ 图 2-55 为 2010 年三盛公水利枢纽进出库流量、含沙量及闸上水位运用年变化过程。

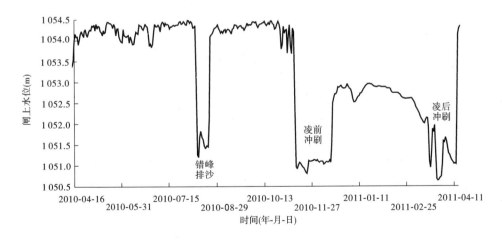

图 2-53　三盛公水利枢纽闸上水位变化过程

4.水库淤积

三盛公水利枢纽库区横向冲淤的特点为滩面只淤不冲,逐渐抬高,主槽冲淤交替相对稳定中略有淤积(见图 2-56)。前 5 年(1961 年 5 月至 1966 年 5 月),滩库容和槽库容均

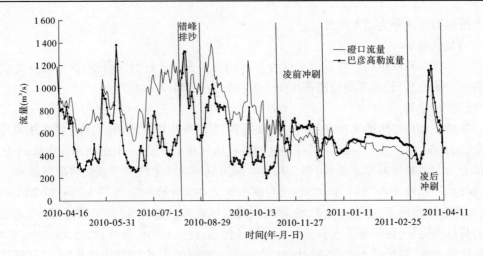

图 2-54　三盛公水利枢纽进出库流量变化过程

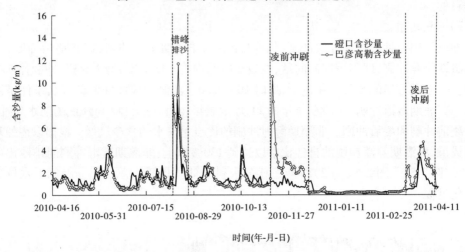

图 2-55　三盛公水利枢纽进出库含沙量变化过程

是减小的,1966 年 5 月以后,槽库容冲淤交替,基本维持在 0.35 亿~0.4 亿 m³。滩库容虽然是淤积的,但淤积的速率很小;槽库容冲淤交替的过程中略有淤积。到 2012 年汛前,三盛公水利枢纽 1 055 m 以下库容为 0.360 3 亿 m³。

2.3.3.4　龙羊峡和刘家峡水库

龙羊峡和刘家峡水库虽然在研究区域以外,但是由于对区域的来水来沙条件影响较大,因此也一并介绍。

1.龙羊峡水库概况

龙羊峡水库位于黄河上游青海省共和县和贵南县的交界处,距上游黄河源头 1 686 km,下距刘家峡水库坝址 332 km,距黄河河口约 3 776 km,距青海省省会西宁市 147 km。坝址以上控制流域面积 13.14 km²,占黄河全流域面积的 17.5%。坝址多年平均流量 650 m³/s,年径流量 205 亿 m³,多年平均输沙量 2 490 t。该水库进库站为唐乃亥水文站,出库站为贵德水文站[15](见图 2-57、图 2-58)。龙羊峡水库以发电为主,并配合刘家峡水库担

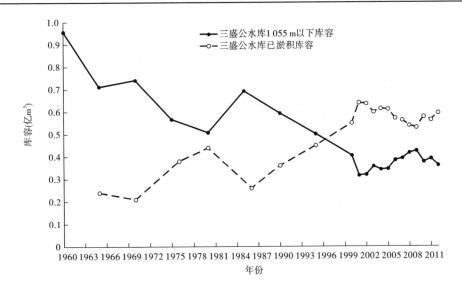

图 2-56　三盛公水利枢纽库容变化过程

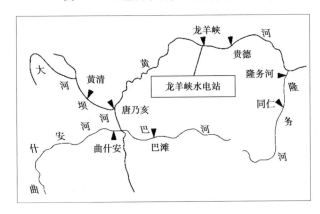

图 2-57　龙羊峡水库位置

负下游河段的防洪、灌溉和防凌任务。水库为一等工程,主要建筑物为一级建筑物,千年一遇设计洪水洪峰流量 7 040 m³/s,可能最大校核洪水洪峰流量 10 500 m³/s。水库正常蓄水位 2 600 m,相应库容 247 亿 m³;死水位 2 530 m,死库容 53.4 亿 m³;防洪限制水位 2 594 m(现阶段为 2 588 m);设计洪水位 2 599.50 m;校核洪水位 2 605 m,相应库容 274.2 亿 m³;有效调节库容 193.6 亿 m³,具有多年调节性能。电站装有 4 台单机容量为 320 MW 的发电机组,总装机 128 万 kW,最大发电流量 1 240 m³/s。水库于 1976 年开工建设,1986 年 10 月下闸蓄水,1987 年 1、2 号机组投产发电,1989 年工程基本竣工,2001 年通过竣工验收。2005 年出现投入运行以来最高蓄水位 2 597.62 m(2005 年 11 月 19 日,相应蓄量 237.96 亿 m³)。到 2012 年水库正常水位 2 600 m 以下库容 243.3 亿 m³,淤积 4.86 亿 t(见图 2-59)。

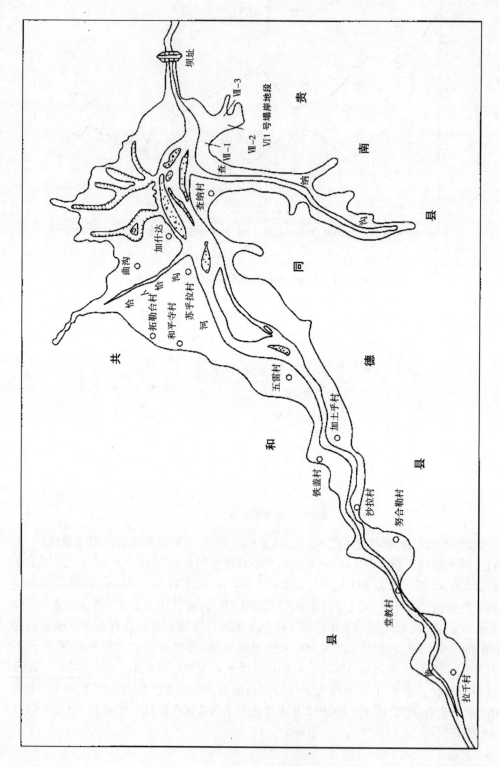

图 2-58　龙羊峡水库库区平面图

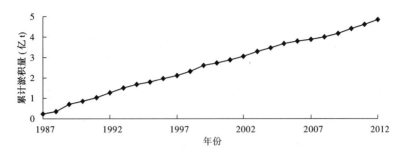

图 2-59 龙羊峡水库累计淤积过程

2. 刘家峡水库概况

刘家峡水库坝址位于甘肃省永靖县境内的黄河干流上(见图 2-60、图 2-61),上距黄河源头 2 019 km,下距省会兰州市 100 km,控制流域面积 181 766 km²,约占黄河流域面积的 1/4。坝址在支流洮河入黄河下游 1.5 km 的红柳沟沟口,位于刘家峡峡谷出口约 2 km 处。坝址多年平均输沙量 8 940 万 t,其中洮河占 2 740 万 t。水库是以发电为主,兼有防洪、灌溉、防凌、养殖等综合效益的不完全年调节水库。水库千年一遇设计洪水洪峰流量 8 860 m³/s,可能最大校核洪水洪峰流量 13 300 m³/s。设计正常蓄水位为 1 735 m,死水位 1 694 m(由于泥沙淤积,目前死水位调整为 1 717 m),设计汛限水位 1 726 m,设计洪水位 1 735 m,总库容 57.4 亿 m³;校核洪水位 1 738 m,相应库容 64 亿 m³;调节库容 41.5 亿 m³。电站总装机 122.5 万 kW,最大发电流量 1 350 m³/s。水库于 1958 年开工建设,1968 年 10 月下闸蓄水,1969 年 3 月首台机组投产发电,1974 年 12 月最后一台机组安装完毕,1994 年至 2002 年完成机组增容改造。水库投入运用以来最高蓄水位 1 735.81 m(1985 年 10 月 24 日),相应蓄量 43.16 亿 m³。到 2012 年正常水位(1 735 m)下库容 40.75 亿 m³,水库淤积 16.65 亿 m³(见图 2-62)[15]。

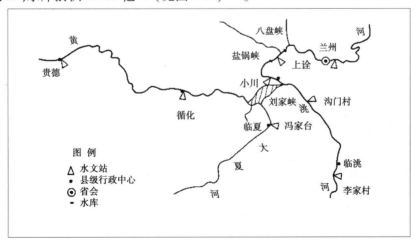

图 2-60 刘家峡水库库区平面图

刘家峡水库库区由黄河干流、支流大夏河和洮河库区三部分组成。洮河和大夏河分别在坝址上游 1.5 km 和 26 km 处汇入,正常蓄水位 1 735 m 以下原始库容 57.4 亿 m³,其中黄河干流库区占 94%,洮河库区占 2%,大夏河库区占 4%。

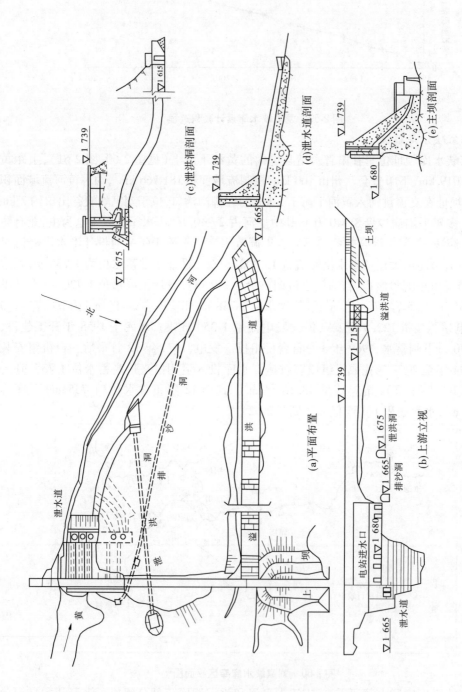

图 2-61　刘家峡电站布置图　（单位：m）

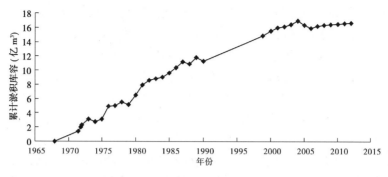

图 2-62　刘家峡水库累计淤积过程

刘家峡水库水沙入库控制站为干流循化站(距坝址 113 km)、支流洮河红旗站(距坝址 28 km)和大夏河折桥站(距坝址 48 km)等三站来水来沙之和(以下简称三站),出库控制站为小川站。小川下游至上诠站 30 km 间无大支流入汇,因此在小川没有观测资料前可用上诠站代替。

3. 龙刘水库运用方式

刘家峡水库 1968 年 10 月开始蓄水运用,龙羊峡水库 1986 年 10 月开始蓄水,龙、刘水库都是以发电为主的水电站,全年采用蓄丰补枯的运行方式,即每年将汛期的水量拦蓄起来,调蓄到非汛期下泄,遇到丰水年,可将多余的水量拦蓄起来,调蓄到枯水年和非汛期使用,这样可以提高电站的发电效益及灌溉效益。龙羊峡水库库容大,是多年调节水库,可将丰水年水量调节到枯水年;刘家峡水库库容较小,是不完全年调节水库,主要是将汛期水量调节到非汛期。龙羊峡水库修建前,刘家峡水库承担自身径流调节和发电任务以及盐锅峡、八盘峡、青铜峡水电站的径流调节任务,同时又要承担黄河上游的防洪、防凌和灌溉用水的调节任务。

龙羊峡水库建成后,由于刘家峡水库离下游的防洪、防凌对象及灌区比龙羊峡近,从梯级开发总体效益最大的原则出发,仍以刘家峡水库承担黄河上游防洪、防凌和灌溉任务为主较合理,龙羊峡水库则承担自身的径流调节和发电任务及对刘家峡水库的径流补偿调节任务。也就是说,龙羊峡水库的开发任务是以发电为主,同时配合刘家峡水库担负下游的防洪、防凌和灌溉任务。由于龙、刘两库的互补作用大,并且龙羊峡水库的蓄、补水运用必须经过刘家峡水库运行才能反映到水库下游,因此在研究分析刘家峡水库或龙羊峡水库运用对水库下游水沙变化和河道冲淤影响时必须把龙、刘两库放在一起进行综合分析计算。

1)汛期调度

龙、刘两库联合调度,共同承担各防洪对象的防洪任务。龙羊峡水库利用设计汛限水位 2 594 m 以下的库容兼顾在建工程和宁蒙河段防洪安全。龙羊峡水库的下泄流量需满足龙刘区间防洪对象的防洪要求,并使刘家峡水库不同频率洪水时的最高库水位不超过设计值;刘家峡水库下泄流量应按照刘家峡下游防洪对象的防洪标准要求严格控制。龙羊峡、刘家峡下泄流量不大于各相应频率洪水的控泄流量,洪水退水段最大下泄流量不大于洪水过程的洪峰流量。以 2012 年为例,龙羊峡、刘家峡联合防洪调度的方案如下:

当龙羊峡水库水位低于汛限水位 2 588 m 时,水库合理拦截洪水,下泄流量以发电要求为主；当库水位达到或超过汛限水位、低于设计汛限水位 2 594 m 时，按与刘家峡水库的蓄洪比例灵活控制下泄流量，最大下泄流量不超过 3 500 m³/s；当库水位达到或超过设计汛限水位时，水库按照设计防洪运用方式运用。若入库流量小于等于 7 040 m³/s（1 000 a 一遇），龙羊峡水库按最大下泄流量不超过 4 000 m³/s 方式运用；当入库洪水流量大于 7 040 m³/s 时，为确保大坝安全，龙羊峡水库下泄流量逐步加大到 6 000 m³/s。

刘家峡水库水位低于汛限水位时，刘家峡水库原则上控制下泄流量不大于 2 000 m³/s，否则按以下方式运用：

当刘家峡天然入库流量小于等于 4 520 m³/s（日均，下同；10 a 一遇洪水）时，刘家峡水库控制下泄流量不大于 2 500 m³/s；当刘家峡水库天然入库流量大于 4 520 m³/s 时，由刘家峡水库天然入库流量和龙、刘两库总蓄洪量两个指标共同判别。

（1）当刘家峡天然入库流量大于 4 520 m³/s 小于等于 6 510 m³/s（100 a 一遇），龙、刘两库总蓄洪量位于 100 a 一遇调度线及以下区域，说明发生 100 a 一遇及以下的洪水，刘家峡控制下泄流量不大于 4 290 m³/s。

（2）当刘家峡天然入库流量大于 6 510 m³/s 小于等于 8 420 m³/s（1 000 a 一遇），龙、刘两库总蓄洪量位于 100 a 一遇调度线和 1 000 a 一遇调度线之间区域（含 1 000 a 一遇调度线），说明发生大于 100 a 一遇小于等于 1 000 a 一遇的洪水，刘家峡水库控制下泄流量不大于 4 510 m³/s。

（3）当刘家峡天然入库流量大于 8 420 m³/s 小于等于 8 970 m³/s（2 000 a 一遇），龙、刘两库总蓄洪量位于 1 000 a 一遇调度线和 2 000 a 一遇调度线之间区域（含 2 000 a 一遇调度线），说明发生大于等于 1 000 a 一遇小于等于 2 000 a 一遇的洪水，刘家峡水库控制下泄流量不大于 7 260 m³/s。

（4）刘家峡天然入库流量大于 8 970 m³/s，龙、刘两库总蓄洪量位于 2 000 a 一遇调度线以上区域，说明发生超过 2 000 a 一遇的洪水，刘家峡水库按敞泄运用。

在入库洪水消退过程中，刘家峡水库仍根据其天然入库流量和龙、刘两库总蓄洪量逐步减少下泄流量，直到水位回落到汛限水位。

2）凌汛期调度

按照国务院颁布的《黄河水量调度条例》、《黄河水量调度条例实施细则（试行）》和国家防总《黄河刘家峡水库凌期水量调度暂行办法》（国汛〔1989〕22 号）中的有关规定，刘家峡水库下泄水量采用"月计划、旬安排"的调度方式，即提前下达次月的调度计划及次旬的水量调度指令。刘家峡水库下泄水量按旬平均流量严格控制，各日出库流量避免忽大忽小，水库日均下泄流量较指标偏差不超过 5%。龙羊峡、刘家峡水库联合调度，实现黄河上游河段防凌目标。其调度过程为：

（1）封河前期，控制刘家峡水库下泄量，以适宜流量封河，使宁蒙河段封河后水量能从冰盖下安全下泄。

（2）封河期，控制刘家峡水库出库流量均匀变化，稳定封河冰盖，为宁蒙河段开河提供有利条件。

（3）开河期，控制刘家峡水库下泄量，保证凌汛安全。

根据以上调度过程,以及区间来水和引水预估,考虑耗水和退水情况,提出刘家峡水库11月至翌年3月的下泄流量。

4. 调蓄过程

1)龙羊峡水库

龙羊峡水库库容大,是多年调节水库,调节库容193.6亿 m^3 ,占唐乃亥站多年平均天然径流量195.59亿 m^3 的99%,可将丰水年水量调节到枯水年。1987~2012年平均增加蓄水量8.66亿 m^3 ,其中1987~1999年平均增加蓄水量13.08亿 m^3 ,而2000~2012年平均仅增加蓄水量4.23亿 m^3 (见表2-30),较1999年以前平均减少68%。26 a中有11 a为补水年份(见图2-63),2000年以后有6 a补水,其中2002年和2006年补水超过40亿 m^3 。增加蓄水量的年份有15 a,其中2000年以后有7 a,增加蓄水量最大的年份为2005年,达到89.0亿 m^3 ,增加蓄水量超过50亿 m^3 的有5 a,分别为1987年、1989年、1999年、2003年和2005年。

表2-30 不同时段龙羊峡和刘家峡水库调蓄情况

水库	时段	不同时期蓄变量(亿 m^3)				
		主汛期	秋汛期	汛期	全年	非汛期
刘家峡	1969~1986年	12.50	14.38	26.88	2.15	-24.73
	1987~1999年	5.86	1.96	7.82	-0.94	-8.76
	2000~2012年	4.37	0.46	4.83	1.02	-3.81
	1987~2012年	5.12	1.20	6.32	0.04	-6.28
龙羊峡	1987~1999年	23.69	14.44	38.13	13.08	-25.05
	2000~2012年	25.55	17.83	43.38	4.23	-39.15
	1987~2012年	24.62	16.14	40.76	8.66	-32.10
两库合计	1987~1999年	29.55	16.40	45.95	12.14	-33.81
	2000~2012年	29.93	18.29	48.22	5.25	-42.97
	1987~2012年	29.74	17.34	47.08	8.70	-38.38

注:"-"为水库补水。

汛期除2002年补水外(见图2-63),其余年份均以蓄水削峰为主,26 a汛期平均增加蓄水量40.76亿 m^3 (见表2-30),其中1987~1999年汛期平均增加蓄水量38.13亿 m^3 ,2000~2012年汛期平均增加蓄水量43.38亿 m^3 ,较1987~1999年增加13.8%。汛期增加蓄水量均超过60亿 m^3 的有5 a,分别为1992年、1999年、2003年、2005年和2009年,特别是2005年,蓄水增量达到109亿 m^3 。汛期蓄水以主汛期(7~8月)为主(见图2-64),26 a平均增加蓄水量24.62亿 m^3 ,超过汛期的60%,其中1987~1999年平均增加蓄水量23.69亿 m^3 ,2000~2012年平均增加蓄水量25.55亿 m^3 ,较1987~1999年增加7.9%。

非汛期则以补水为主,26 a平均补水量32.1亿 m^3 ,其中1987~1999年平均补水25.05亿 m^3 ,2000~2012年平均补水39.15亿 m^3 ,较1987~1999年增加56.3%。1991

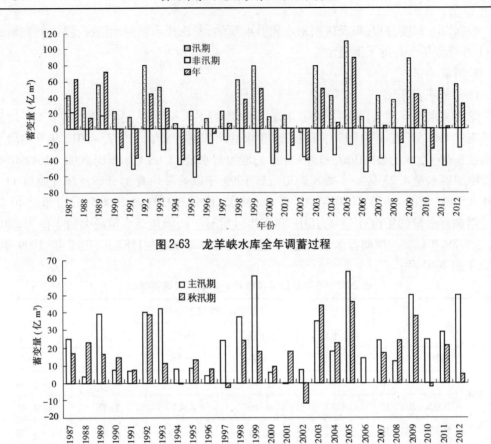

图 2-63 龙羊峡水库全年调蓄过程

图 2-64 龙羊峡水库主汛期和秋汛期调蓄过程

年、1995 年、2006 年和 2008 年非汛期补水超过 50 亿 m³。

2)刘家峡水库

刘家峡水库库容较小,是不完全年调节水库,兴利库容仅 41.5 亿 m³,主要是将汛期水量调节到非汛期(见图 2-65)。

1969 ~ 1986 年刘家峡单库运用,年平均增加蓄水量 2.15 亿 m³,18 a 中有 6 a 补水运用(见图 2-65),1977 年补水量达到 20.22 亿 m³;非汛期以补水为主,平均补水 24.73 亿 m³;汛期增加蓄水量 26.88 亿 m³,主汛期和秋汛期分别增加蓄水量 12.5 亿 m³ 和 14.38 亿 m³(见图 2-66),分别占汛期的 46.5% 和 53.5%。

龙羊峡水库运用以后,刘家峡水库补水年份增加,1987 ~ 2012 年中有 13 a 补水,非汛期补水量开始减少,1987 ~ 1999 年平均补水 8.76 亿 m³,2000 ~ 2012 年非汛期补水 3.81 亿 m³,较刘家峡单库运用时期明显减少;汛期蓄水量也大量减少,1987 ~ 1999 年蓄水量增加 7.82 亿 m³,2000 ~ 2012 年蓄水量增加 4.83 亿 m³。汛期蓄水量减少主要是秋汛期,1987 ~ 1999 年秋汛期蓄水量增加 1.96 亿 m³,2000 ~ 2012 年秋汛期蓄水量增加 0.46 亿 m³,分别占汛期增加量的 25.1% 和 9.5%。

3)两库联合调控

两库联合运用以来(1987 ~ 2012 年),年平均增加蓄水量 8.70 亿 m³,其中 1987 ~

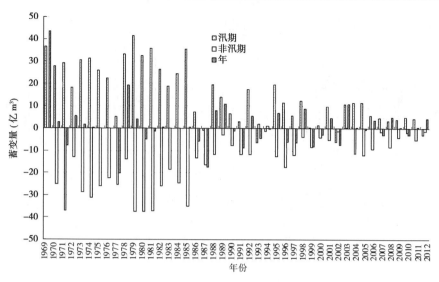

图 2-65　刘家峡水库全年调蓄过程

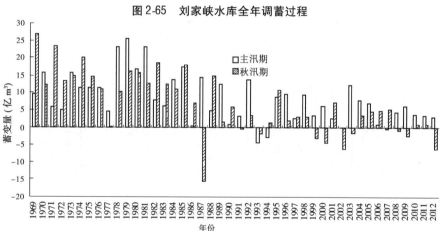

图 2-66　刘家峡水库汛期调蓄过程

1999 年增加蓄水量 12. 14 亿 m³,2000 ~ 2012 年增加蓄水量 5. 25 亿 m³,较 1999 年以前明显减小。26 a 增加蓄水量最大的年份为 2005 年(见图 2-67),达到 88. 5 亿 m³,年补水量最多的年份为 2002 年,达到 47. 4 亿 m³。汛期以蓄水为主,增加蓄水量 47. 08 亿 m³,1987 ~ 1999 年增加蓄水量 45. 95 亿 m³,2000 ~ 2012 年增加蓄水量 48. 22 亿 m³,较 1987 ~ 1999 年增加 4. 9%,增加蓄水量最大的年份为 2005 年,达到 120. 6 亿 m³。汛期蓄水中主汛期最多,增加蓄水量 29. 74 亿 m³,最多达到 70 亿 m³(2005 年);而秋汛期平均增加蓄水量 17. 35 亿 m³,最多达到 50. 6 亿 m³(2005 年)(见图 2-68)。两库非汛期以补水为主,平均补水量 38. 38 亿 m³,其中 1987 ~ 1999 年非汛期补水量 33. 81 亿 m³,2000 ~ 2012 年补水量 42. 97 亿 m³,较 1999 年以前增加 27. 1%。补水最多的年份为 2006 年,达到 67. 2 亿 m³。

2.3.4　水土保持

宁蒙河段水土流失治理措施主要分布于清水河和十大孔兑。根据第一次全国水利普查成果,祖厉河、清水河和十大孔兑水土流失综合治理以林草措施为主,其面积占治理面

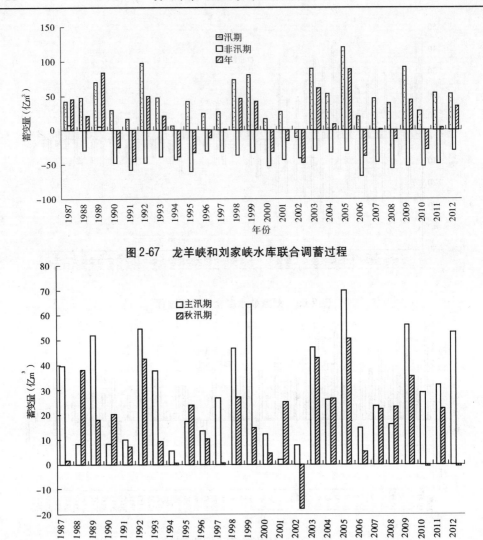

图 2-67　龙羊峡和刘家峡水库联合调蓄过程

图 2-68　两库调蓄过程

积的 79.2%,淤地坝坝地面积不足 1%(见表 2-31[16]),建坝座数 839 座。

表 2-31　兰州—头道拐区间主要支流水土保持措施量

流域	梯田(hm²)	林地(hm²)	草地(hm²)	封禁(hm²)	坝地面积(hm²)	合计(hm²)
清水河	83 667	184 715	48 569	341 023	6 075	664 050
十大孔兑	1 685	250 626	23 620	82 678	4 534	363 143
合计	85 352	435 341	72 189	423 701	10 609	1 027 193

　　清水河、十大孔兑上游通过实施退耕还林草、生态修复工程,对干流水沙变化也起到了驱动作用。例如近年来西柳沟流域植被覆盖率明显增加,径流量和输沙量都有明显减少。同时,祖厉河流域梯田和清水河流域淤地坝对该区间的水沙变化也有一定影响。根据水土保持计算方法分析,该片区生态建设工程减沙量约为 0.15 亿 t,约占该时段总减沙

量的 45.3%。

2.3.5　河道防洪工程情况

宁夏河道工程资料主要来源于文献《黄河宁夏河段二期防洪工程可行性研究报告》[17]，内蒙古河道工程资料主要来源于文献《黄河内蒙古段二期防洪工程可行性研究报告》[3]。

2.3.5.1　宁夏河段整治工程

1. 工程现状

截至 2011 年，黄河宁夏河段河道整治工程共 83 处、坝垛 1 177 道、工程总长度 108.158 km。其中：险工 26 处、坝垛 411 道、工程总长度 35.407 km，控导工程 57 处、坝垛 766 道、工程总长度 72.781 km。详见表 2-32、表 2-33[17]。

表 2-32　宁夏现状河道整治工程统计（卫宁段）

岸别	属地	序号	工程名称	工程性质	坝垛	工程长度(m)
左岸	中卫市沙坡头区	1	李家庄	险工	15	1 000
		2	新弓湾(太平渠)	控导	18	950
		3	城郊西园	控导	8	660
		4	新墩	险工	22	2 105
		5	双桥	控导	9	1 600
		6	杨家湖(莫楼、夹渠)	控导	6	1 359.7
		7	冯庄(新庙)	控导	25	2 154.5
		8	跃进渠口	控导	20	1 613
		9	跃进渠退水	险工	21	1 000
		10	福堂(河沟)	控导	6	620
		11	凯歌湾(胜金)	控导	12	820
	中宁县	12	郭庄(永兴)	险工	19	1 400
		13	黄羊湾	控导	20	2 103
		14	金沙沟	控导	27	1 800
		15	石空湾(张台)	险工	20	1 530
		16	倪丁(北营)	险工	15	1 100
		17	太平	控导	17	1 360
		18	黄庄	险工	16	1 420
		19	童庄(陆庄、董庄)	险工	26	2 960
		20	高山寺	控导	18	1 350
		21	渠口农场	控导	8	500

续表 2-32

岸别	属地	序号	工程名称	工程性质	坝垛	工程长度(m)
右岸	中卫市沙坡头区	22	水车村	险工	1	400
		23	张滩	险工	7	320
		24	大板湾(取消)	控导	3	260
		25	枣林湾(寿渠)	险工	9	2 200.5
		26	倪滩	险工	32	3 451
		27	七星渠口	险工	21	2 322
		28	刘湾八队—申滩	控导	11	1 035
		29	永丰五队	控导	28	2 235
		30	许庄	险工	14	700
		31	沙石滩	控导	10	500
		32	何营(赵滩)	控导	4	435
		33	旧营	控导	21	1 560
		34	马滩	控导	17	980
	中宁县	35	泉眼山	控导	21	1 048
		36	田滩	控导	20	1 861
		37	康滩	控导	20	1 775
		38	中宁大桥	控导	7	700
		39	营盘滩	控导	10	2 200
		40	长家滩	控导	15	2 500
		41	红柳滩	控导	29	2 060

表 2-33　宁夏现状河道整治工程统计(青铜峡—石嘴山段)

岸别	属地	序号	工程名称	工程性质	坝垛	工程长度(m)
左岸	青铜峡	42	王老滩	控导	10	1 177
		43	梨铧尖	控导	1	100
		44	侯娃子滩	控导	12	1 094
		45	柳条滩	控导	7	2 087.9
		46	陈袁滩	控导	11	1 237
		47	光明—杨家滩	控导	13	650
		48	唐滩(叶盛桥)	控导	10	440
		49	南方	控导	19	2 627
		50	东河	控导	3	290
		51	东升	控导	19	1 464
		52	绿化队	控导	1	100
		53	通贵	控导	12	1 170
		54	七一沟	控导	1	60

续表 2-33

岸别	属地	序号	工程名称	工程性质	坝垛	工程长度(m)
左岸	贺兰县	55	关渠	控导	6	556
		56	京星农场	控导	13	1 370
	平罗县	57	四排口	控导	23	2 901
		58	五香五支沟	控导	9	960
		59	永光	控导	1	60
		60	统一	控导	1	100
	惠农区	61	礼和	控导	16	3 317.83
		62	惠农农场	控导	2	200
		63	三排口	控导		733.59
右岸	青铜峡	64	细腰子拜	险工	17	1 916
	吴忠市	65	蔡家河口(河管所)	险工	15	767
		66	梅家湾(秦坝关)	控导	24	1 957
		67	罗家湖	控导	27	1 400
		68	古城	险工	19	850
	灵武市	69	华三	险工	21	1 299
		70	苦水河口	控导	21	580
		71	种苗场	控导	25	3 819.2
		72	北滩	控导	16	1 890
		73	金水	控导	12	1 470
		74	头道墩	险工	26	1 370
	石嘴山市	75	下八顷	险工	24	1 577.1
		76	六顷地	险工	17	2 097
		77	东来点	险工	19	1 403
		78	黄土梁扬水	险工	3	100
		79	北崖	险工	25	2 765.8
		80	三棵柳	险工	3	174
		81	红崖子扬水	险工	5	180
		82	都思兔河口	控导	6	600
		83	沙泉子(八音)	控导	14	1 300

2. 治理方案

《黄河宁蒙河段 1996 年至 2000 年防洪工程建设可行性研究报告》(《九五可研》)[18]制订宁夏河道治理按中水流路整治,采用微弯整治为主的治理方案,目前仍然采用。

确定整治流量为:沙坡头至枣园河段为 2 500 m³/s,青铜峡坝下至石嘴山河段为 2 200 m³/s。

整治河宽:沙坡头至枣园河段为 300 m,青铜峡至仁存渡河段为 400 m,仁存渡至头道墩河段为 500 m,头道墩至石嘴山河段为 600 m。

排水河槽宽度:2~3 倍整治宽度。

河湾要素:曲率半径为整治河宽的 2~6 倍,中心角为 25°~110°,直河段长为整治河宽的 1~5 倍,河湾间距为整治河宽的 4~10 倍,河湾弯曲幅度跨度为 2~3 倍的整治河宽,河湾跨度为整治河宽的 9~14 倍。

2.3.5.2 内蒙古河段整治工程

1. 工程现状

内蒙古河段河道整治工程主要有险工和控导工程两类。依堤修建的丁坝、垛和护岸称为险工,主要目的是保护堤防,其次是控导河势;在滩地修建的丁坝、垛和护岸为控导工程,专为控导河势而建,附带效益是保护工程附近的滩地。截至 2009 年底,黄河内蒙古河段共有河道整治工程 77 处,修建坝垛 1 403 道,工程长度 118.235 km,其中险工 52 处,坝垛 971 道,工程长度 81.236 km,控导工程 25 处,坝垛 432 道,工程长度 36.999 km。黄河内蒙古河段现有控导工程和险工基本情况见表 2-34 和表 2-35[18]。

表 2-34 控导工程现状统计表

河段	岸别	工程名称	2009 年以前	
			长度(m)	坝垛数
三盛公以上河段	左岸	黄白茨	500	7
		乌兰木头	500	7
	左岸小计	2	1 000	14
	右岸	都思兔河口	600	6
		巴音陶亥 1	1 300	14
		巴音陶亥 2	630	9
		三盛公水利枢纽闸上	1 740	10
	右岸小计	4	4 270	39
	河段小计	6	5 270	53
三盛公—三湖河口	左岸	黄河二八社(中套子)	5 211	66
		马场地六八社	1 000	13
		跃进二社		
		联合一队		
		韩五河头	2 080	22
		皮房圪旦	4 690	61
		三苗树—复兴大坝	3 456	56
		白音赤老	2 737	38
		四科河头	3 753	29
		南吴祥		
	左岸小计	10	22 927	285
	河段小计	10	22 927	285

续表 2-34

河段	岸别	工程名称	2009 年以前	
			长度(m)	坝垛数
三湖河口—昭君坟	右岸	四村	507	7
	右岸小计	1	507	7
	河段小计	1	507	7
昭君坟—蒲滩拐	左岸	康焕营子		
		皿已卜	1 800	25
		麻地壕		
		东营子	3 100	38
	左岸小计	4	4 900	63
	右岸	五黄毛圪旦		
		解放营子	560	8
		召圪梁	735	10
	右岸小计	3	1 295	18
	河段小计	7	6 195	81
蒲滩拐—喇嘛湾	左岸	章盖营子	2 100	6
	左岸小计	1	2 100	6
	河段小计	1	2 100	6
合计		25	36 999	432

表 2-35　险工工程现状统计表

河段	岸别	工程名称	2009 年以前	
			长度(m)	坝垛数
三盛公以上河段	左岸	马宝店	250	5
		巴音树贵	1 383	18
		旧磴口	330	
		三盛公库区左岸	2 160	22
	左岸小计	4	4 123	45
	右岸	下海勃湾	6 652	29
		王元地	720	9
	右岸小计	2	7 372	38
	河段小计	6	11 495	83

续表 2-35

河段	岸别	工程名称	2009 年以前	
			长度(m)	坝垛数
三盛公—三湖河口	左岸	闸下	1 050	12
		南套子(东地)	1 990	23
		永胜(燕家圪旦)	3 222	44
		友谊险工	4 750	71
		谢拉五	552	8
		西河头	1 550	22
		杨盖补隆	3 825	51
		三湖河口	1 300	20
	左岸小计	8	18 239	251
	右岸	福茂西	1 157	15
		巴拉亥		
		(杭锦旗)毛匠圪旦	570	9
		乌兰宿亥	1 163	17
		西沙拐		
		芦团店		
		什来柴登(道图)	2 870	38
		沙圪堵	550	8
		奎素	1 385	19
	右岸小计	9	7 695	106
	河段小计	17	25 934	357
三湖河口—昭君坟	左岸	打不素	640	8
		三岔口	664	9
		南圪堵	1 370	15
	左岸小计	3	2 674	32
	右岸	贡格尔	3 680	14
		"208"工程	1 640	15
		张四圪堵	560	8
		乌兰十队	950	14
		哈拉泡子	750	10
		羊场	1 764	29
	右岸小计	6	9 344	90
	河段小计	9	12 018	122

续表 2-35

河段	岸别	工程名称	2009 年以前	
			长度(m)	坝垛数
昭君坟—蒲滩拐	左岸	西栓	1 387	12
		三艮才(新河)	1 140	14
		付家圪堵	1 040	13
		画匠营子		
		南海子	1 370	21
		磴口(东富)	3 052	30
		官地	3 135	36
		新河口	2 515	40
		周四河营	657	9
		什四份子	3 060	54
	左岸小计	10	17 356	229
	右岸	丁家营子	1 900	10
		梁长河头	5 028	73
		毛匠圪旦(七八尧子)		
		邬二圪梁	1 960	29
		丁家圪堵	825	11
		张家圪旦	790	12
		官牛犋	880	12
		巨合滩	840	8
	右岸小计	8	12 223	155
	河段小计	18	29 579	384
蒲滩拐—喇嘛湾	左岸	喇嘛湾	240	6
	左岸小计	1	240	6
	右岸	小滩子	1 970	19
	右岸小计	1	1 970	19
	河段小计	2	2 210	25
合计		52	81 236	971

2. 治理方案

河道整治采用以微弯整治为主的治理方案。

整治流量:为使治导线既适合大水排洪,又适合枯水泄流,选用中水流量作为整治流量。各河段整治流量为:都思兔河至三盛公水库 2 200 m³/s,三盛公至蒲滩拐 2 100 m³/s。

整治河宽:都思兔河至三盛公水库 600 m,三盛公至三湖河口 750 m,三湖河口至昭君坟 700 m,昭君坟至喇嘛湾 600 m。

排水河槽宽度:都思兔河至石嘴山为 2 倍整治河宽,石嘴山至喇嘛湾河段为 2~3 倍整治河宽。

河湾要素:曲率半径为整治河宽的 2 ~ 5 倍,中心角为 24°~ 130°,直河段长为整治河宽的 2 ~ 6 倍,河湾间距为整治河宽的 4 ~ 10 倍,河湾弯曲幅度跨度为 2 ~ 3 倍的整治河宽,河湾跨度为整治河宽的 9 ~ 14 倍。

2.4　小　结

(1)黄河宁蒙河段位于宁夏回族自治区和内蒙古自治区境内,是黄河上游的下段。宁蒙河道自宁夏中卫县南长滩入境,至内蒙古准格尔旗马栅乡出境,全长为 1 240.53 km。根据河道特性和位置,可以分为 15 个河段,其中冲积性河段 7 个,长 734.1 km,峡谷河段 5 个,长 165.92 km,库区河段 3 个,长 246.1 km。

(2)宁夏河段主要支流分布在右岸,分别是清水河、红柳沟、苦水河、都思兔河,其中都思兔河为宁夏和内蒙古的界河;内蒙古河段主要支流有 12 条,分别是左岸的昆都仑河、五当沟,右岸的十大孔兑。清水河和十大孔兑年均沙量分别为 0.255 亿 t 和 0.288 亿 t,是宁蒙河段泥沙主要来源。

(3)宁蒙河段风沙活动主要有 4 个区域,分别是腾格里沙漠、河东沙区、乌兰布和沙漠及库布齐沙漠,其中乌兰布和沙漠和库布齐沙漠是入黄风沙的主要来源区。

(4)宁夏引黄灌区是我国四大古老灌区之一,宁夏灌区多年平均引水量 64.86 亿 m³,多年平均引沙量 1 301 万 t,排水量 33.24 亿 m³;分为卫宁灌区和青铜峡灌区,青铜峡灌区引水量和排水量均比较大。

内蒙古灌区多年平均引水量 62.92 亿 m³,多年平均引沙量 1 500.8 万 t,多年平均排水量 10.77 亿 m³;内蒙古引水主要集中在石嘴山—三湖河口河段的河套灌区和黄河南岸灌区,退水主要在巴彦高勒—头道拐区间。

(5)宁蒙河段干流现有水利工程 3 个,分别是青铜峡水库、海勃湾水利枢纽和三盛公水利枢纽。青铜峡水库位于宁夏青铜峡市青铜峡峡谷出口处,开发任务是灌溉、发电为主,结合防凌、防洪、城市供水,2012 年正常水位下库容为 0.362 8 亿 m³。三盛公水利枢纽位于内蒙古巴彦淖尔盟磴口县巴彦高勒镇东南,开发任务为以灌溉、发电为主、结合防凌、防洪、城市供水,目前正常水位下库容为 0.360 亿 m³。海勃湾水利枢纽位于内蒙古自治区乌海市境内,开发任务为防凌、发电等综合利用,目前正常水位下库容 4.87 亿 m³。控制宁蒙河段主要水源的龙羊峡和刘家峡水库分别位于黄河上游青海省共和县和贵南县的交界处和甘肃省永靖县,龙羊峡水库为多年调节水库,目前正常水位下库容 243.3 亿 m³,刘家峡水库为不完全年调节水库,目前正常水位下库容 40.75 亿 m³。

(6)宁蒙河段水土流失治理措施主要分布于清水河和十大孔兑。根据第一次全国水利普查成果,祖厉河、清水河和十大孔兑水土流失综合治理以林草措施为主,其面积占治理面积的 79.2%,淤地坝坝地面积不足 1%,建坝座数 839 座。

(7)目前黄河宁夏河段河道整治工程共 83 处,坝垛 1 177 道,工程总长度 108.158 km。内蒙古河道整治工程 77 处,修建坝垛 1 403 道,工程长度 118.235 km。

参考文献

[1] 侯素珍,李勇.黄河上游来水来沙特性及宁蒙河道冲淤情况的初步分析[R].黄河水利科学研究院,1990.

[2] 李鹏,哈岸英,等.宁夏回族自治区防洪规划报告[R].宁夏水利水电勘测设计院,1999.

[3] 吴海亮,周丽艳,等.黄河内蒙古段二期防洪工程可行性研究报告[R].黄河勘测规划设计有限公司,内蒙古自治区水利水电勘测设计院,2014.

[4] 艾成,丁环.宁夏清水河流域水文特性分析[J].宁夏农林科技,2010(3):71-72.

[5] 汪岗,范昭.黄河水沙变化研究(第一卷上册)[M].郑州:黄河水利出版社,2002.

[6] 张厚军,周丽艳,等.黄河宁蒙河段主槽淤积萎缩原因及治理措施和效果研究[R].黄河勘测规划设计有限公司,2011.

[7] 赵业安,等.内蒙古十大孔兑来水来沙特性及其对内蒙古河道冲淤的影响[R].黄河水利科学研究院,2008.

[8] 张学成,张会敏.人类活动对入黄径流影响程度分析[R].黄河水文水资源科学研究院,黄河水利科学研究院,2008.

[9] 金双彦,张萍.黄河上游河段水量调度引排水规律分析[R].黄河水文水资源科学研究院,2013.

[10] 姚文艺,徐建华,冉大川,等.黄河流域水沙变化情势分析与评价[M].郑州:黄河水利出版社,2011.

[11] 孙赞盈,张翠萍.洪水期上游水库排沙特性及对其下游河道的影响研究[R].黄河水利科学研究院,2013.

[12] 赵克玉,周孝德,贾恩红.青铜峡水库泥沙冲淤计算数学模型[J].水土保持研究,2003(6):145-147.

[13] 李天全.青铜峡水库泥沙淤积[J].大坝与安全,1998(4):21-27.

[14] 张天红,刘瑞,陈国云.三盛公水利枢纽水沙变化与库区淤积分析[J].内蒙古水利,2011(1):38-39.

[15] 张晓华,尚红霞,等.黄河干流大型水库修建后上下游再造床过程[M].郑州.黄河水利出版社,2008.

[16] 水利部黄河水利委员会.黄河水沙变化研究[R].中国水利水电科学研究院,2014.

[17] 侯晓明,王宝玉,周丽艳,等.黄河宁夏河段二期防洪工程可行性研究报告[R].黄河勘测规划设计有限公司,宁夏水利水电勘测设计研究院有限公司,2013.

[18] 侯晓明,王宝玉,周丽艳,等.黄河宁蒙河段1996年至2000年防洪工程建设可行性研究报告[R].黄河勘测规划设计院,1996.

第 3 章　　水沙基本特性

　　黄河宁蒙河道水沙异源,水沙风沙交错,且水沙变化规律复杂,认识该河段水沙基本特性及其变化规律,是研究该河段河床演变规律和河道治理方略与措施的关键科学问题。本章重点介绍了该河段水沙主要来源特征;来水来沙量变化过程,泥沙级配特征,包括悬移质泥沙级配特征和床沙质泥沙级配特征;实测径流泥沙系列周期规律;洪水特点,重点介绍十大孔兑的高含沙洪水特征及其对河床演变的影响等。

3.1　水沙来源

　　宁蒙河段位于黄河上游的下段,自上而下分布有下河沿、青铜峡、石嘴山、巴彦高勒、三湖河口、头道拐等水文站,其中下河沿断面集水面积 25.4 万 km^2,头道拐断面集水面积 40.99 万 km^2,分别约占全河的 31% 和 46.3%。

　　宁蒙河段水沙主要来自下河沿以上干流区间,水多沙少是其显著特点之一。天然情况下 1920 ~ 1968 年(运用年,指 1919 年 11 月 ~ 1968 年 10 月)河段进口站下河沿站多年平均水量 314 亿 m^3,沙量 1.853 亿 t,平均含沙量 5.90 kg/m^3,其中水量占花园口站同期的 64%,而沙量只占 13%。水沙异源是下河沿以上来水来沙的另一个特点,水量主要来自上诠以上,占下河沿站来水量的 86.1%,而沙量主要来自上诠至下河沿区间的洮河、大通河、湟水、祖厉河等支流,来沙量占下河沿输沙量的 61%。该区间来水来沙量集中在汛期,分别占全年来水量的 61.4% 和来沙量的 86.9%。下河沿至头道拐区间沙量主要来自于清水河、苦水河和内蒙古的十大孔兑,该区间 1954 ~ 2012 年平均来沙量 0.85 亿 t,尤其十大孔兑是宁蒙河段高含沙洪水的主要来源区,对河道调整影响较大。

3.2　来水来沙量

3.2.1　干流不同时期水沙量变化特点

　　根据宁蒙河段水文站实测水沙量(见表 3-1),考虑上游水库修建情况、天然来水来沙情况及实测资料情况,将水沙序列划分为 1952 ~ 1960 年、1961 ~ 1968 年、1969 ~ 1986 年、1987 ~ 1999 年、2000 ~ 2012 年五个时段。由于每个时段天然降雨条件及人类活动不同,因此各时段的水沙情况也有所不同。多年平均(1952 ~ 2012 年)宁蒙河段下河沿、青铜峡、石嘴山、巴彦高勒、三湖河口和头道拐水文站水量分别为 296.1 亿 m^3、237.1 亿 m^3、272.5 亿 m^3、217.6 亿 m^3、218.9 亿 m^3 和 213.3 亿 m^3,沙量分别为 1.189 亿 t、1.118 亿 t、1.174 亿 t、1.043 亿 t、1.024 亿 t 和 1.005 亿 t。各时段水沙量变化较大,人类活动干预较少的 1952 ~ 1960 年,宁蒙河段下河沿、青铜峡、石嘴山、巴彦高勒、三湖河口和头道拐站年

表 3-1 宁蒙河段不同时段年水沙量

项目	时段	下河沿	青铜峡	石嘴山	巴彦高勒	三湖河口	头道拐
年水量 （亿 m³）	1952～1960 年	300.6	296.3	281.0	271.1	236.1	233.0
	1961～1968 年	379.6	322.7	358.7	301.9	299.1	299.6
	1969～1986 年	318.7	242.9	295.9	234.7	245.1	239.2
	1987～1999 年	248.3	181.2	227.4	159.3	168.2	162.5
	2000～2012 年	258.0	191.2	226.3	163.2	172.0	161.8
	1952～2012 年	296.1	237.1	272.5	217.6	218.9	213.3
年沙量 （亿 t）	1952～1960 年	2.338	2.661	2.115	2.156	1.824	1.466
	1961～1968 年	1.923	1.492	1.935	1.694	1.971	2.098
	1969～1986 年	1.070	0.806	0.971	0.834	0.929	1.103
	1987～1999 年	0.871	0.897	0.911	0.703	0.507	0.444
	2000～2012 年	0.423	0.475	0.599	0.500	0.538	0.437
	1952～2012 年	1.189	1.118	1.174	1.043	1.024	1.005
与1952～ 2012 年相比 水量变幅 （%）	1952～1960 年	1.5	25.0	3.1	24.6	7.9	9.2
	1961～1968 年	28.2	36.1	31.7	38.7	36.7	40.4
	1969～1986 年	7.7	2.5	8.6	7.9	12.0	12.1
	1987～1999 年	−16.1	−23.6	−16.5	−26.8	−23.1	−23.8
	2000～2012 年	−12.9	−19.3	−17.0	−25.0	−21.4	−24.1
与1952～ 2012 年相比 沙量变幅 （%）	1952～1960 年	96.7	137.9	80.2	106.8	78.0	45.9
	1961～1968 年	61.8	33.4	64.8	62.5	92.4	108.8
	1969～1986 年	−10.0	−28.0	−17.3	−20.1	−9.3	9.8
	1987～1999 年	−26.7	−19.8	−22.4	−32.6	−50.6	−55.8
	2000～2012 年	−64.4	−57.5	−49.0	−52.0	−47.5	−56.5

均水量分别为 300.6 亿 m³、296.3 亿 m³、281.0 亿 m³、271.1 亿 m³、236.1 亿 m³ 和 233.0 亿 m³，年均沙量分别为 2.338 亿 t、2.661 亿 t、2.115 亿 t、2.156 亿 t、1.824 亿 t 和 1.466 亿 t，与多年平均相比，水沙量相对较丰，水量偏多 1.5%～25.0%，沙量偏多 45.9%～137.9%；1961～1968 年水沙量也较大，各站水量分别为 379.6 亿 m³、322.7 亿 m³、358.7 亿 m³、301.9 亿 m³、299.1 亿 m³ 和 299.6 亿 m³，水量偏多 28.2%～40.4%，沙量偏丰幅度超过水量，达到 33.4%～108.8%，其中头道拐站沙量增幅最大，另外，较上一时段 1952～1960 年水量也有 9.0%～28.6% 的增幅；1969～1986 年水量较大，较多年平均偏丰 2.5%～12.1%，而由于受水土保持治理和刘家峡水库的拦沙影响，沙量除头道拐站略有增加（9.8%）外，其他各站均有不同程度的减少，减幅为 9.3%～28%；到龙羊峡水库运用之后

的 1987～1999 年,各站水量分别为 248.3 亿 m^3、181.2 亿 m^3、227.4 亿 m^3、159.3 亿 m^3、168.2 亿 m^3 和 162.5 亿 m^3,年均沙量分别为 0.871 亿 t、0.897 亿 t、0.911 亿 t、0.703 亿 t、0.507 亿 t 和 0.444 亿 t,水沙量较多年平均都减少,其中水量减幅达到 16.1%～26.8%,沙量减幅为 19.8%～55.8%,该时期水沙系列偏枯;2000～2012 年水沙量进一步减少,水量减幅为 12.9%～25.0%,沙量减幅是几个时段中最大的,各站减幅达到 47.5%～64.4%,可以说,2000～2012 年是 1952 年以来水沙量相对最枯的系列。

综上可见,1952～1960 年是大沙时期,1961～1968 年是丰水时期,1987～1999 年是水少沙相对多时期,2000～2012 年是枯水枯沙时期。

3.2.2　干流水沙量时间分配特点

黄河上游的水沙量存在丰枯相间的年际变化。下河沿站 1952～2012 年平均水量为 296.1 亿 m^3,年际间丰枯不均(见图 3-1)。1961～1968 年除个别年份外均为丰水年,其中 1967 年水量最大,达 509.1 亿 m^3;1991～2011 年水量较枯,均小于多年平均水量,其中 1997 年水量最小,为 188.7 亿 m^3;年水量变幅达到 2.7 倍。

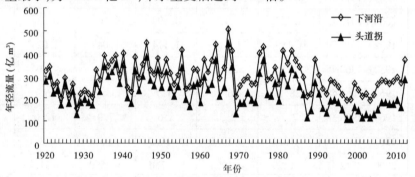

图 3-1　下河沿站、头道拐站历年径流量变化过程

下河沿站多年平均输沙量为 1.189 亿 t,各年之间来沙量差别很大(见图 3-2)。1945 年为历年最大年份,达 4.664 亿 t,2004 年的来沙量最小,仅为 0.22 亿 t,沙量变幅达 20 倍,变化幅度远远大于年水量。含沙量的年际变化也较大,下河沿站 1952～2012 年汛期平均含沙量为 6.5 kg/m^3,1959 年汛期含沙量最高,为 22.8 kg/m^3;1975 年最低,为 1.69 kg/m^3;变幅为 13.5 倍。

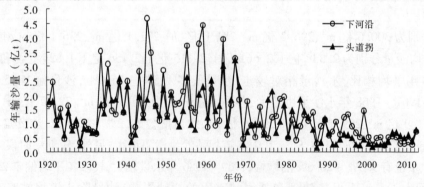

图 3-2　下河沿站、头道拐站逐年输沙量变化过程

　　经过沿程支流水沙和风沙入汇、引水引沙和长河段的河道冲淤调整,宁蒙河段出口断面头道拐多年平均水量为 213.3 亿 m³,最大年水量为 442.5 亿 m³(1967 年),最小年水量为 105.8 亿 m³(1998 年),水量变幅为 4.2 倍。该站多年平均沙量为 1.005 亿 t,其中 1967 年最多为 3.192 亿 t,1987 年最少为 0.154 亿 t,沙量变幅为 20.8 倍。相应多年平均汛期含沙量为 6.86 kg/m³,最高为 12.5 kg/m³(1959 年),最低为 1.6 kg/m³(1941 年),变幅为 7.8 倍。头道拐站水沙量的年际变化幅度与下河沿站相似,但平均含沙量的变化幅度降低。

　　统计宁蒙河段水文站水沙年内分配情况(见表 3-2)可见,天然时期水沙量主要集中在汛期,如在人类活动干预较少的 1952~1960 年,各干流水文站汛期水量变化范围在 144.4 亿~185.2 亿 m³,占年水量的 61.6%~62.5%;来水量较丰的 1961~1968 年,汛期水量较大,各站水量变化范围在 189 亿~235 亿 m³,汛期水量占年水量的比例仍在 60% 以上,比例范围在 61.9%~63.7%;刘家峡水库运用之后水量年内分配开始改变,1969~1986 年汛期水量范围 124.5 亿~169.1 亿 m³,汛期占年水量比例下降为 53.0%~54.9%;龙羊峡和刘家峡水库联合运用之后的 1987~1999 年,由于人类活动和天然降雨的影响,在年水量减少的同时,汛期水量进一步减少,汛期水量变化范围仅在 59.1 亿~105.4 亿 m³,汛期水量占年水量的比例下降到 37.1%~44%;2000~2012 年,汛期水量较 1987~1999 年稍有增大,汛期水量变化范围仅在 63.9 亿~110.7 亿 m³,汛期水量占年水量的比例下降到 39.1%~44.8%。1986 年后非汛期水量占年水量的 60% 以上,占到全年的主导地位。

表 3-2　不同时段宁蒙河段干流主要水文站水沙量年内分配

水文站	时段及年内分配比例	水量(亿 m³)					沙量(亿 t)				
		1952~1960 年	1961~1968 年	1969~1986 年	1987~1999 年	2000~2012 年	1952~1960 年	1961~1968 年	1969~1986 年	1987~1999 年	2000~2012 年
下河沿	非汛期	115.3	144.6	149.6	142.9	147.3	0.267	0.289	0.175	0.176	0.110
	汛期	185.2	235.0	169.1	105.4	110.7	2.071	1.634	0.895	0.695	0.314
	全年	300.5	379.6	318.7	248.3	258.0	2.338	1.923	1.070	0.871	0.424
	汛期/年(%)	61.6	61.9	53.1	42.5	42.9	88.6	85.0	83.6	79.8	74.1
青铜峡	非汛期	112.9	118.0	111.5	105.1	108.6	0.270	0.144	0.079	0.106	0.061
	汛期	183.4	204.8	131.4	76.1	82.7	2.391	1.348	0.727	0.791	0.414
	全年	296.3	322.8	242.9	181.2	191.3	2.661	1.492	0.806	0.897	0.475
	汛期/年(%)	61.9	63.4	54.1	42.0	43.2	89.9	90.3	90.2	88.2	87.1
石嘴山	非汛期	105.3	130.4	133.5	127.4	124.8	0.354	0.420	0.257	0.296	0.239
	汛期	175.7	228.4	162.3	100.0	101.4	1.761	1.515	0.714	0.614	0.360
	全年	281.0	358.8	295.8	227.4	226.2	2.115	1.935	0.971	0.910	0.599
	汛期/年(%)	62.5	63.7	54.9	44.0	44.8	83.3	78.3	73.5	67.5	60.2

续表 3-2

水文站	时段及年内分配比例	水量（亿 m³）					沙量（亿 t）				
		1952～1960年	1961～1968年	1969～1986年	1987～1999年	2000～2012年	1952～1960年	1961～1968年	1969～1986年	1987～1999年	2000～2012年
巴彦高勒	非汛期	102.0	110.6	110.2	100.2	99.4	0.305	0.292	0.203	0.269	0.246
	汛期	169.1	191.2	124.5	59.1	63.9	1.851	1.402	0.630	0.434	0.255
	全年	271.1	301.8	234.7	159.3	163.3	2.156	1.694	0.833	0.703	0.501
	汛期/年（%）	62.4	63.3	53.0	37.1	39.1	85.8	82.8	75.6	61.8	50.9
三湖河口	非汛期	89.5	109.1	114.2	102.4	103.3	0.263	0.373	0.198	0.184	0.243
	汛期	146.6	190.0	130.9	65.8	68.6	1.561	1.599	0.732	0.323	0.295
	全年	236.1	299.1	245.1	168.2	171.9	1.824	1.972	0.930	0.507	0.538
	汛期/年（%）	62.1	63.5	53.4	39.1	39.9	85.6	81.1	78.7	63.7	54.8
头道拐	非汛期	88.5	110.6	109.3	97.9	97.2	0.219	0.424	0.235	0.164	0.211
	汛期	144.4	189.0	129.9	64.6	64.6	1.247	1.674	0.868	0.280	0.226
	全年	232.9	299.6	239.2	162.5	161.8	1.466	2.098	1.103	0.444	0.437
	汛期/年（%）	62.0	63.1	54.3	39.8	39.9	85.1	79.8	78.7	63.0	51.8

宁蒙河段的泥沙较来水量相比在汛期的集中程度更高。由表 3-2 可以看到，在人类活动干预较少的 1952～1960 年的大沙时期，各站 83.3%～89.9% 的来沙量集中在汛期，汛期来沙量范围在 1.247 亿～2.391 亿 t；1960 年之后，随着上游盐锅峡（1961 年）、三盛公（1961 年）、青铜峡（1967 年）、八盘峡（1975 年）等水库的陆续修建，水库拦截了一部分泥沙，因此该时期年来沙量稍有减少，相应汛期来沙量也略有降低，汛期来沙量范围在 1.348 亿～1.674 亿 t，占年沙量比例为 78.3%～90.3%；1969～1986 年受水土保持治理和刘家峡水库拦沙影响，宁蒙河道来沙量明显减少，各站汛期来沙量范围在 0.63 亿～0.895 亿 t，占年沙量的比例降为 73.5%～90.2%；1987～1999 年流域进入偏枯系列，该时期汛期来沙量进一步减少到 0.280 亿～0.791 亿 t，占年沙量比例为 61.8%～79.8%；到 2000～2012 年，汛期来沙量锐减，减少到 0.226 亿～0.414 亿 t，占年沙量比例也随之下降到 50.9%～74.1%。

综上分析，由于龙羊峡水库、刘家峡水库联合运用，大大改变了径流泥沙的年内分配关系，汛期径流占全年的比例由 60% 以上降至 40% 左右，非汛期的径流量反而占多半；随着径流量年内分配比例变化，输沙量的年内分配比例也有所调整，但汛期的输沙比例仍在 50% 以上。

3.2.3　支流水沙特点

3.2.3.1　宁夏河段支流

根据资料情况,本次主要分析宁夏境内两条较大支流清水河和苦水河。

1. 清水河

清水河发源于六盘山北端东麓固原县南部开城乡黑刺沟脑,由中宁县泉眼山注入黄河,是宁夏自治区境内直接入黄的第一大支流,干流长 320 km,流域面积 14 481 km²,其中 93% 的面积在宁夏,东部及西部边缘部分在甘肃。流域东邻泾河,西南与渭河分水,西南高东北低。流域中黄土丘陵沟壑区的面积占总面积的 82%,植被差,水土流失严重。

清水河水文特点之一是水少沙多。据泉眼山水文站实测资料统计(见表 3-3),清水河 1958 ~ 2011 年年均水量为 1.11 亿 m³,年均输沙量为 0.261 亿 t,年均含沙量为 235 kg/m³。20 世纪 70 年代受降雨及水土保持治理影响,清水河入黄水沙量都减少较多,但 1986 年以来,水沙量有所恢复,1995 年、1996 年来水量较大,分别为 2.13 亿 m³、2.45 亿 m³,1996 年来沙量为 1.04 亿 t,居历史第二位(见图 3-3 ~ 图 3-5)。清水河另一个水文特点是年际间水沙量变化起伏较大(见图 3-3),丰枯悬殊,年水量最大为 3.711 亿 m³(1964 年),最小为 0.131 亿 m³(1960 年),相差 20 多倍;年最大来沙量为 1.22 亿 t(1958 年),最小的是 1960 年,仅 0.000 8 亿 t,相差 1 000 多倍。清水河同样具有年内水沙量主要集中在汛期的特点,沙的集中程度更高,清水河多年平均汛期水沙量分别为 0.75 亿 m³ 和 0.233 亿 t,分别占年均水沙量的 67.6% 和 89.3%(见表 3-3),非汛期中各月的泥沙量都很小,水沙的年过程与汛期过程基本一致。

表 3-3　清水河和苦水河水沙量

支流 (水文站)	时段	汛期		全年		汛期占年比例(%)	
		水量 (亿 m³)	沙量 (亿 t)	水量 (亿 m³)	沙量 (亿 t)	水量	沙量
清水河 (泉眼山)	1958 ~ 1968 年	1.10	0.261	1.49	0.281	73.8	92.9
	1969 ~ 1986 年	0.53	0.152	0.79	0.177	67.1	85.9
	1987 ~ 1999 年	0.91	0.364	1.26	0.400	72.2	91.0
	2000 ~ 2011 年	0.57	0.186	1.07	0.216	53.2	86.1
	1958 ~ 2011 年	0.75	0.233	1.11	0.261	67.6	89.3
苦水河 (郭家桥)	1958 ~ 1968 年	0.16	0.021 5	0.22	0.021 9	72.7	98.2
	1969 ~ 1986 年	0.39	0.025	0.66	0.030	59.1	83.3
	1987 ~ 1999 年	0.88	0.092	1.53	0.103	57.5	89.3
	2000 ~ 2011 年	0.60	0.031	1.31	0.043	45.8	72.1
	1958 ~ 2011 年	0.50	0.042	0.93	0.049	53.6	85.7

不同时期水沙量和年内分配有所不同。1958 ~ 1968 年年均水沙量分别为 1.49 亿 m³

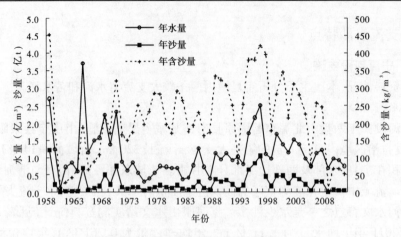

图 3-3　清水河泉眼山站水沙过程

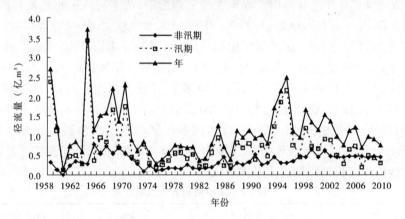

图 3-4　清水河泉眼山站水量年内分配变化过程

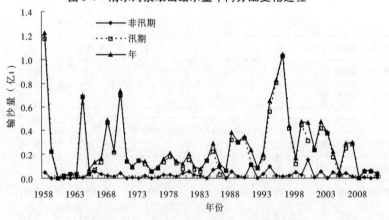

图 3-5　清水河泉眼山站沙量年内分配变化过程

和 0.281 亿 t,较多年平均增加 34% 和 8%,水沙量主要集中在汛期,汛期水沙量分别为 1.10 亿 m³ 和 0.261 亿 t,占年水沙量的比例为 73.8% 和 92.9%。1969～1986 年水沙量减少,减幅分别为 29% 和 32%,主要减于汛期,汛期水沙分别减少 29% 和 35%。1987～

1999 年水沙量都较大,分别为 1.26 亿 m³ 和 0.4 亿 t,水沙量分别增加 14% 和 53%,汛期水沙量分别增加 21% 和 56%。2000～2011 年,水沙量稍有减少,分别为 1.07 亿 m³ 和 0.216 亿 t,减少幅度分别为 4% 和 17%。

2. 苦水河

苦水河是宁夏境内另一条较大的一级入黄支流,源自甘肃省环县沙坡子沟脑,向北流入宁夏回族自治区境内,经宁夏盐池县、同心县和吴忠市境,至灵武市新华桥汇入黄河。河长 224 km,宽 100～200 m,流域面积 5 218 km²,宁夏境内 4 942 km²。苦水河也具有"水少沙多,水沙年际变化大,水沙年内分配不均,主要集中在汛期"的特点(见图 3-6～图 3-8)。由表 3-3 可以看到,苦水河 1958～2011 年年均水沙量分别为 0.93 亿 m³ 和 0.049 亿 t,多年平均含沙量为 52.7 kg/m³。不同时期的水沙量变化较大,1958～1968 年年均水沙量分别为 0.22 亿 m³ 和 0.021 9 亿 t,较多年平均减少 76% 和 55%;而 1969～1986 年、1987～1999 年、2000～2011 年,年均水沙量均有不同程度的增加,其中 1987～1999 年增加的水沙量较大,该时段年均水沙量分别为 1.53 亿 m³ 和 0.103 亿 t,水沙量分别较多年平均增加 65% 和 110%。

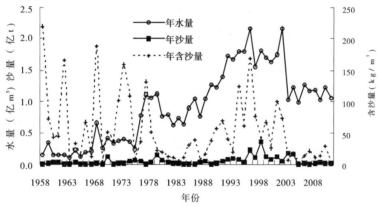

图 3-6　苦水河郭家桥站水沙过程

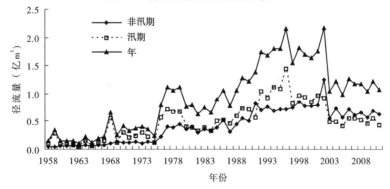

图 3-7　苦水河郭家桥站水量年内分配变化过程

3.2.3.2　内蒙古河段十大孔兑

内蒙古十大孔兑是指黄河内蒙古河段右岸较大的 10 条直接入黄支沟(见图 2-18),从西向东依次为毛不拉孔兑、布色太沟、黑赖沟、西柳沟、罕台川、壕庆河、哈什拉川、木哈

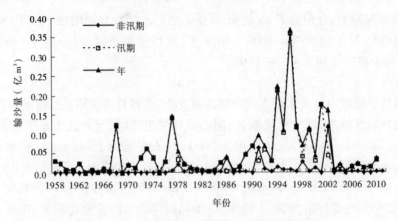

图 3-8　苦水河郭家桥站沙量年内分配变化过程

河、东柳沟、呼斯太沟,是内蒙古河段的主要产沙支流。十大孔兑发源于鄂尔多斯台地,河短坡陡,从南向北汇入黄河,十大孔兑上游为丘陵沟壑区,中部通过库布齐沙漠,下游为冲积平原。十大孔兑中只有三大孔兑设站观测,为毛不拉孔兑图格日格站(官长井)、西柳沟龙头拐站、罕台川红塔沟站(瓦窑、响沙湾)。统计这三大孔兑的实测水沙情况(见表 3-4),西柳沟、毛不拉孔兑 1961 ~ 2011 年水量分别为 0.289 亿 m³、0.119 亿 m³,平均沙量分别为 0.038 6 亿 t、0.040 0 亿 t;罕台川站 1985 ~ 2011 年平均水沙量分别为 0.086 亿 m³ 和 0.010 7 亿 t。水沙量的年内分布主要集中在汛期,西柳沟站汛期水沙量分别占年水沙量的 65.7% 和 98.5%;毛不拉孔兑汛期水沙量分别占年水沙量的 86.6% 和 98.3%;罕台川汛期水沙量分别占年水沙量的 93.0% 和 99.1%。

表 3-4　三大孔兑不同时期水沙量及年内分配

站名 (孔兑名)	时段	汛期		全年		汛期占年比例(%)	
		水量(亿 m³)	沙量(亿 t)	水量(亿 m³)	沙量(亿 t)	水量	沙量
龙头拐 (西柳沟)	1961 ~ 1968 年	0.257	0.038 2	0.364	0.038 8	70.6	98.5
	1969 ~ 1986 年	0.196	0.032 4	0.289	0.033 4	67.8	97.0
	1987 ~ 1999 年	0.231	0.070 5	0.337	0.071 1	68.5	99.1
	2000 ~ 2011 年	0.092	0.010 9	0.189	0.011 0	48.7	99.1
	1961 ~ 2011 年	0.190	0.038 0	0.289	0.038 6	65.7	98.5
图格日格 (毛不拉 孔兑)	1961 ~ 1968 年	0.092	0.027 26	0.094	0.027 28	97.9	99.9
	1969 ~ 1986 年	0.094	0.023 9	0.109	0.024 0	86.2	99.6
	1987 ~ 1999 年	0.163	0.087 6	0.195	0.089 8	83.6	97.6
	2000 ~ 2011 年	0.058	0.018 1	0.070	0.018 3	82.9	98.9
	1961 ~ 2011 年	0.103	0.039 3	0.119	0.040 0	86.6	98.3
红塔沟 (罕台川)	1985 ~ 1999 年	0.113	0.016 4	0.114	0.016 5	99.1	99.4
	2000 ~ 2011 年	0.038	0.003 36	0.050	0.003 44	76	97.7
	1985 ~ 2011 年	0.080	0.010 6	0.086	0.010 7	93.0	99.1

　　分析不同时期水沙量的变化可以看到,西柳沟在 1961 ~ 1968 年年均水沙量分别为 0.364 亿 m³、0.038 8 亿 t,较多年平均偏多 26% 和 1%。由于 20 世纪 70 年代开始大规模的水保治理,因此 1969 ~ 1986 年来沙量有所减少,年均水沙量分别为 0.289 亿 m³、0.033 4 亿 t,水量变化不大,沙量减幅 13%。1987 ~ 1999 年水沙量有所恢复,年均水沙量分别为 0.337 亿 m³、0.071 1 亿 t,分别增加 17% 和 84%。2000 ~ 2011 年,年均水沙量显著减少,分别减少到 0.189 亿 m³、0.011 亿 t,减幅分别为 35% 和 72%。可见西柳沟水量减少最大的时段是 2000 ~ 2011 年,而来沙量增加较大的时段是 1987 ~ 1999 年。

　　毛不拉孔兑来沙量增加较大的时期仍是 1987 ~ 1999 年,该时期年均水沙量分别为 0.195 亿 m³、0.089 8 亿 t,与多年平均相比,水沙量分别增加 64% 和 125%;年均水沙量减少较多的时期仍是 2000 ~ 2011 年,该时段年均水沙量分别为 0.070 亿 m³、0.018 3 亿 t,水沙量分别减少 41% 和 54%。

　　罕台川水沙量各时期变化特点与其他孔兑相近,1985 ~ 1999 年水沙量较大,分别为 0.114 亿 m³ 和 0.016 5 亿 t,较多年平均增加 33% 和 54%,而 2000 ~ 2011 年水沙量都较小,年均仅 0.05 亿 m³ 和 0.003 44 亿 t,减少 40% 和 68%。

3.2.4　区间不同时段引水引沙量变化特点

　　黄河河套平原西起宁夏的下河沿,东到内蒙古的托克托。该河套平原内有著名的卫宁灌区、青铜峡灌区、内蒙古河套灌区。根据实测引水引沙资料,主要统计了青铜峡库区、三盛公库区 6 个引水渠的引水引沙情况,即宁夏河段青铜峡水库的秦渠、汉渠、唐徕渠以及内蒙古河段三盛公水库的巴彦高勒总干渠、沈乌干渠和南干渠。

　　从宁蒙河道历年引水量可以看出(见表 3-5、图 3-9),1961 ~ 2011 年平均引水 122.8 亿 m³,但各年份之间引水量相差悬殊,1999 年引水量最大为 141.6 亿 m³,1961 年引水量最少为 81.11 亿 m³,最大值是最小值的 1.75 倍。从引水量的时段变化来看,1968 年后引水量逐渐增加,1969 ~ 1986 年平均引水 126.2 亿 m³,与多年平均值基本相同;1987 ~ 1999 年引水 135 亿 m³,较多年平均增加 10%;2000 ~ 2011 年年均引水 121.8 亿 m³,与多年平均相同。

　　从引沙量的变化过程(见表 3-5,图 3-10)来看,1961 ~ 2011 年平均引沙量为 0.364 亿 t;引沙量较多的时期为 1987 ~ 1999 年,年均引沙量为 0.519 亿 t,较多年平均增加 42.6%,1969 ~ 1986 年和 2000 ~ 2011 年引沙量均有所减少,分别减少 13% 和 23%。这与河道来水含沙量和河道冲淤调整有关。

　　引水引沙主要集中在汛期(见图 3-11、图 3-12),各时期汛期引水量的比例占年水量的范围在 51.7% ~ 59.8%,而汛期引沙量占年引沙的比例在 75.6% ~ 83.3%,汛期引沙比例大于引水比例。

　　从宁蒙河道引水引沙的空间分布来看(见表 3-6、表 3-7 和图 3-9、图 3-10),多年平均宁夏和内蒙古河段引水引沙量相差不大,宁夏略大。宁夏河道 1961 ~ 2011 年平均引水量、引沙量分别为 65.4 亿 m³ 和 0.222 亿 t,占整个宁蒙河道引水引沙量的 53.3% 和 61%。而内蒙古河道引水引沙量分别为 57.4 亿 m³ 和 0.142 亿 t,分别占整个宁蒙河道的 46.7% 和 39%。

表 3-5　宁蒙河道不同时期引水引沙量及年内分配

时段	汛期		全年		汛期占年比例(%)	
	引水量 (亿 m³)	引沙量 (亿 t)	引水量 (亿 m³)	引沙量 (亿 t)	引水量	引沙量
1961~1968 年	57.9	0.287	96.8	0.347	59.8	82.7
1969~1986 年	68.9	0.264	126.2	0.317	54.6	83.3
1987~1999 年	72.9	0.413	135.0	0.519	54.0	79.6
2000~2011 年	63.0	0.211	121.8	0.279	51.7	75.6
1961~2011 年	66.8	0.293	122.8	0.364	54.4	80.5

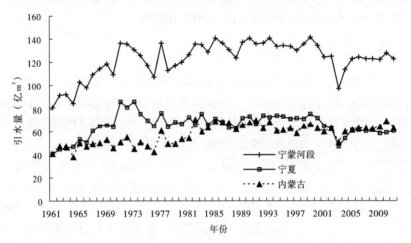

图 3-9　宁蒙河道历年引水量过程

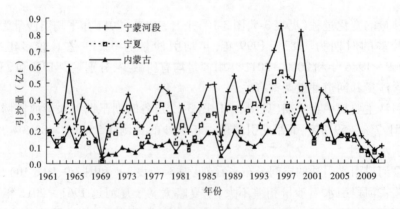

图 3-10　宁蒙河段历年引沙量过程

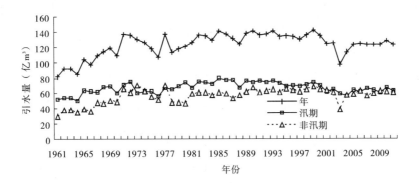

图 3-11　宁蒙河段年内引水量过程

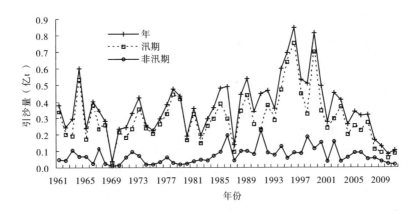

图 3-12　宁蒙河段年内引沙量过程

表 3-6　宁夏灌区不同时期引水引沙量及年内分配

时段	汛期		全年		汛期占年比例（%）	
	引水量 （亿 m³）	引沙量 （亿 t）	引水量 （亿 m³）	引沙量 （亿 t）	引水量	引沙量
1961～1968 年	26.8	0.153	50.9	0.185	52.7	82.7
1969～1986 年	34.4	0.173	71.5	0.210	48.1	82.4
1987～1999 年	32.6	0.271	70.8	0.342	46.1	79.2
2000～2011 年	25.6	0.098	60.2	0.134	42.5	73.1
1961～2011 年	30.7	0.177	65.4	0.222	46.9	79.7

表 3-7　内蒙古灌区不同时期引水引沙量及年内分配

时段	汛期		全年		汛期占年比例(%)	
	引水量 (亿 m³)	引沙量 (亿 t)	引水量 (亿 m³)	引沙量 (亿 t)	引水量	引沙量
1961～1968 年	31.1	0.134	46.0	0.162	67.6	82.7
1969～1986 年	34.5	0.091	54.7	0.107	63.1	85.0
1987～1999 年	40.3	0.142	64.3	0.177	62.7	80.2
2000～2011 年	37.4	0.112	61.6	0.145	60.7	77.2
1961～2011 年	36.1	0.116	57.4	0.142	62.9	81.7

3.3　泥沙组成特点

3.3.1　悬移质泥沙不同时期组成特点

3.3.1.1　泥沙级配基本情况

　　按照惯例和泥沙测验标准,将黄河泥沙分成细泥沙、中泥沙、粗泥沙和特粗沙四组来分析。所谓细泥沙是指泥沙粒径小于等于 0.025 mm($d \leqslant 0.025$ mm)的泥沙,中泥沙是指粒径大于 0.025 mm 而小于等于 0.05 mm(0.025 mm $< d \leqslant 0.05$ mm)的泥沙,粗泥沙是粒径大于 0.05 mm 而小于等于 0.1 mm(0.05 mm $< d \leqslant 0.1$ mm)的泥沙,特粗沙为粒径大于 0.1 mm($d > 0.1$ mm)的泥沙。由于各水文站实测级配资料的起始年份不同,因此各水文站的级配起始系列也不完全相同。

　　统计宁蒙河段各水文站长时期分组泥沙量(见表 3-8、表 3-9)可以看到,宁蒙河段各站细泥沙最多,各站多年平均 0.509 亿～0.558 亿 t,细泥沙占全沙的比例范围在 56.8%～62.3%;其次为中泥沙和粗泥沙,多年平均分别为 0.178 亿～0.201 亿 t 和 0.096 亿～0.132 亿 t,分别占总沙量的 21.5%～22.2% 和 11.6%～14.7%;最少的是特粗沙,年均仅 0.037 亿～0.064 亿 t,占全沙的 4.4%～7.1%。

　　总体来看,汛期泥沙组成要比非汛期细。对比各站泥沙组成,石嘴山、巴彦高勒站非汛期特粗沙较多,均超过 0.03 亿 t,分别占全沙的 14.1% 和 12.2%。

3.3.1.2　不同时期分组沙量变化

1. 年际分组沙量变化

　　宁蒙河段各站不同时期的来沙变化不同,泥沙的分组也发生相应的变化。

　　统计黄河上游宁蒙河段干流各站不同时期运用年各分组泥沙量(见表 3-10),并点绘各水文站不同时期分组泥沙变化过程(见图 3-13～图 3-17),可以看到,近期各站分组泥沙量都相应有所减少。

表 3-8　宁蒙河段各水文站长时期分组泥沙量

站名	时段	时期	分组泥沙量（亿 t）				全沙（亿 t）
			细泥沙	中泥沙	粗泥沙	特粗沙	
下河沿	1970~2012 年	运用年	0.516	0.178	0.096	0.037	0.827
		汛期	0.421	0.146	0.076	0.027	0.670
		非汛期	0.095	0.032	0.020	0.010	0.158
青铜峡	1959~2012 年	运用年	0.527	0.198	0.124	0.047	0.896
		汛期	0.465	0.181	0.113	0.040	0.799
		非汛期	0.062	0.017	0.011	0.007	0.096
石嘴山	1966~2012 年	运用年	0.519	0.195	0.130	0.064	0.908
		汛期	0.404	0.127	0.078	0.026	0.635
		非汛期	0.115	0.068	0.052	0.038	0.273
巴彦高勒	1959~2012 年	运用年	0.509	0.198	0.132	0.057	0.895
		汛期	0.402	0.138	0.086	0.027	0.653
		非汛期	0.106	0.060	0.046	0.030	0.242
头道拐	1961~2012 年	运用年	0.558	0.201	0.128	0.041	0.927
		汛期	0.425	0.156	0.094	0.025	0.699
		非汛期	0.133	0.045	0.034	0.016	0.228

表 3-9　宁蒙河段各水文站长时期分组泥沙量占全沙比例

站名	时段	时期	分组泥沙占全沙比例（%）				全沙（%）
			细泥沙	中泥沙	粗泥沙	特粗沙	
下河沿	1970~2012 年	运用年	62.3	21.6	11.6	4.5	100.0
		汛期	62.8	21.8	11.3	4.1	100.0
		非汛期	60.4	20.4	12.7	6.5	100.0
青铜峡	1959~2012 年	运用年	58.9	22.1	13.8	5.2	100.0
		汛期	58.2	22.7	14.1	5.0	100.0
		非汛期	64.2	17.5	11.1	7.2	100.0
石嘴山	1966~2012 年	运用年	57.1	21.5	14.3	7.1	100.0
		汛期	63.6	20.0	12.3	4.1	100.0
		非汛期	42.0	24.9	19.0	14.1	100.0
巴彦高勒	1959~2012 年	运用年	56.8	22.2	14.7	6.3	100.0
		汛期	61.6	21.1	13.1	4.1	100.0
		非汛期	43.7	25.0	19.0	12.2	100.0
头道拐	1961~2012 年	运用年	60.1	21.7	13.8	4.4	100.0
		汛期	60.7	22.3	13.4	3.5	100.0
		非汛期	58.2	19.8	14.9	7.1	100.0

表 3-10　干流各水文站不同时段年均分组泥沙量

站名	时段	分组泥沙量(亿 t)				全沙(亿 t)
		细泥沙	中泥沙	粗泥沙	特粗沙	
下河沿	1970~1986 年	0.690	0.243	0.116	0.057	1.106
	1987~1999 年	0.543	0.181	0.116	0.031	0.871
	2000~2012 年	0.261	0.093	0.049	0.019	0.422
青铜峡	1959~1968 年	1.070	0.323	0.181	0.107	1.681
	1969~1986 年	0.486	0.185	0.101	0.033	0.805
	1987~1999 年	0.481	0.218	0.161	0.037	0.897
	2000~2012 年	0.255	0.111	0.077	0.034	0.477
石嘴山	1966~1968 年	1.108	0.379	0.235	0.077	1.799
	1969~1986 年	0.565	0.220	0.135	0.066	0.986
	1987~1999 年	0.533	0.187	0.131	0.054	0.905
	2000~2012 年	0.307	0.127	0.097	0.068	0.599
巴彦高勒	1959~1968 年	1.184	0.401	0.224	0.069	1.878
	1969~1986 年	0.465	0.190	0.125	0.059	0.839
	1987~1999 年	0.379	0.158	0.118	0.046	0.701
	2000~2012 年	0.226	0.110	0.089	0.055	0.480
头道拐	1961~1968 年	1.280	0.492	0.266	0.059	2.097
	1969~1986 年	0.695	0.261	0.167	0.055	1.178
	1987~1999 年	0.281	0.076	0.064	0.022	0.443
	2000~2012 年	0.219	0.074	0.057	0.032	0.382

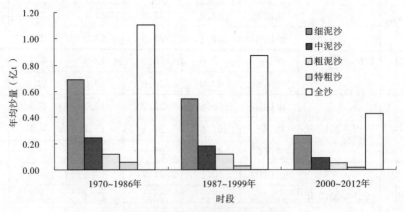

图 3-13　下河沿站不同时段分组沙量

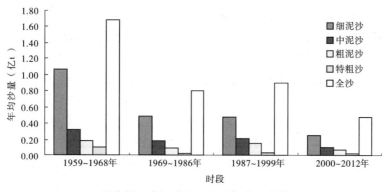

图 3-14　青铜峡站不同时段分组沙量

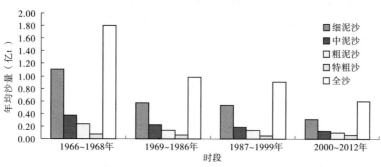

图 3-15　石嘴山站不同时段分组沙量

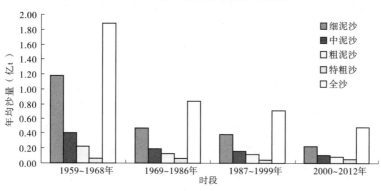

图 3-16　巴彦高勒站不同时段分组沙量

图 3-17　头道拐站不同时段分组沙量

(1)下河沿水文站 1970~1986 年细泥沙、中泥沙、粗泥沙、特粗沙量分别为 0.690 亿 t、0.243 亿 t、0.116 亿 t、0.057 亿 t(见表 3-10),较多年平均分别增加 34%、36%、21%、54%;1987~1999 年各组沙量分别为 0.543 亿 t、0.181 亿 t、0.116 亿 t、0.031 亿 t,细、中泥沙变化不大,粗泥沙增加 21%,特粗沙减少 16%;2000~2012 年各分组沙量显著减少,各分组沙量分别为 0.261 亿 t、0.093 亿 t、0.049 亿 t、0.019 亿 t,减幅在 48%~49%。

(2)青铜峡在水库运用之前的 1959~1968 年,细泥沙、中泥沙、粗泥沙和特粗沙的沙量分别为 1.070 亿 t、0.323 亿 t、0.181 亿 t、0.107 亿 t,较多年平均增加 97%~128%;1969~1986 年各分组沙均有所减少,减少幅度为 7%~30%,中泥沙减幅最小,特粗沙减幅最大;1987~1999 年,各分组沙量变化不一,细泥沙和特粗沙分别减少 9% 和 21%,中泥沙和粗泥沙增加 10% 和 31%;2000~2012 年各分组沙量普遍减少,分别为 0.255 亿 t、0.111 亿 t、0.077 亿 t、0.034 亿 t,减少幅度在 28%~52%,其中细泥沙减幅最大,特粗沙减幅最小。

(3)石嘴山在 1966~1968 年年均各分组沙量分别为 1.108 亿 t、0.379 亿 t、0.235 亿 t、0.077 亿 t,较多年平均分别偏多 113%、94%、81% 和 20%;1969~1986 年和 1987~1999 年各组沙量与多年平均相近;2000~2012 年除特粗沙外,各分组沙量显著减少,减少幅度为 25%~41%,特粗沙稍有增加,增幅为 6%。

(4)巴彦高勒不同时期各分组沙量变化与石嘴山相似,1959~1968 年偏多 21%~133%,1969~1986 年与多年平均相同;1987~1999 年和 2000~2012 年细泥沙、中泥沙、粗泥沙和特粗沙都减少,减幅分别为 10%~25% 和 4%~56%。

(5)头道拐站表现出不同的特点 1961~1968 年和 1969~1986 年各分组沙量都较大,分别较多年平均增加 44%~130% 和 25%~34%,其中 1969~1986 年细泥沙增幅较大;1987~1999 年和 2000~2012 年各分组沙量减少较多,减幅范围在 46%~50% 和 22%~63%,各分组沙减幅比较均匀。

进一步分析各站不同时期来沙中分组泥沙量占全沙的比例(见图 3-18~图 3-22 和表 3-11),下河沿各时期各分组泥沙占来沙的比例变化不大,而其他各站来沙组成均发生变化,以石嘴山为例,1966~1968 年细泥沙占来沙的比例为 61.6%,到 1969~1986 年下降到 57.3%,1987~1999 年细泥沙比例略有恢复,至 58.8%,2000~2012 年比例又降至 51.2%,可见细泥沙量占全沙比例自然降低。中泥沙在几个时期占全沙的比例为 20.6%~22.3%,变化不大;粗泥沙占全沙的比例由 1966~1968 年的 13.1% 增加到 1969~1986 年的 13.7%,1987 年之后增大到 14.5%,2000~2012 年增大到 16.2%,变化也不大;特粗沙占全沙比例有所增加,由 1966~1968 年的 4.3% 增加到 1969~1999 年的 6%~6.7%,到 2000~2012 年进一步增大到 11.4%。同样头道拐站各分组沙占全沙的比例也有相似变化特点,1961~1968 年和 1987~1999 年细泥沙占全沙比例较高,分别为 61% 和 63.3%,其他两个时段比例都低于 60%,其中到 2000~2012 年仅 57.3%;中泥沙占全沙的比例有所减少,由 1961~1968 年的 23.5% 下降到 19.3%;粗泥沙和特粗沙占全沙比例有所增加,分别从 12.7% 增加到 15% 和从 2.8% 增加到 8.5%,特粗沙占全沙比例增加较大。

整体来看,宁蒙河道泥沙组成随时间变化特点为细泥沙占全沙比例有所减少,中泥沙变化不大,但是粗泥沙、特别是特粗沙占全沙比例增大。

表 3-11　干流主要水文站不同时段年均分组沙占全沙比例

水文站	时段	分组泥沙量占全沙比例（%）			
		细泥沙	中泥沙	粗泥沙	特粗沙
下河沿	1970～1986 年	62.4	22.0	10.5	5.1
	1987～1999 年	62.4	20.7	13.4	3.5
	2000～2012 年	61.8	22.0	11.6	4.6
青铜峡	1959～1968 年	63.6	19.2	10.8	6.4
	1969～1986 年	60.4	23.0	12.6	4.1
	1987～1999 年	53.6	24.3	18.0	4.2
	2000～2012 年	53.6	23.3	16.1	7.1
石嘴山	1966～1968 年	61.6	21.0	13.1	4.3
	1969～1986 年	57.3	22.3	13.7	6.7
	1987～1999 年	58.8	20.6	14.5	6.0
	2000～2012 年	51.2	21.2	16.2	11.4
巴彦高勒	1959～1968 年	63.1	21.3	11.9	3.7
	1969～1986 年	55.4	22.6	14.9	7.0
	1987～1999 年	54.0	22.5	16.8	6.6
	2000～2012 年	47.1	23.0	18.5	11.5
头道拐	1961～1968 年	61.0	23.5	12.7	2.8
	1969～1986 年	59.0	22.2	14.2	4.6
	1987～1999 年	63.3	17.2	14.5	4.9
	2000～2012 年	57.3	19.3	15.0	8.5

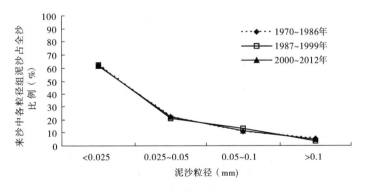

图 3-18　下河沿站不同时段分组泥沙占全沙比例

2. 年内分组沙量变化

与全年变化相同，宁蒙河段各站不同时段汛期和非汛期的来沙量也差别较大，分组泥

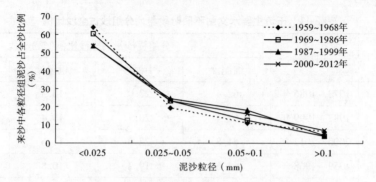

图 3-19　青铜峡站不同时段分组泥沙占全沙比例

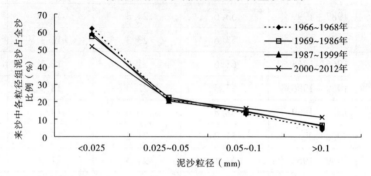

图 3-20　石嘴山站不同时段分组泥沙占全沙比例

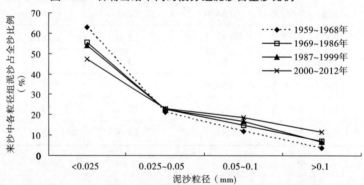

图 3-21　巴彦高勒站不同时段分组泥沙占全沙比例

沙组成也相应发生变化。由汛期各站分组沙量(见表 3-12)可以看到,与水库运用之前相比,汛期细泥沙、中泥沙、粗泥沙和特粗沙均有不同程度的减少,从不同时期来看,2000 ~ 2012 年减幅最大。

(1)下河沿站 1970 ~ 1986 年各组沙量汛期都较多年平均增加,增幅在 24% ~ 52% ; 1987 ~ 1999 年细、中泥沙与多年平均相近,粗泥沙增加 22% ,特粗沙减少 19% ;2000 ~ 2012 年各组泥沙均匀减少,减幅在 48% ~ 54% 。

(2)青铜峡站 1959 ~ 1968 年汛期沙量较大,各组沙量分别为 0.959 亿 t、0.300 亿 t、0.168 亿 t、0.085 亿 t,较多年平均增多 49% ~ 113% ;1969 ~ 1986 年各分组沙开始减少,不过减幅不大,在 5% ~ 25% ,其中粗泥沙,特粗沙减幅稍大;1987 ~ 1999 年各分组沙变化

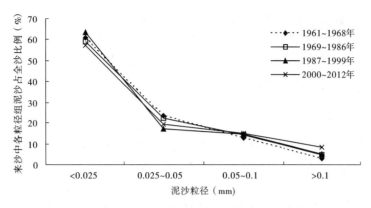

图 3-22　头道拐站不同时段分组泥沙占全沙比例

不同,细泥沙和特粗沙减少 10% 和 25%,中泥沙和粗泥沙增加 8% 和 28%;2000~2012 年各分组沙普遍减少,减幅为 23%~54%,其中特粗沙减幅最小,细泥沙减幅最大。

表 3-12　干流主要水文站不同时段汛期年均分组沙量

水文站	时段	分组泥沙量(亿 t)				全沙 (亿 t)
		细泥沙	中泥沙	粗泥沙	特粗沙	
下河沿	1970~1986 年	0.582	0.207	0.094	0.041	0.924
	1987~1999 年	0.434	0.145	0.093	0.022	0.694
	2000~2012 年	0.196	0.068	0.035	0.014	0.313
青铜峡	1959~1968 年	0.959	0.300	0.168	0.085	1.512
	1969~1986 年	0.432	0.172	0.092	0.030	0.726
	1987~1999 年	0.419	0.196	0.145	0.030	0.790
	2000~2012 年	0.215	0.098	0.070	0.031	0.414
石嘴山	1966~1968 年	0.929	0.290	0.155	0.036	1.410
	1969~1986 年	0.462	0.154	0.083	0.025	0.724
	1987~1999 年	0.398	0.113	0.084	0.019	0.614
	2000~2012 年	0.213	0.068	0.048	0.031	0.360
巴彦高勒	1959~1968 年	1.013	0.333	0.182	0.053	1.581
	1969~1986 年	0.384	0.141	0.084	0.028	0.637
	1987~1999 年	0.267	0.084	0.067	0.015	0.433
	2000~2012 年	0.141	0.054	0.039	0.021	0.255
头道拐	1961~1968 年	1.015	0.411	0.213	0.034	1.673
	1969~1986 年	0.561	0.209	0.127	0.039	0.936
	1987~1999 年	0.186	0.046	0.039	0.009	0.280
	2000~2012 年	0.132	0.044	0.033	0.017	0.226

（3）石嘴山站在 1966～1968 年汛期细泥沙、中泥沙、粗泥沙和特粗沙沙量分别为 0.929 亿 t、0.290 亿 t、0.155 亿 t、0.036 亿 t，较多年平均偏多 38%～130%；1969～1986 年与多年平均基本相同；1987～1999 年特粗沙减少 27%，其他分组沙与多年平均相比变化不大；2000～2012 年，除特粗沙增加 19% 外，其他分组沙显著减少，减幅为 38%～47%。

（4）巴彦高勒站 1961～1968 年各分组沙量分别为 1.013 亿 t、0.333 亿 t、0.182 亿 t、0.053 亿 t，较多年平均增幅为 96%～151%，细泥沙偏多最多；1969～1986 年与多年平均相似；1987～1999 年各分组沙量减幅均匀，为 22%～44%；2000～2012 年减幅更大，达 22%～65%，细泥沙减幅最大。

（5）与其他几个站相比，头道拐站汛期分组沙量各时期变化特点鲜明，1987 年之前两个时段各分组沙量都较大，其中 1961～1986 年细、中、粗、特粗泥沙量分别为 1.015 亿 t、0.411 亿 t、0.213 亿 t、0.034 亿 t，较多年平均偏多 30%～163%，细、中粗沙偏多较多，特粗沙偏多较少；1969～1986 年汛期各分组沙偏多程度降低至 32%～56%；1987 年后汛期各分组沙量都明显减少，两时期差别不大，减幅在 32%～72%，各分组沙量减幅也比较均匀。

从汛期宁蒙河段各站不同时段分组沙占全沙比例来看（见表 3-13），汛期下河沿站不同时段各分组沙占全沙比例相差不大。从细泥沙占全沙比例来看，除头道拐站 1987～1999 年细泥沙占全沙比例有所增大外，其他时段以及青铜峡站、石嘴山站细泥沙占全沙比例都是减小的，中泥沙青铜峡站在 1968 年刘家峡水库运用之后至 1986 年有所增大，石嘴山、头道拐站与 1986 年之前相比都是减少的。粗泥沙和特粗沙占全沙比例都是增大的，青铜峡站粗泥沙占全沙比例由 1959～1968 年的 11.1% 增加到 2000～2012 年的 16.8%，特粗沙由 5.7% 增加到 2000～2012 年的 7.6%；石嘴山站在 1966～1968 年粗泥沙占全沙比例为 11.0%，而到 2000～2012 年增大到 13.3%，特粗沙由 2.6% 增加到 8.6%，头道拐站粗沙和特粗沙分别由 1961～1968 年的 12.7%、2.0% 增加到 2000～2012 年的 14.6% 和 7.7%。可见对于汛期，各站基本上是细泥沙占全沙比例有所减少，而粗泥沙占全沙比例增大。

表 3-13　干流主要水文站不同时段汛期分组沙量占全沙比例

水文站	时段	分组泥沙量占全沙比例（%）			
		细泥沙	中泥沙	粗泥沙	特粗沙
下河沿	1970～1986 年	63.0	22.4	10.1	4.5
	1987～1999 年	62.5	20.9	13.4	3.2
	2000～2012 年	62.6	21.7	11.3	4.4
青铜峡	1959～1968 年	63.4	19.8	11.1	5.7
	1969～1986 年	59.5	23.6	12.7	4.2
	1987～1999 年	53.0	24.8	18.4	3.8
	2000～2012 年	52.0	23.6	16.8	7.6

续表 3-13

水文站	时段	分组泥沙量占全沙比例(%)			
		细泥沙	中泥沙	粗泥沙	特粗沙
石嘴山	1966~1968 年	65.8	20.6	11.0	2.6
	1969~1986 年	63.9	21.3	11.4	3.4
	1987~1999 年	64.7	18.4	13.7	3.2
	2000~2012 年	59.2	18.9	13.3	8.6
巴彦高勒	1959~1968 年	64.1	21.1	11.5	3.3
	1969~1986 年	60.3	22.2	13.2	4.3
	1987~1999 年	61.7	19.4	15.5	3.4
	2000~2012 年	55.3	21.2	15.3	8.2
头道拐	1961~1968 年	60.7	24.6	12.7	2.0
	1969~1986 年	59.9	22.3	13.6	4.2
	1987~1999 年	66.4	16.4	13.9	3.2
	2000~2012 年	58.5	19.2	14.6	7.7

非汛期来沙量较少,不同时段分组沙量的变化量值也小,现有特点与汛期相同,1969年前偏多较多;1969~1986 年与多年平均基本相近;1987~1999 年除头道拐站各分组沙量偏少外,其他站与多年平均近似或稍偏多;2000~2012 年各站各分组沙量都明显减少,其中下河沿站各分组沙量减幅相近,青铜峡站特粗沙减幅达 71%,石嘴山站、巴彦高勒站和头道拐站细泥沙减幅较大(见表 3-14)。

表 3-14　干流主要水文站不同时段非汛期分组沙量

水文站	时段	分组泥沙量(亿 t)				全沙 (亿 t)
		细泥沙	中泥沙	粗泥沙	特粗沙	
下河沿	1970~1986 年	0.108	0.036	0.023	0.015	0.182
	1987~1999 年	0.109	0.035	0.023	0.008	0.175
	2000~2012 年	0.064	0.025	0.013	0.006	0.108
青铜峡	1959~1968 年	0.112	0.023	0.013	0.022	0.170
	1969~1986 年	0.053	0.013	0.009	0.003	0.078
	1987~1999 年	0.061	0.021	0.016	0.007	0.105
	2000~2012 年	0.039	0.013	0.007	0.002	0.061

续表 3-14

水文站	时段	分组泥沙量(亿 t)				全沙(亿 t)
		细泥沙	中泥沙	粗泥沙	特粗沙	
石嘴山	1966～1968 年	0.179	0.088	0.080	0.041	0.388
	1969～1986 年	0.103	0.066	0.053	0.042	0.264
	1987～1999 年	0.135	0.074	0.047	0.035	0.291
	2000～2012 年	0.093	0.059	0.049	0.037	0.238
巴彦高勒	1959～1968 年	0.171	0.068	0.042	0.017	0.298
	1969～1986 年	0.081	0.049	0.041	0.031	0.202
	1987～1999 年	0.112	0.074	0.051	0.032	0.269
	2000～2012 年	0.085	0.057	0.049	0.034	0.225
头道拐	1961～1968 年	0.265	0.081	0.053	0.024	0.423
	1969～1986 年	0.134	0.051	0.040	0.016	0.241
	1987～1999 年	0.095	0.030	0.025	0.013	0.163
	2000～2012 年	0.087	0.030	0.024	0.015	0.156

　　下河沿站 1987～1999 年细泥沙和中泥沙、粗泥沙占全沙比例有所增大,而特粗沙占全沙比例减少;2000～2012 年,细泥沙、粗泥沙变化不大,中泥沙是增大的,占全沙比例由 1970～1986 年的 19.8% 增大到 2000～2012 年的 23.0%,特粗沙占全沙比例减少到 5.1%。青铜峡站各时期细泥沙占全沙比例变化不大,中泥沙占全沙比例有所增大,由 1959～1968 年的 13.5% 增大到 2000～2012 年的 21.1%,粗泥沙也有所增加,而特粗沙占全沙比例有所减小(见表 3-15)。石嘴山、头道拐站非汛期细泥沙占全沙比例均有所减小,中泥沙变化不大,特粗沙占全沙比例均有所增大。

　　综合分析宁蒙河段各站汛期、非汛期不同时段分组沙量的变化可知,1986 年以来汛期和非汛期沙量都有所减少,分组沙也相应减少,特别是 2000～2012 年减幅最大,但是不同时段减幅最大和最小的分组有所不同。从汛期、非汛期各分组沙占全沙比例来看,汛期各站基本上是细泥沙占全沙比例有所减少,中泥沙占全沙比例变化不大,而粗泥沙占全沙比例有所增大。对于非汛期,分组沙占全沙比例,最突出的特点就是内蒙古河段水文站特粗沙比例都是增大的,而宁夏下河沿、青铜峡站特粗沙占全沙的比例都是减少的。

3.3.1.3　泥沙粒径变化过程

　　用中值粒径 d_{50} 表征泥沙粗细的特征值。所谓中值粒径 d_{50},即为大于和小于某粒径的沙重正好相等的粒径,是在一定程度上反映泥沙粗细的特征值。表 3-16 为宁蒙河段各站不同时段全年、汛期、非汛期的中值粒径值。

　　下河沿站各时段的中值粒径值变化不大,全年、汛期在 0.017～0.018 mm,三个时期中值粒径比较稳定;非汛期中值粒径略大于汛期,且由 1970～1986 年的 0.020 mm 增大到 0.022 mm,稍有增大。

表 3-15　干流主要水文站不同时段非汛期分组沙量占全沙比例

水文站	时段	分组泥沙量占全沙比例（%）			
		细泥沙	中泥沙	粗泥沙	特粗沙
下河沿	1970~1986 年	59.4	19.8	12.6	8.2
	1987~1999 年	62.0	20.0	13.2	4.8
	2000~2012 年	59.5	23.0	12.4	5.1
青铜峡	1959~1968 年	65.9	13.5	7.7	12.9
	1969~1986 年	67.9	16.7	11.6	3.8
	1987~1999 年	58.1	20.2	15.2	6.7
	2000~2012 年	64.1	21.1	11.4	3.4
石嘴山	1966~1968 年	46.1	22.7	20.6	10.6
	1969~1986 年	39.1	25.2	20.0	15.7
	1987~1999 年	46.5	25.3	16.2	12.0
	2000~2012 年	39.2	24.7	20.6	15.5
巴彦高勒	1959~1968 年	57.4	22.8	14.1	5.7
	1969~1986 年	40.1	24.0	20.4	15.5
	1987~1999 年	41.6	27.5	19.1	11.8
	2000~2012 年	37.8	25.1	22.0	15.1
头道拐	1961~1968 年	62.7	19.1	12.5	5.7
	1969~1986 年	55.7	21.4	16.4	6.5
	1987~1999 年	58.3	18.4	15.3	8.0
	2000~2012 年	55.6	19.3	15.5	9.6

表 3-16　主要水文站不同时段中值粒径

水文站	时段	中值粒径（mm）		
		非汛期	汛期	全年
下河沿	1970~1986 年	0.020	0.018	0.018
	1987~1999 年	0.017	0.017	0.017
	2000~2012 年	0.022	0.017	0.018
青铜峡	1959~1968 年	0.018	0.019	0.020
	1969~1986 年	0.018	0.020	0.019
	1987~1999 年	0.019	0.022	0.021
	2000~2012 年	0.018	0.025	0.024

续表 3-16

水文站	时段	中值粒径（mm）		
		非汛期	汛期	全年
石嘴山	1966～1968 年	0.033	0.014	0.017
	1969～1986 年	0.035	0.019	0.021
	1987～1999 年	0.028	0.015	0.019
	2000～2012 年	0.037	0.019	0.026
巴彦高勒	1960～1968 年	0.022	0.019	0.020
	1969～1986 年	0.034	0.020	0.022
	1987～1999 年	0.033	0.018	0.021
	2000～2012 年	0.038	0.022	0.029
头道拐	1961～1968 年	0.016	0.018	0.018
	1969～1986 年	0.021	0.018	0.019
	1987～1999 年	0.019	0.012	0.014
	2000～2012 年	0.021	0.017	0.018

青铜峡站全年中值粒径在 1959～1968 年为 0.020 mm，1969～1986 年中值粒径减少到 0.019 mm，到 2000～2012 年，中值粒径增大到 0.024 mm。青铜峡站中值粒径增加主要反映在汛期，汛期中值粒径由 1959～1968 年的 0.019 mm 增大到 2000～2012 年的 0.025 mm；而该站非汛期中值粒径变化不大。

从石嘴山站不同时段中值粒径变化情况来看，石嘴山站全年在水库运用之前的 1966～1968 年中值粒径为 0.017 mm，到 1969～1986 年中值粒径增大到 0.021 mm，到 2000～2012 年中值粒径增大到 0.026 mm；从年内来看，非汛期和汛期中值粒径都是增大的。

头道拐站为宁蒙河道的出口控制站，经过长河段的调整之后，泥沙中值粒径变化不大。

点绘宁蒙河道各站逐年、汛期、非汛期中值粒径的变化过程（见图 3-23～图 3-25）可以看到，下河沿、青铜峡、石嘴山和头道拐站中值粒径从 20 世纪 70 年代即开始变小，除个别年份外，基本上都是呈减小的趋势；20 世纪 80～90 年代，泥沙粒径有增大趋势，90 年代泥沙粒径又有所减少，到 2003 年之后，泥沙粒径有明显增大的趋势。

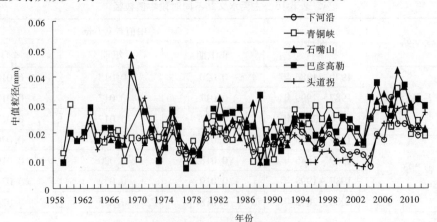

图 3-23　主要水文站年中值粒径 d_{50} 变化过程

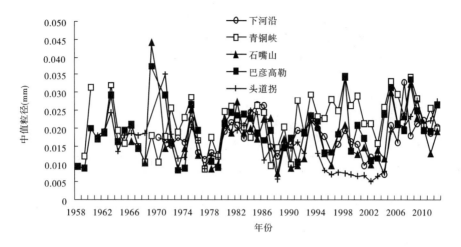

图 3-24　主要水文站汛期中值粒径 d_{50} 变化过程

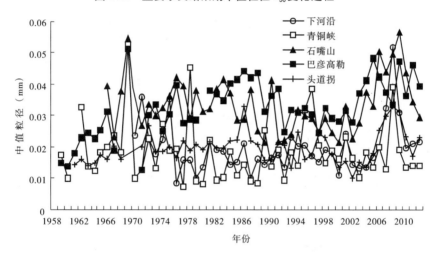

图 3-25　主要水文站非汛期中值粒径 d_{50} 变化过程

3.3.1.4　分组沙量与全沙沙量的关系

由于宁蒙河道来沙主要集中在汛期,因此点绘下河沿、青铜峡、石嘴山、巴彦高勒、头道拐五个站长系列汛期分组沙量与全沙沙量的相关关系(见图 3-26 ~ 图 3-30),可以看出各时期的点子基本掺混在一起,没有明显的分化现象,说明宁蒙河道干流在相同来沙条件下,泥沙组成规律并没有发生明显的趋势性变化。各分组沙量与全沙沙量的关系都呈正相关关系,即各分组沙量随着全沙沙量的增多而增多,中泥沙变化不大,粗泥沙增幅越来越大。在各分组沙中,细泥沙、中泥沙与全沙的关系很好,点群分布比较集中,点群带比较窄;而粗泥沙由于量级较小,与全沙的关系较散乱,尤其是在沙量较大时,粗泥沙变化幅度很大。

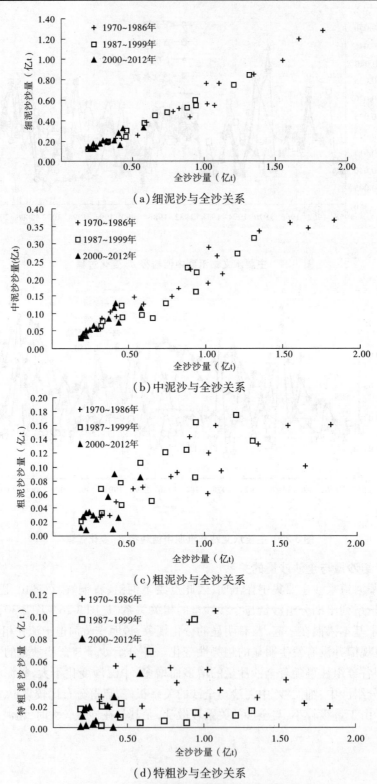

（a）细泥沙与全沙关系

（b）中泥沙与全沙关系

（c）粗泥沙与全沙关系

（d）特粗沙与全沙关系

图 3-26　下河沿站汛期分组沙量与全沙沙量关系

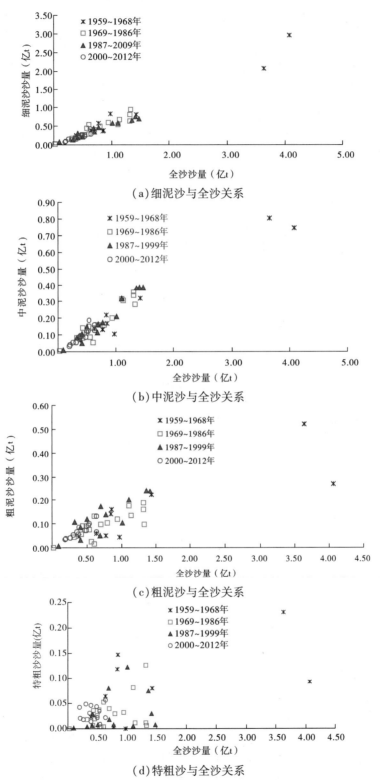

（a）细泥沙与全沙关系

（b）中泥沙与全沙关系

（c）粗泥沙与全沙关系

（d）特粗沙与全沙关系

图 3-27　青铜峡站汛期分组沙量与全沙沙量关系

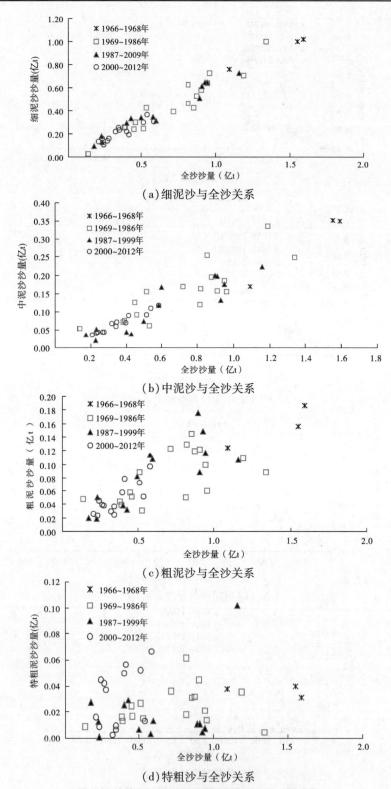

（a）细泥沙与全沙关系

（b）中泥沙与全沙关系

（c）粗泥沙与全沙关系

（d）特粗沙与全沙关系

图 3-28　石嘴山站汛期分组沙量与全沙沙量关系

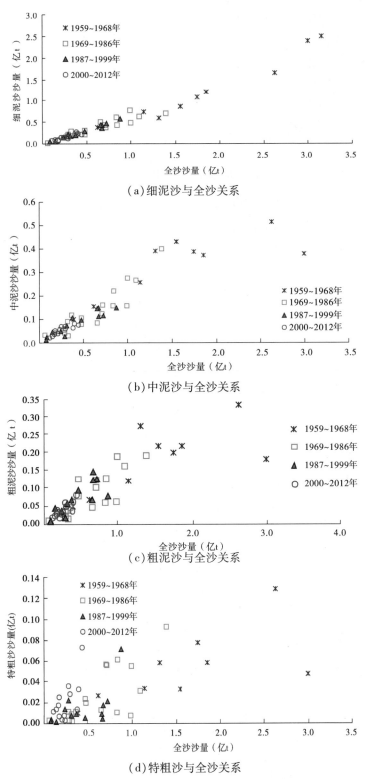

（a）细泥沙与全沙关系

（b）中泥沙与全沙关系

（c）粗泥沙与全沙关系

（d）特粗沙与全沙关系

图 3-29　巴彦高勒站汛期分组沙量与全沙沙量关系

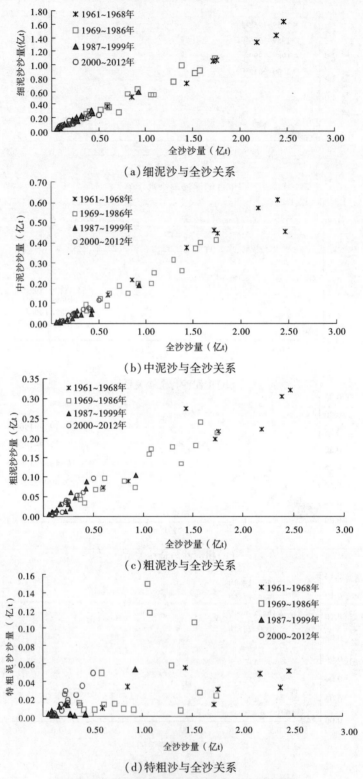

（a）细泥沙与全沙关系

（b）中泥沙与全沙关系

（c）粗泥沙与全沙关系

（d）特粗沙与全沙关系

图3-30　头道拐站汛期分组沙量与全沙沙量关系

3.3.2 悬移质泥沙沿程变化特点

3.3.2.1 中值粒径沿程变化

从宁蒙河道各站逐年的中值粒径变化过程(见图3-23)可以看出,各站逐年中值粒径的沿程起伏变化趋势基本上相同,尤其是近期这一现象特别明显;并且下河沿站和头道拐站泥沙中值粒径较细,青铜峡、石嘴山、巴彦高勒站由于支流加沙及水库降低水位排沙,泥沙中值粒径相对较粗。如1998年,下河沿水文站的中值粒径为0.019 mm,青铜峡水文站的中值粒径为0.030 mm,石嘴山水文站的中值粒径为0.025 mm,巴彦高勒水文站的中值粒径值为0.022 mm,而经过沿程长河段的调整之后,头道拐水文站的中值粒径值仅为0.013 mm,可见中间几个站的泥沙中值粒径相对较粗,宁蒙河道进口、出口断面的中值粒径相对较细。从宁蒙河道年内中值粒径沿程的变化特点来看,汛期各站中值粒径基本上和全年变化趋势相同;而非汛期除具有和全年粒径变化相同的特点外,石嘴山站和巴彦高勒站非汛期的中值粒径明显大于汛期和全年,说明石嘴山、巴彦高勒站的非汛期泥沙较粗。

对比相同时期各水文站泥沙中值粒径的变化(见图3-31~图3-33、表3-17)可以看到,对于全年各站的中值粒径,沿程有先增大后减小的趋势,如2000~2012年,下河沿中

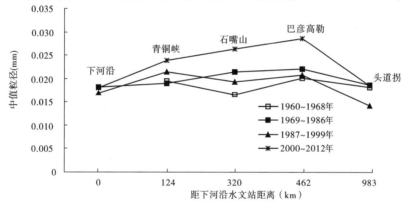

图 3-31　不同时期主要水文站年中值粒径沿程变化

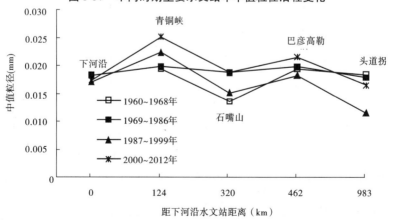

图 3-32　不同时期主要水文站汛期中值粒径沿程变化

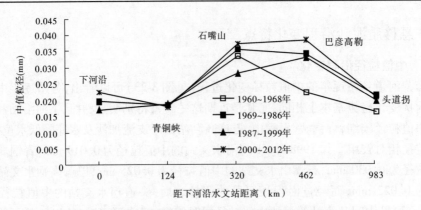

图 3-33　不同时期主要水文站非汛期中值粒径沿程变化

表 3-17　主要水文站同一时期中值粒径

时段	水文站	中值粒径（mm）		
		非汛期	汛期	运用年
1960～1968 年	下河沿			
	青铜峡	0.018	0.019	0.020
	石嘴山	0.033	0.014	0.017
	巴彦高勒	0.022	0.019	0.020
	头道拐	0.016	0.018	0.018
1969～1986 年	下河沿	0.020	0.018	0.018
	青铜峡	0.018	0.020	0.019
	石嘴山	0.035	0.019	0.021
	巴彦高勒	0.034	0.020	0.022
	头道拐	0.021	0.018	0.019
1987～1999 年	下河沿	0.017	0.017	0.017
	青铜峡	0.019	0.022	0.021
	石嘴山	0.028	0.015	0.019
	巴彦高勒	0.033	0.018	0.021
	头道拐	0.019	0.012	0.014
2000～2012 年	下河沿	0.022	0.017	0.018
	青铜峡	0.018	0.025	0.024
	石嘴山	0.037	0.019	0.026
	巴彦高勒	0.038	0.022	0.029
	头道拐	0.021	0.017	0.018

值粒径为 0.018 mm,到青铜峡增大到 0.024 mm,石嘴山中值粒径增大到 0.026 mm,到巴彦高勒又进一步增大到 0.029 mm,到头道拐站中值粒径又有所减小,减小到 0.018 mm。由汛期宁蒙河道泥沙中值粒径的变化可以看到,泥沙粒径沿程有增大 – 减小 – 增大 – 减小的交替变化过程,以枯水枯沙的 1987~1999 年时段来说,下河沿中值粒径为 0.017 mm,到青铜峡增大为 0.022 mm,在石嘴山又减小为 0.015 mm,至巴彦高勒又增大到 0.018 mm,头道拐站经过长时段的冲淤调整之后,中值粒径最小,为 0.012 mm。对于非汛期来说,石嘴山、巴彦高勒泥沙中值粒径较粗,头道拐站较小,以 2000~2012 年为例,非汛期下河沿站泥沙中值粒径为 0.022 mm,青铜峡站有所减小,为 0.018 mm,石嘴山和巴彦高勒泥沙中值粒径又有所增大,分别达到 0.037 mm 和 0.038 mm,头道拐为 0.021 mm。

3.3.2.2　泥沙组成沿程变化

由前述宁蒙河道各站运用年沿程分组泥沙量占全沙比例,可以看出,宁蒙河道在 1960~1968 年沿程各分组沙量占全沙的比例有所变化,但变化不大。而在 1969~1986 年,细泥沙占全沙比例沿程是减小的,中泥沙占全沙比例变化不大,而粗泥沙和特粗沙的比例是沿程增大的,尤其是石嘴山、巴彦高勒的泥沙较粗;如粗泥沙占全沙的比例在下河沿为 10.5%,青铜峡增大到 12.6%,石嘴山为 13.7%,巴彦高勒进一步增大到 14.9%,头道拐站为 14.2%;特粗沙占全沙的比例下河沿、青铜峡为 4.0%~5.0%,到石嘴山、巴彦高勒增大到 6.7%~7.0%,头道拐水文站略有减小,为 4.6%。1987~1999 年和 2000~2012 年各站分组泥沙沿程变化特点与 1969~1986 年基本相同。

由表 3-13 知,除 2000~2012 年汛期分组沙量占全沙比例变化较大外,其他各时期分组沙量占全沙的比例基本变化不大。2000~2012 年,特粗沙占全沙比例沿程明显增大,下河沿比例为 4.4%,青铜峡比例增大 7.6%,石嘴山和巴彦高勒分别增大到 8.6% 和 8.2%,头道拐站略有减小。

由表 3-15 可以看出,非汛期各时期泥沙沿程变化基本上都具有相同的特点,即沿程细泥沙有所减少,中泥沙略有增加,粗泥沙和特粗沙比例增加最大,尤其是石嘴山和巴彦高勒这两个站最为明显。以 2000~2012 年为例,细泥沙占全沙的比例下河沿、青铜峡较高,为 59.5% 和 64.1%,石嘴山和巴彦高勒降低到 39.2% 和 37.8%,头道拐细泥沙比例又有所恢复,为 55.6%;下河沿、青铜峡中泥沙量占全沙的比例为 23% 和 21.1%,石嘴山和巴彦高勒略有增大,分别为 24.7% 和 25.1%,头道拐减小到 19.3%;下河沿、青铜峡粗泥沙占全沙比例为 12.4% 和 11.4%,石嘴山、巴彦高勒粗泥沙比例增大到 20.6% 和 22%,头道拐减少到 15.5%;特粗沙从下河沿、青铜峡的 5.1% 和 3.4%,增大到石嘴山和巴彦高勒的 15.5% 和 15.1%,头道拐特粗沙占全沙比例略有减少,为 9.6%。

3.3.3　床沙质泥沙级配特征及粗细沙分界粒径的确定

3.3.3.1　实测河床泥沙组成情况

宁蒙河道床沙观测资料非常少,仅 20 世纪 80 年代在石嘴山、巴彦高勒和头道拐曾进行过观测。鉴于床沙资料的特殊性,若代表性较好须有长系列、连续的定位观测,因此宁蒙河道的床沙资料远未能够满足研究需要。本次根据收集的资料,对宁蒙河道床沙组成特点进行初步探讨。

由宁蒙河道和黄河下游典型年份典型站的床沙级配(见图3-34)可以看到,宁蒙河道床沙中值粒径范围在 0.093 ~ 0.245 mm,而黄河下游的床沙中值粒径范围为 0.045 ~ 0.065 mm。宁蒙河道上、中段的石嘴山和巴彦高勒床沙中几乎全是特粗沙,特粗沙比例大于黄河下游,说明宁蒙河道的床沙明显偏粗。同时可以看到,除石嘴山和巴彦高勒床沙组成偏粗外,床沙级配相对均匀,但头道拐断面的级配与花园口和艾山的相似。

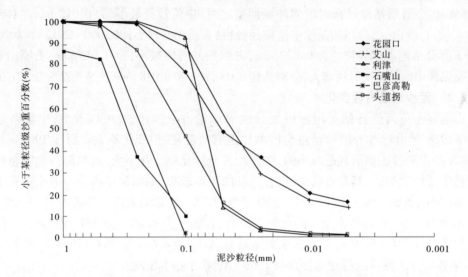

图 3-34　宁蒙河道和黄河下游河道床沙级配对比

2014 年汛后,对宁蒙河道各水文站进行了比较系统的床沙取样观测,取样时段含沙量很低,均小于 5 kg/m³,各站流量在 320 ~ 1 350 m³/s。观测的各水文站的床沙级配曲线见图3-35;进而可得到各次观测级配的中值粒径,见表3-18。由图表可见,2014 年观测的宁蒙河道床沙中值粒径在 0.029 ~ 1.950 mm,除个别组次粒径偏细外,普遍较粗,大部分在 0.1 mm 以上。

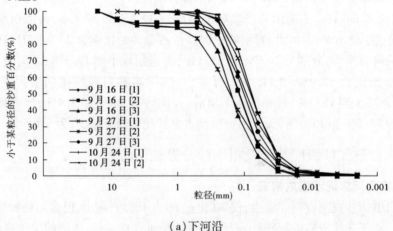

(a)下河沿

图 3-35　各水文站 2014 年床沙组成

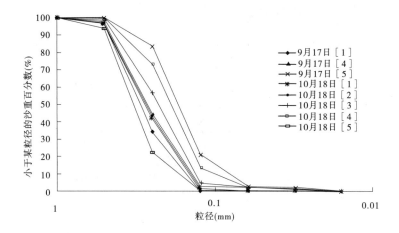

（b）石嘴山

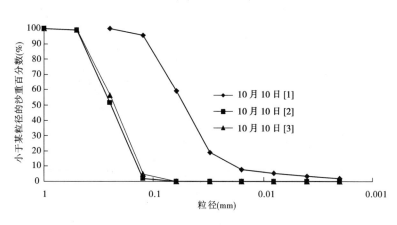

（c）磴口

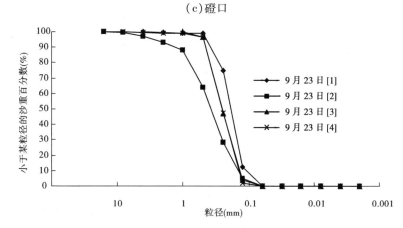

（d）巴彦高勒

续图 3-35

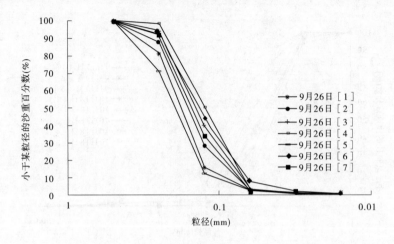

(e)三湖河口

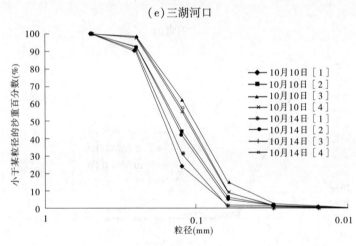

(f)包头

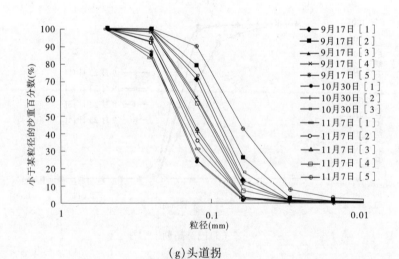

(g)头道拐

续图 3-35

表 3-18　宁蒙河道水文站河床质泥沙粒径情况　　　　　（单位:mm）

水文站	2014 年观测床沙中值粒径	2014 年观测床沙中小于 10% 对应的粒径
下河沿	0.076 ~ 0.240	0.06 ~ 0.07
石嘴山	0.053 ~ 1.950	0.06 ~ 0.11
磴口	0.054 ~ 0.246	0.10 ~ 0.11
巴彦高勒	0.179 ~ 0.380	0.10 ~ 0.11
三湖河口	0.032 ~ 0.201	0.06 ~ 0.07
包头	0.029 ~ 0.162	0.06 ~ 0.07
头道拐	0.051 ~ 0.168	0.05 ~ 0.06
范围	0.029 ~ 1.950	0.05 ~ 0.11

3.3.3.2　粗细沙分界粒径

粗细沙分开,有着鲜明的生产实用意义。因为从实测资料来看,河道淤积物中大多数是大于某一粒径的泥沙,也就是说,造成河道淤积的是比这一粒径粗的泥沙,如果能减少这部分泥沙,减少河道淤积的效果非常显著。

1. 由床沙观测资料确定粗细泥沙分界粒径

从实际勘测的河床组成能比较清楚地找到这一粒径,一般以小于 10% 对应的某粒径组的泥沙为粗沙。这一粒径不是固定的,是与水沙及河床状况紧密相关的,但是长时期基本上处于一定范围。从 1981 年观测的黄河下游各站的床沙组成来看(见图 3-36),在0.02 ~ 0.06 mm。利用系统观测的 2014 年宁蒙河道各水文站的床沙级配(见图 3-35、表 3-18),可看到宁蒙河道在 0.05 ~ 0.11 mm,比黄河下游偏粗。

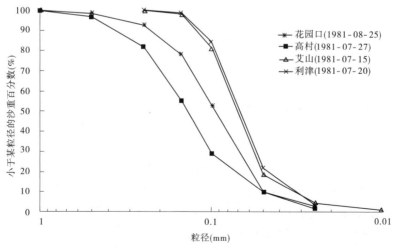

图 3-36　黄河下游河道床沙组成

2. 粗细泥沙临界粒径理论判析

从泥沙运动理论来解释[1],分界粒径为分开河床中水流可直接输送的泥沙与参与河床悬沙交换的泥沙的粒径,基于非均匀沙不平衡输沙的研究成果,可计算悬沙中粗、细泥沙的分界沉速 $\omega_{1.1}^*$

$$\omega_{1.1}^* = \left(\sum \frac{P_{1.k.1} S^*(k)}{P_1 S^*(\omega_{1.1}^*)} \omega_k^m \right)^{1/m} \tag{3-1}$$

式中:P_1 为可悬百分比,指床沙中与悬沙级配相应部分(可悬部分)的累积百分比(%);$S^*(k)$、$P_{1.k.1}$ 为床沙中可悬的各粒径分组挟沙力与其相应的百分比(%);ω_k 为各粒径组相应的沉速,cm/s;k 为粒径分组号。

选用实测资料齐全的石嘴山、巴彦高勒、头道拐三个水文站 20 世纪 80 年代和 2014 年观测的资料,实测资料流量在 236 ~ 4 870 m³/s,含沙量在 0.92 ~ 17.7 kg/m³(见表 3-19)。计算结果表明,石嘴山的分界粒径为 0.008 ~ 0.191 mm,巴彦高勒的分界粒径为 0.047 ~ 0.215 mm,头道拐的分界粒径为 0.040 ~ 0.148 mm。总体上,巴彦高勒的分界粒径最粗,石嘴山次之,头道拐最细。同时计算了中游龙门及黄河下游水文站分界粒径(见表 3-19),表明计算结果还是比较合理的,反映了黄河各河段不同水流、河床条件下泥沙颗粒的运动特点,龙门分界粒径较粗,黄河下游较细,在 0.03 ~ 0.07 mm。

表 3-19 黄河水文站分界粒径计算成果

水文站	时间 (年-月-日)	流量 (m³/s)	含沙量 (kg/m³)	分界粒径 (mm)
石嘴山	1981 ~ 1988 年、2014 年	285 ~ 3 240	1.79 ~ 13.9	0.008 ~ 0.191
巴彦高勒	1981 ~ 1988 年、2014 年	346 ~ 3 630	0.92 ~ 17.7	0.047 ~ 0.215
头道拐	1981 ~ 1987 年、2014 年	236 ~ 4 870	0.93 ~ 11.5	0.040 ~ 0.148
龙门	1977-07-07	2 900	483	0.090
花园口	1983-07-22	3 740	23.2	0.063
高村	1973-09-24	1 770	36.6	0.064
孙口	1973-09-25	1 660	33.3	0.066
艾山	1973-09-05	3 000	200	0.032
利津	1981-07-18	1 940	52.1	0.036

为分析计算分界粒径的集中范围,将所有分界粒径进行了频率计算(见图 3-37),可见石嘴山没有频率段比较高的粒径范围,各分界粒径出现频率比较均匀;巴彦高勒最集中(出现频率较高)的粒径范围在 0.07 ~ 0.10 mm,占到整个粒径组次的约 30%;头道拐相应为 0.07 ~ 0.09 mm,占到总组次的 25%。把三个站的分界粒径放在一起计算频率,在 0.07 ~ 0.10 mm 的频次比较高,占到总组次的 37%。

综合来看,黄河上游粗沙粒径较黄河下游粗,为 0.07 ~ 0.10 mm。

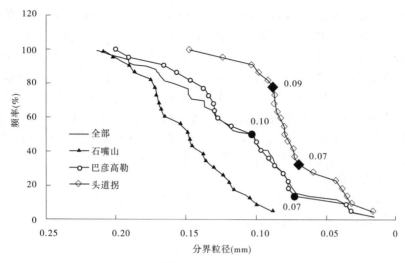

图 3-37　宁蒙河段河道分界粒径出现频率

3.4　实测径流泥沙系列周期规律

3.4.1　小波分析方法

3.4.1.1　小波分析方法及在水文学中的应用

在对水文时间序列的分析中,常常采用时域和频域两种基本形式[2]。时域分析是从时间域上描述水文序列,具有时间定位能力。1822 年 Fourier 提出的频域分析方法——Fourier 变换,可以揭示水文时间序列不同的频率成分,这样,许多在时域上看不清楚的问题可以通过频域分析获取。但 Fourier 变换仅适合平稳水文时间序列的分析。在水文学中,水文时间序列如暴雨、洪水、径流等几乎都是非平稳的,对于这一类非平稳序列,需要提取某一时段的频域信息或某一频段的时域信息,即所谓的时频分析,单纯的时频分析和频域分析都无能为力。

1980 年 Morlet 提出了小波变换的概念,成功解决了傅里叶变换奇异点位置不确定、分辨率单一等问题,用于实际工程中效果很好[3]。但限于当时的数学水平,很多假设不能被证明,小波理论未能得到数学家们认可。直至 1985 年,法国数学家 Y. Meyer 创造性地构造了一个真正的正交小波基,并提出了多分辨率概念和框架理论,因此小波理论有了坚实的数学基础。Lemarie 于 1986 年提出了具有指数衰减形式的小波函数。1994 年,比利时女数学家 I. Daubechies 编写的《小波十讲》(Ten Lectures on Wavelets)系统讲解了小波理论,为小波的普及起了重要的推动作用,小波研究的热潮开始兴起并成蔓延之势,如今小波分析已成为国际上的研究热点。

小波分析方法自 1993 年由 Kumar 和 Foufoular – Georgiou 引入到水文学中[4],在水文学领域取得了丰富的研究成果,主要表现在水文系统多时间尺度分析、水文时间序列变化特性分析、水文系统预测预报和水文系统随机模拟等方面。1996 年,Venckp 协同 Foufoular – Georgiou 一起运用小波包的相关原理对系列降水进行了能量分解,为降水形成机理的研究提供了一种新的思路[5]。1997 年,邓自旺等运用 Morlet 复小波变换对西安 50 a 间的月降雨量进行了多时间尺度的分析[6]。1999 年,杨辉与宋正山通过运用 Morlet 小波变换方法针对华北地区水资源进行了多时间尺度的分析,结果表明华北地区的水资源各分量存在时间 – 频率的多层次结构[7]。2000 年,孙卫国和程炳岩运用 Morlet 小波变换对河南省近 50 a 来月降水量距平序列的多时间尺度结构进行了分析,初步研究了河南省旱涝时频变化特征[8]。2002 年,王文圣、丁晶、向红莲利用 Morlet 小波变换与 Marr 小波变换,对长江宜昌站百年年均流量资料进行了详细剖析[9]。

3.4.1.2　小波变换原理

小波变换的关键是基本小波函数的选取,所谓小波函数是指具有振荡特性、能够迅速衰减到零的一类函数,其数学表达如下[10]:

$$\int_{-\infty}^{+\infty} \varphi(t)\mathrm{d}t = 0 \tag{3-2}$$

目前可选的小波函数有很多,如 Morlet 小波函数、Mexican hat 小波、Wave 小波、Harr 小波及 Meyer 小波等。在探讨水文现象的多时间尺度和突变特征分析时,考虑到:①径流、泥沙演变过程中包含"多时间尺度"变化特征,且该变化连续,因此应采用连续小波变换来分析;②实小波变换只能给出时间序列变化的振幅和正负,复小波变换可同时给出相位和振幅两个方面的信息,有利于对问题的进一步分析;③复小波函数的实部和虚部相位相差 π/2,能消除用实小波变换系数作为判定依据而产生的虚假振荡,使分析结果更准确。本次研究选用 Morlet 连续复小波函数进行小波系数的变换。Morlet 小波函数定义为:

$$\varphi(t) = \mathrm{e}^{-t^2/2}\mathrm{e}^{\mathrm{i}wt} \tag{3-3}$$

式中:w 为常数,且当 $w \geq 5$ 时,Morlet 小波就能近似满足允许性条件。

对于给定的小波函数 $\psi(t)$,水文时间序列 $f(t) \in L^2(R)$ 的连续小波变换见公式(3-4):

$$W_f(a,b) = |a|^{-\frac{1}{2}}\int_{-\infty}^{+\infty} f(t)\overline{\psi}(\frac{t-b}{a})\mathrm{d}t \tag{3-4}$$

其中,$W_f(a,b)$ 即为小波变换的系数,简称小波系数;另外,式中 a 为尺度因子,反映出小波的周期长短;b 为时间因子,反映出小波在时间轴上的平移运动。但在实际工作中,我们所观测得到的信号序列往往是间断的、不连续的,例如序列 $f(k\Delta t)$,其中 $k = 1,2,3,\cdots,N,\Delta t$ 即为我们观测取样的时间间隔。经过以上分析,我们可以运用积分的定义近似地把连续的小波变换转化为离散的小波变换形式,见公式(3-5)。

$$W_f(a,b) = |a|^{-\frac{1}{2}}\Delta t\sum_{k=1}^{n} f(k\Delta t)\overline{\psi}(\frac{k\Delta t - b}{a}) \tag{3-5}$$

小波系数 $W_f(a,b)$ 可以同时反映出关于时域的参数 b 和关于频域的参数 a 的特性,即小波系数是时间序列 $f(t)$ 或 $f(k\Delta t)$ 通过对单位脉冲响应的输出。当参数 a 较大时,说明小波系数对频域上的分辨率较高,而对时域上的分辨率相对较低;随着参数 a 的不断减小,其时域上的分辨率不断提高,而频域上的分辨率则不断降低。因此,小波变换在窗口大小固定的前提下,通过参数的调整可以实现将频域和时域局部化的功能。

若小波系数 $W_f(a,b)$ 随着频域参数 a 和时域参数 b 的变化而不断发生变化,便可以用频域参数 a 作为纵坐标,时域参数 b 作为横坐标,进而画出有关小波系数 $W_f(a,b)$ 的二维等值线图,即小波系数图。通过小波系数图,可以观察得到关于时间序列变化的小波变化特征。再将时域 b 上关于尺度 a 上的所有小波变换系数的模的平方进行积分,可以得到小波方差,如公式(3-6)所示。

$$\mathrm{var}(a) = \int_{-\infty}^{+\infty} |W_f(a,b)|^2 \mathrm{d}b \tag{3-6}$$

运用小波方差图可以很清晰地观察出水文时间序列在各种尺度下所包含的周期波动及其能量大小。例如,通过观察小波方差图,从其波峰所处位置可以确定一个水文序列中存在的主要时间尺度,即确定出该水文序列变化的主要周期。

3.4.2　年径流量序列周期特征

对黄河上游宁蒙河道年径流量序列数据进行处理后,通过小波变换,得到主要水文站年径流量小波系数实部等值线(见图 3-38)和小波方差(见图 3-39)。

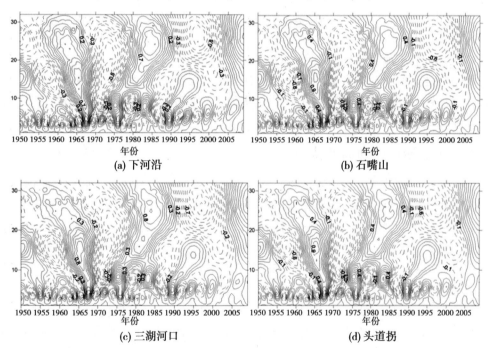

图 3-38　主要水文站年径流量序列小波系数实部等值线图

由图 3-38 可以看到年径流量序列存在多时间尺度特征,下河沿年径流量序列存在着 3 ~ 5 a、8 ~ 9 a、15 a 及 25 ~ 26 a 等 4 类时间尺度的周期变化规律,石嘴山年径流量序列存在着 3 ~ 7 a、8 ~ 9 a、15 ~ 16 a、25 ~ 26 a 等 4 类时间尺度的周期变化规律,三湖河口年径流量序列存在着 3 ~ 4 a、8 ~ 9 a、15 ~ 16 a、26 ~ 27 a 等 4 类时间尺度的周期变化规律,头道拐年径流量序列存在着 3 ~ 5 a、7 ~ 8 a、14 ~ 16 a、25 ~ 26 a 等 4 类时间尺度的周期变化规律。进一步的周期确认需要通过小波方差图来进行分析。

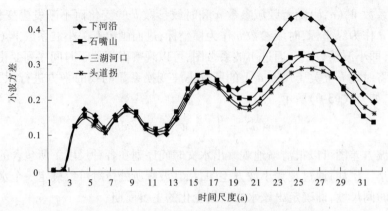

图 3-39　主要水文站年径流量序列小波方差图

干流径流量序列的小波方差图中有 4 个较为明显的峰值,其中,下河沿、石嘴山和头道拐均对应着 25 a、16 a、8 a 和 4 a 的时间尺度;三湖河口最大峰值对应 27 a 时间尺度,为第一主周期。因此,小波方差分析表明,25 a 左右的周期振荡最强,为流域年径流变化的第一主周期;16 a 时间尺度对应着第二峰值,为径流变化的第二主周期,第三、第四峰值分别对应着 8 a 和 4 a 的时间尺度,依次为流域径流的第三和第四主周期。这说明上述 4 个周期的波动控制着流域径流在整个时间域内的变化特征。

综上所述,近 60 a 来,年径流量序列具有多时间尺度特性,大中尺度振荡中往往嵌套有较小尺度的周期振荡。下河沿、石嘴山和头道拐站年径流量序列的主周期均为 25 a,三湖河口站年径流量序列的主周期为 27 a。

3.4.3　年输沙量序列周期特征

宁蒙河道年输沙量序列小波系数实部等值线图见图 3-40,从图中可以看到各站年输沙量序列的大致周期。下河沿年输沙量序列存在 3 ~ 5 a、9 ~ 15 a 及 22 ~ 23 a 等 3 类尺度的周期变化规律,石嘴山年输沙量序列存在着 3 ~ 5 a、8 ~ 15 a、18 ~ 23 a 等 3 类尺度的周期变化规律,三湖河口年输沙量序列存在着 3 ~ 5 a、9 ~ 14 a、21 ~ 25 a 等 3 类尺度的周期变化规律,头道拐年输沙量序列存在着 3 ~ 5 a、8 ~ 15 a、21 ~ 25 a 等 3 类时间尺度的周期变化规律。

图 3-41 为年输沙量序列的小波方差图,从图上可以看到各站年输沙量序列的准确周期。各站年输沙量的小波方差图存在 3 个较为明显的峰值,下河沿年输沙量序列对应 22 a、11 a 和 4 a 的时间尺度,最大峰值对应 22 a 的时间尺度,为第一主周期,4 a、11 a 分别为第二、第三主周期;石嘴山和三湖河口年输沙量序列分别对应 22 a、9 a 和 3 a 的时间尺度,其中,22 a 时间尺度为第一主周期,9 a、3 a 时间尺度分别对应第二、第三主周期;头道拐年输沙量序列对应 24 a、8 a 及 4 a 的时间尺度,其中,24 a 时间尺度为第一主周期,8 a 及 4 a 时间尺度分别对应第二、第三主周期。

下河沿、石嘴山和三湖河口站年输沙量序列的主周期均为 22 a,头道拐站年输沙量序列的主周期为 24 a。头道拐站与其他三站相比,位于河道的出口,增加了三湖河口与头道拐之间十大孔兑的影响,十大孔兑的来水量不大,但来沙量巨大,影响了头道拐站年输沙

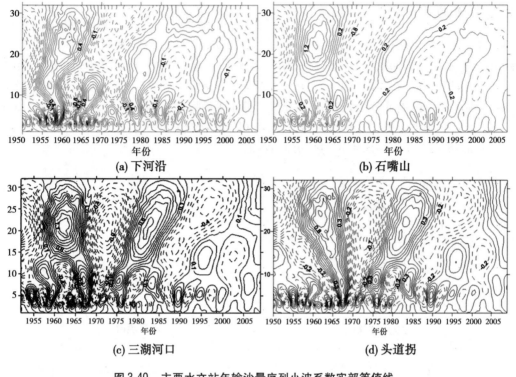

图 3-40　主要水文站年输沙量序列小波系数实部等值线

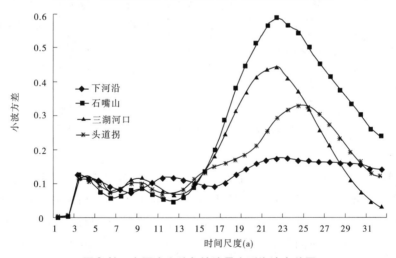

图 3-41　主要水文站年输沙量序列小波方差图

量序列的变化特性。

　　年输沙量与年径流量序列的周期特征具有一般相似性,反映了黄河水沙变化的相关性,径流和泥沙之间存在密切的响应关系。同时,由于水沙异源性,年输沙量序列与年径流量序列周期特征也表现出了一定的不同。调整最剧烈的河段,河道泥沙冲淤对头道拐输沙量序列也有一定影响。

3.4.4　汛期径流量序列周期特征

对各站历年汛期径流量数据处理后,进行小波分析,见图 3-42 和图 3-43。从小波系数图上看,下河沿汛期径流量序列存在着 3~6 a、8~9 a、15~18 a 及 23~26 a 等 4 类时间尺度的周期特征,石嘴山汛期径流量序列存在着 3~6 a、8~9 a、15~16 a 及 24~26 a 等 4 类时间尺度的周期特征,三湖河口汛期径流量序列存在着 3~5 a、8~9 a、14~16 a 及 25~26 a 等 4 类时间尺度的周期特征,头道拐汛期径流量序列存在着 3~5 a、8~9 a、15~16 a、25~27 a 等 4 类时间尺度的周期特征。

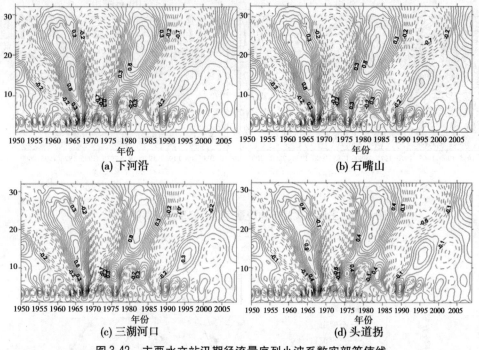

图 3-42　主要水文站汛期径流量序列小波系数实部等值线

从小波方差图(见图 3-43)上看,下河沿汛期径流量序列对应 24 a、18 a、9 a 和 4 a 的周期特征,最大峰值对应 24 a 的时间尺度,为第一主周期;石嘴山汛期径流量序列对应 24 a、16 a、9 a 和 4 a 的周期特征,24 a 为第一主周期,16 a、9 a 和 4 a 时间尺度分别对应第二、第三和第四主周期;三湖河口和头道拐汛期径流量序列均对应 25 a、16 a、9 a 和 4 a 的时间尺度,其中,25 a 时间尺度为第一主周期,16 a、9 a 和 4 a 时间尺度分别对应第二、第三和第四主周期。

汛期径流量序列主周期与年径流量序列主周期略有差别。与年径流量相比,汛期径流量受到的干扰更大,水库调蓄、灌溉引水及经济社会用水等因素对汛期径流量的影响要大于对年径流量的影响。因此,二者的周期特征也存在一定的差别。

3.4.5　汛期输沙量序列周期特征

宁蒙河道汛期输沙量小波系数实部等值线图和小波方差图分别见图 3-44 和图 3-45。

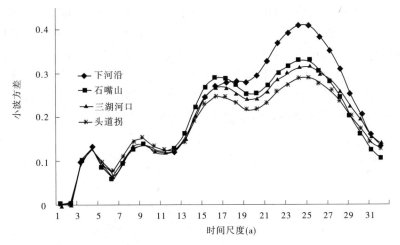

图 3-43　各站汛期径流量小波方差图

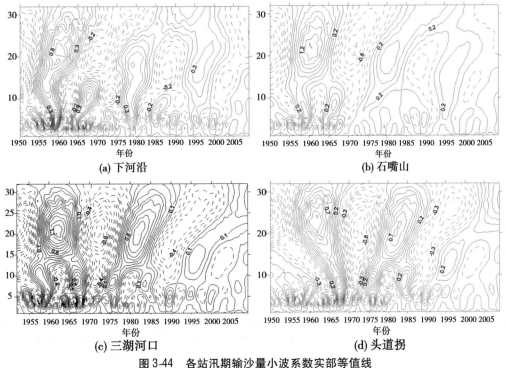

图 3-44　各站汛期输沙量小波系数实部等值线

从小波系数图(见图 3-44)上看,下河沿汛期输沙量序列存在 3 ~ 5 a、8 ~ 12 a、21 ~ 22 a 等 3 类尺度的周期特征,石嘴山汛期输沙量序列存在 3 ~ 4 a、8 ~ 12 a、18 ~ 22 a 等 3 类尺度的周期特征,三湖河口汛期输沙量序列存在 3 ~ 4 a、8 ~ 12 a、18 ~ 21 a 等 3 类尺度的周期特征,头道拐汛期输沙量序列存在着 3 ~ 4 a、8 ~ 14 a、21 ~ 25 a 等 3 类时间尺度的周期特征。

从小波方差图(见图 3-45)上看,除下河沿站外,其余三站汛期输沙量序列的小波方差图存在 3 个较为明显的峰值。下河沿汛期输沙量序列对应 22 a 和 3 a 的时间尺度,最

大峰值对应 22 a 的时间尺度,为第一主周期,3 a 为第二主周期;石嘴山和三湖河口汛期
输沙量序列对应 22 a、9 a 和 3 a 的时间尺度,其中,22 a 时间尺度为第一主周期,9 a、3 a
时间尺度分别对应第二、第三主周期;头道拐汛期输沙量序列对应 24 a、9 a 及 4 a 的时间
尺度,其中,24 a 时间尺度为第一主周期,9 a 及 4 a 时间尺度分别对应第二、第三主周期。

　　下河沿、石嘴山、三湖河口站汛期输沙量序列的主周期均为 22 a,头道拐站汛期输沙
量主周期为 24 a,汛期输沙量序列和年输沙量序列的周期特征基本一致。

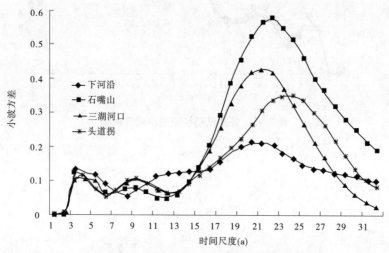

图 3-45　各站汛期输沙量小波方差图

3.4.6　综合分析

　　综合各站年、汛期径流量和输沙量序列周期分析(见表 3-20),可以看出,黄河上游宁
蒙河段干流径流、泥沙均具有多时间尺度特性。水库调蓄、灌溉引水及经济社会用水等因
素对汛期径流量的影响程度较年径流量大,因此年径流量序列和汛期径流量序列的周期
特征略有差别。年输沙量和汛期输沙量序列的周期特征基本一致。另一方面,径流量序
列和输沙量序列的周期特征也基本相似,表明黄河水沙存在密切的相关关系,同时,受水
沙异源的影响,二者周期特征也存在一定的差异。

表 3-20　年际、汛期径流量和输沙量的周期特性

水文站	年径流量		年输沙量		汛期径流量		汛期输沙量	
	多尺度周期	主周期	多尺度周期	主周期	多尺度周期	主周期	多尺度周期	主周期
下河沿	25,16,8,4	25	22,11,4	22	24,18,9,4	24	22,3	22
石嘴山	25,16,8,4	25	22,9,3	22	24,16,9,4	24	22,9,3	22
三湖河口	27,16,8,4	27	22,9,3	22	25,16,9,4	25	22,9,3	22
头道拐	25,16,8,4	25	24,8,4	24	25,16,9,4	25	24,9,4	24

3.5　洪水特点

3.5.1　干流洪水特点

以宁蒙河段各水文站实测日均水沙资料为基础,划分洪水,将各站洪峰流量(洪水要素统计)大于 1 000 m³/s 的径流过程作为洪水,考虑洪水传播时间的影响,统计出宁蒙河段各场次洪峰流量、水量、沙量、平均流量、含沙量或来沙系数等洪水特征参数,进而分析不同时期洪水期水沙特征。

3.5.1.1　年最大洪峰流量变化特点

1. 年最大洪峰流量降低

统计宁蒙河段各水文站各时段最大洪峰流量(见表 3-21),并点绘逐年最大洪峰流量过程(见图 3-46),可以看出各站逐年洪峰流量值有所起伏:20 世纪 50 年代以来,1964年、1967 年和 1981 年出现大于 5 000 m³/s 的洪峰流量;20 世纪 90 年代之前,年最大洪峰流量大多在 4 000 m³/s;20 世纪 90 年代之后,年最大洪峰流量基本在 2 000 m³/s 左右。

表 3-21　各时段最大洪峰流量及发生时间

水文站	时段	最大洪峰	
		流量(m³/s)	发生年份
下河沿	1956~1968 年	5 240	1967
	1969~1986 年	5 780	1981
	1987~1999 年	3 710	1989
	2000~2012 年	3 470	2012
青铜峡	1956~1968 年	5 460	1964
	1969~1986 年	5 870	1981
	1987~1999 年	3 400	1989
	2000~2012 年	3 050	2012
石嘴山	1956~1968 年	5 440	1964
	1969~1986 年	5 660	1981
	1987~1999 年	3 390	1989
	2000~2012 年	3 390	2012
巴彦高勒	1956~1968 年	5 100	1964
	1969~1986 年	5 290	1981
	1987~1999 年	2 780	1989
	2000~2012 年	2 710	2012

续表 3-21

水文站	时段	最大洪峰	
		流量(m³/s)	发生年份
三湖河口	1956～1968 年	5 380	1967
	1969～1986 年	5 500	1981
	1987～1999 年	3 000	1989
	2000～2012 年	2 840	2012
头道拐	1956～1968 年	5 310	1967
	1969～1986 年	5 150	1981
	1987～1999 年	3 030	1989
	2000～2011 年	3 030	2012

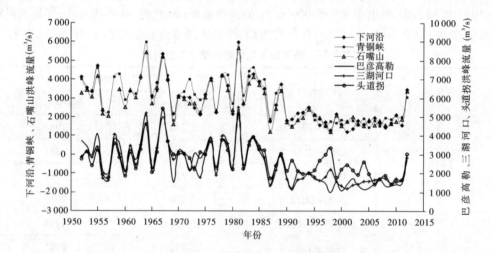

图 3-46 主要水文站最大洪峰流量变化过程

龙羊峡、刘家峡水库联合运用之后,各站的年最大洪峰流量显著减小。龙刘水库联合运用的 1987～1999 年下河沿、青铜峡、石嘴山、三湖河口、头道拐各站最大洪峰流量分别为 3 710 m³/s、3 400 m³/s、3 390 m³/s、3 000 m³/s、3 030 m³/s,比 1969～1986 年最大洪峰 5 780 m³/s、5 870 m³/s、5 660 m³/s、5 500 m³/s、5 150 m³/s 流量分别减少 2 070 m³/s、2 470 m³/s、2 270 m³/s、2 500 m³/s、2 120 m³/s,洪峰流量减幅在 35% ～45%;比 1956～1968 年洪峰流量 5 240 m³/s、5 460 m³/s、5 440 m³/s、5 380 m³/s、5 431 m³/s 分别减少 1 530 m³/s、2 060 m³/s、2 050 m³/s、2 380 m³/s、2 280 m³/s,洪峰流量减幅在 30% ～44%。2000～2012 年最大洪峰流量发生在 2012 年,下河沿、青铜峡、石嘴山、三湖河口、头道拐各站最大洪峰流量分别为 3 470 m³/s、3 050 m³/s、3 390 m³/s、2 840 m³/s、3 030 m³/s,比 1969～1986年减少 40.1% ～49%,与 1956～1968 年相比减少 34.9% ～48.8%。

2.三湖河口以下河段年内最大洪峰流量出现在凌汛期

内蒙古的三湖河口—头道拐河段 20 世纪 90 年代以来凌汛洪水基本成为全年的最大洪水,特别是头道拐水文站,20 世纪 90 年代之前头道拐站年最大洪峰流量基本上是在汛期的洪水期(见图 3-47),并且洪峰流量值相对较大,而 20 世纪 90 年代以来,由于气候和人类活动的影响,汛期基本没有大的洪水过程,导致全年最大洪峰流量基本出现在凌汛期(3 月)。

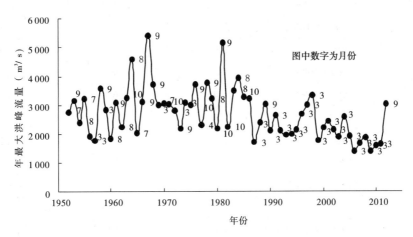

图 3-47　头道拐水文站最大洪峰流量出现时间

3.5.1.2　洪水发生场次变化特点

表 3-22 为宁蒙河道干流典型水文站不同量级场次洪水的统计情况。从统计结果上看,与前两个时段相比,龙刘水库联合运用之后的 1987～2012 年各站年均洪水发生场次明显减少(见图 3-48～图 3-52),主要是大于 2 000 m³/s 的较大洪水场次锐减,并且巴彦高勒、三湖河口 3 000 m³/s 以上的洪水基本上没有发生过。头道拐在 1956～1968 年大于 1 000 m³/s 的洪水年均发生 3.77 次,其中大于 2 000 m³/s 的洪水年均发生 2 次,大于 3 000 m³/s 的洪水年均发生 0.69 次;1969～1986 年,洪水发生场次有所减少,大于 1 000 m³/s、大于 2 000 m³/s、大于 3 000 m³/s 的洪水场次年均分别减少到 3.44 次、1.56 次和 0.5 次;1987 年后,洪水发生场次进一步减少。其中 1987～1999 年,大于 1 000 m³/s 的洪水年均减少到 2.15 次,与 1956～1968 年年均洪水发生频次相比,减少了 42.9%;大于 2 000 m³/s 的洪水年均减少到 0.23 次,减少了 88.5%,大于 3 000 m³/s 的洪水减少到 0.08 次,减少 88.4%。2000～2012 年大于 1 000 m³/s 的洪水年均减少到 1.54 次,减少 59.2%;大于 2 000 m³/s 的洪水年均场次为 0.08 次,减少了 96%;大于 3 000 m³/s 的洪水年均 0.08 次,减少 88.4%。可见洪水发生频次在刘家峡水库运用之后有所减少,在龙羊峡水库运用之后进一步减少。

表 3-22　各时段年均发生洪水场次数

水文站	时段	各流量级(m³/s)次数		
		>1 000	>2 000	>3 000
下河沿	1956~1968 年	3.8	2.4	1.8
	1969~1986 年	3.67	2.39	0.78
	1987~1999 年	3.62	1.15	0.15
	2000~2012 年	3.92	0.15	0.08
青铜峡	1956~1968 年	3.92	2.69	1.46
	1969~1986 年	3.44	1.94	0.67
	1987~1999 年	3.46	0.62	0.08
	2000~2012 年	3	0.15	0.08
石嘴山	1956~1968 年	3.54	2.15	1.62
	1969~1986 年	3.67	2.28	0.72
	1987~1999 年	3.46	0.85	0.15
	2000~2012 年	3.38	0.08	0.08
巴彦高勒	1956~1968 年	3.85	2.62	1.31
	1969~1986 年	3.67	1.89	0.67
	1987~1999 年	2.46	0.31	0
	2000~2012 年	2.31	0.08	0
三湖河口	1956~1968 年	3.77	2.23	0.85
	1969~1986 年	3.56	1.67	0.61
	1987~1999 年	2.31	0.38	0
	2000~2012 年	1.92	0.08	0
头道拐	1956~1968 年	3.77	2	0.69
	1969~1986 年	3.44	1.56	0.5
	1987~1999 年	2.15	0.23	0.08
	2000~2011 年	1.54	0.08	0.08

3.5.1.3　场次洪水特征值变化特点

由表 3-23 宁蒙河段干流各站场次洪水主要特征值可见,从整体上看,与水库运用之前的 1956~1968 年相比,1969~1986 年和 1987~1999 年,各站场次洪水的历时基本上是减少的,而 2000~2012 年的洪水平均历时较 1987~1999 年稍有增加。洪水期水沙量也有相同变化特点,自 1968 年以后至 1999 年,水沙量逐时段减少,2000 年以来又稍有增加。平均流量自 1968 年以后各时段均不断降低,平均含沙量各站在 1969~1986 年均有所减少,但是在 1987~1999 年个别站明显增大,2000~2012 年含沙量又有所降低。从水

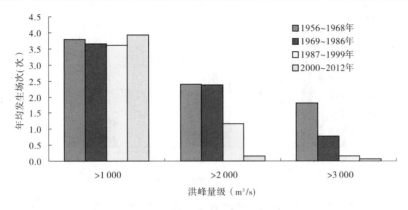

图 3-48　下河沿站不同时段不同量级洪水年均发生场次

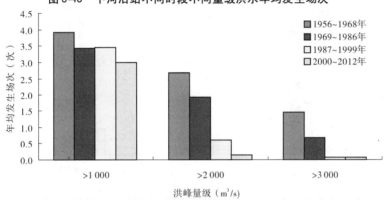

图 3-49　青铜峡站不同时段不同量级洪水年均发生场次

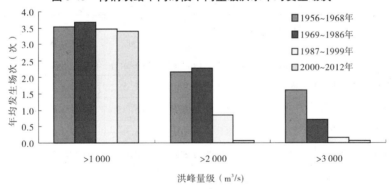

图 3-50　石嘴山站不同时段不同量级洪水年均发生场次

沙搭配的表征指标来沙系数来看,其变化特点与平均含沙量基本相同,1969～1986 年由于刘家峡水库的拦沙作用,河道来沙少,但水量调节不大,因此各站来沙系数有所减少;1987～1999 年龙羊峡、刘家峡水库的蓄水作用较强,减少了汛期进入宁蒙河道的水量,削减了来沙期水流过程,因此导致水沙关系恶化,来沙系数明显增大;2000～2012 年来水条件稍有好转,来沙减少,因此该时期来沙系数稍有降低。从峰型系数(洪水期最大流量与平均流量比值)上看,各站基本上都是呈增大的趋势,说明洪峰趋于尖瘦。

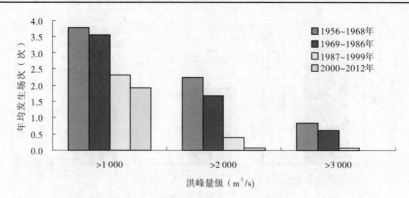

图 3-51　三湖河口站不同时段不同量级洪水年均发生场次

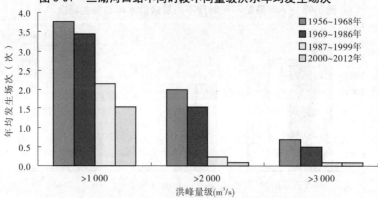

图 3-52　头道拐站不同时段不同量级洪水年均发生场次

表 3-23　主要水文站洪水特征值

水文站	时段	平均洪量（亿 m³）	平均沙量（亿 t）	平均流量（m³/s）	平均含沙量（kg/m³）	平均来沙系数（kg·s/m⁶）	峰型系数	平均历时（d）
下河沿	1956 ~ 1968 年	48.8	0.37	1 970	7.5	0.003 8	1.36	25.9
	1969 ~ 1986 年	39.6	0.23	1 688	5.7	0.003 4	1.43	24.9
	1987 ~ 1999 年	20.4	0.18	1 166	8.9	0.007 6	1.55	21.4
	2000 ~ 2012 年	24.7	0.07	1 084	2.9	0.002 7	1.48	23.4
青铜峡	1956 ~ 1968 年	44.6	0.44	1 790	9.9	0.005 5	1.44	27.4
	1969 ~ 1986 年	32.7	0.21	1 360	6.3	0.004 6	1.82	25.1
	1987 ~ 1999 年	14.2	0.20	846	14.2	0.016 8	2.24	20.6
	2000 ~ 2012 年	20.3	0.11	828	5.5	0.006 6	1.99	26.9
石嘴山	1956 ~ 1968 年	47.7	0.39	1 883	8.1	0.004 3	1.40	27.6
	1969 ~ 1986 年	37.9	0.18	1 613	4.7	0.002 9	1.50	24.9
	1987 ~ 1999 年	19.7	0.14	1 124	7.2	0.006 4	1.58	21.5
	2000 ~ 2012 年	24.9	0.09	989	3.6	0.003 7	1.53	27.8

续表 3-23

水文站	时段	平均洪量（亿 m³）	平均沙量（亿 t）	平均流量（m³/s）	平均含沙量（kg/m³）	平均来沙系数（kg.s/m⁶）	峰型系数	平均历时（d）
三湖河口	1956~1968 年	40.8	0.40	1 612	9.8	0.006 1	1.48	27.7
	1969~1986 年	32.7	0.20	1 352	6.0	0.004 4	1.71	25.2
	1987~1999 年	18.7	0.12	995	6.3	0.006 3	1.74	22.7
	2000~2012 年	22.2	0.11	844	5.0	0.005 9	1.79	27.4
头道拐	1956~1968 年	39.3	0.37	1 583	9.4	0.005 9	1.37	26.9
	1969~1986 年	33.1	0.24	1 371	7.2	0.005 2	1.61	25.4
	1987~1999 年	19.5	0.11	1 032	5.5	0.005 4	1.66	23.1
	2000~2012 年	22.3	0.10	809	4.4	0.005 5	1.79	27.4

　　图 3-53、图 3-54 分别是头道拐不同时段洪水期洪量、沙量与历时的关系,可以明显看到,相同历时条件下,1986 年以后的水沙量明显减少。对比分析头道拐站不同时段同样 30 d 条件下水沙量值,在龙刘水库联合运用时期(1987~2012 年)平均洪量、沙量约为 20 亿 m³、0.09 亿 t,与 1956~1968 年的洪量、沙量 40 亿 m³、0.4 亿 t 相比分别减少约 50%、78%。由于近期较大洪水(洪峰流量 >2 000 m³/s)的场次减少,洪水期水量减少,因此洪水期的平均流量有所降低。头道拐 1956~1968 年场次洪水平均流量为 1 583 m³/s,刘家峡水库单库运用时期的平均流量降低到 1 371 m³/s,龙羊峡水库运用之后场次洪水平均流量进一步减少,两个时段平均流量分别减少到 1 032 m³/s 和 809 m³/s。头道拐洪水期平均含沙量有所降低,由 1956~1968 年的 9.4 kg/m³ 降低到 2000~2012 年的 4.4 kg/m³,头道拐站来沙系数由 1956~1968 年的 0.005 9 kg·s/m⁶ 降低到 2000~2012 年的 0.005 5 kg·s/m⁶,峰型系数由 1956~1968 年的 1.37 增大到 2000~2012 年的 1.79。

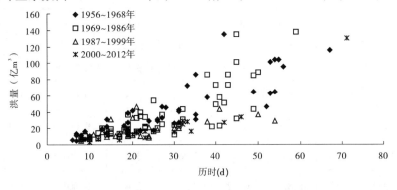

图 3-53　头道拐站不同时段洪水期洪量与历时关系

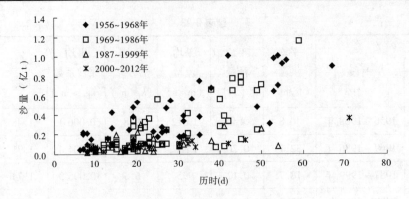

图 3-54　头道拐站不同时段洪水期沙量与历时关系

3.5.1.4　近期大流量洪水变化特点

洪水是河流塑槽输沙的主要源动力。从洪水发生的频次统计（见表 3-22）看，近期宁蒙河段典型水文站大于 3 000 m³/s 以上洪水发生频次明显减少。以下河沿站为例，在天然时期的 1956～1968 年，大于 3 000 m³/s 的洪水年均为 1.80 场；而在刘家峡水库单库运用时期的 1969～1986 年，3 000 m³/s 以上洪水年均减少到 0.78 场；龙羊峡水库运用之后的 1987～1999 年，大于 3 000 m³/s 的洪水场次进一步减少到 0.15 场；而到 2000～2012 年，年均进一步减少到 0.08 场。对比分析宁蒙河道各水文站 3 000 m³/s 以上场次洪水水沙特征变化（见表 3-24）可以看到，由于近期大于 3 000 m³/s 的洪水场次减少，导致该流量级洪水的水量也明显减少，输沙量也随之减少，平均含沙量、来沙系数均有所降低，峰型系数（洪水期最大流量与平均流量比值）有所降低。以下河沿站为例，龙羊峡水库运用之后的 1987～1999 年，下河沿站水沙量分别为 46.4 亿 m³ 和 0.15 亿 t，与天然情况 1956～1968 年相比，水沙量分别减少 32.1 亿 m³ 和 0.38 亿 t，分别减少 40.9% 和 71.7%；平均含沙量由天然情况下的 6.8 kg/m³ 减少到 3.2 kg/m³，含沙量减少 52.9%；平均来沙系数由 0.002 6 kg·s/m⁶ 减少到 0.001 1 kg·s/m⁶，峰型系数由 1.46 减少到 1.24，平均历时由 35 d 减少到 18 d。而 2000～2012 年宁蒙河道仅发生了 1 次大于 3 000 m³/s 洪水，即 2012 年洪水，该场洪水具有"历时长、洪量大、沙量少、含沙量低"等特点。

表 3-24　宁蒙河段主要水文站大于 3 000 m³/s 洪水特征值

水文站	时段	平均洪量（亿 m³）	平均沙量（亿 t）	平均流量（m³/s）	平均含沙量（kg/m³）	平均来沙系数（kg·s/m⁶）	峰型系数	平均历时（d）
下河沿	1956～1968 年	78.5	0.53	2 594	6.8	0.002 6	1.46	35.0
	1969～1986 年	87.3	0.52	2 595	6.0	0.002 3	1.47	38.1
	1987～1999 年	46.4	0.15	2 968	3.2	0.001 1	1.24	18.0
	2000～2012 年	138.6	0.52	2 259	3.8	0.001 7	1.54	71.0

续表3-24

水文站	时段	平均洪量（亿 m³）	平均沙量（亿 t）	平均流量（m³/s）	平均含沙量（kg/m³）	平均来沙系数（kg·s/m⁶）	峰型系数	平均历时（d）
青铜峡	1956~1968 年	72.3	0.76	2 326	10.5	0.004 5	1.57	35.9
	1969~1986 年	73.3	0.51	2 192	7.0	0.003 2	1.72	37.5
	1987~1999 年	30.0	0.14	2 312	4.8	0.002 1	1.47	15.0
	2000~2012 年	112.5	0.42	1 833	3.7	0.002 0	1.66	71.0
石嘴山	1956~1968 年	72.3	0.61	2 418	8.4	0.003 5	1.51	34.3
	1969~1986 年	83.6	0.45	2 536	5.4	0.002 1	1.48	37.1
	1987~1999 年	42.8	0.24	2 744	5.7	0.002 1	1.18	18.0
	2000~2012 年	143.9	0.38	2 346	2.7	0.001 1	1.44	71.0
巴彦高勒	1956~1968 年	69.0	0.63	2 165	9.2	0.004 2	1.81	35.5
	1969~1986 年	75.5	0.52	2 237	6.9	0.003 1	1.63	37.7
	1987~1999 年	0.00	0.00	0.00	0.00	0.00	0.00	0.00
	2000~2012 年	0.00	0.00	0.00	0.00	0.00	0.00	0.00
三湖河口	1956~1968 年	86.3	0.86	2 448	9.9	0.004 1	1.59	41.5
	1969~1986 年	79.7	0.59	2 398	7.3	0.003 1	1.56	37.5
	1987~1999 年	28.1	0.19	2 167	6.7	0.003 1	1.38	15.0
	2000~2012 年	0.0	0.00	0	0.0	0.0	0.00	0.0
头道拐	1956~1968 年	95.0	0.85	2 454	8.9	0.003 6	1.51	46.1
	1969~1986 年	84.9	0.66	2 508	7.8	0.003 1	1.46	38.4
	1987~1999 年	30.5	0.19	2 355	6.3	0.002 7	1.29	15.0
	2000~2012 年	129.8	0.36	2 115	2.8	0.001 3	1.43	71.0

3.5.2　十大孔兑洪水特点

十大孔兑发源于鄂尔多斯台地,河短坡陡,从南向北汇入黄河,十大孔兑上游为丘陵沟壑区,中部通过库布齐沙漠,下游为冲积平原。实测资料中只有三大孔兑的部分水沙资料,即毛不拉孔兑图格日格站(官长井)、西柳沟龙头拐站、罕台川红塔沟站(瓦窑、响沙湾)。十大孔兑所在区域干旱少雨,降雨主要以暴雨形式出现,7、8 月经常出现暴雨,上游发生特大暴雨时,形成洪峰高、洪量小、陡涨陡落的高含沙量洪水(见表 3-25),如西柳沟、毛不拉孔兑的最大含沙量均可达到 1 500 kg/m³ 以上。西柳沟 1966 年 8 月 13 日、毛不拉孔兑和西柳沟 1989 年 7 月 21 日发生的洪水,其洪峰流量分别达到 3 660 m³/s、5 600 m³/s 和 6 940 m³/s(图 3-55 ~ 图 3-57),三大孔兑的洪水和沙峰涨落时间很短,一般只有

10 h 左右。洪水往往挟带大量泥沙入黄,如 1966 年 8 月 13 日、1989 年 7 月 21 日,西柳沟两场洪水相应的输沙量达到 1 656 万 t 和 4 740 万 t,两场洪水输沙量分别占到全年的 94.3% 和 99.8%。

表 3-25　十大孔兑高含沙洪水

时间(年-月-日)	河流	洪峰流量(m³/s)	最大含沙量(kg/m³)
1961-08-21	西柳沟	3 180	1 200
1966-08-13	西柳沟	3 660	1 380
1973-07-17	西柳沟	3 620	1 550
1989-07-21	西柳沟	6 940	1 240
1989-07-21	罕台川	3 090	
1989-07-21	毛不拉孔兑	5 600	1 500

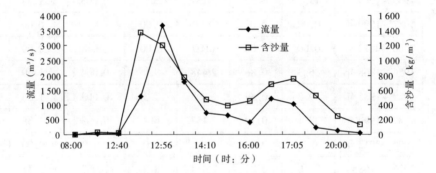

图 3-55　1966 年 8 月 13 日西柳沟洪水过程

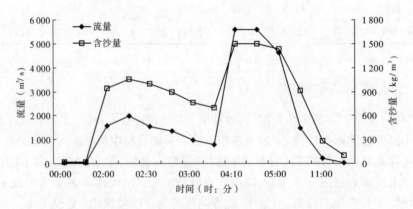

图 3-56　1989 年 7 月 21 日毛不拉孔兑洪水过程

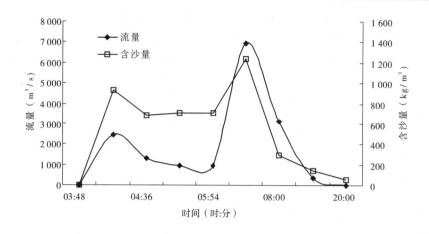

图 3-57 1989 年 7 月 21 日西柳沟洪水过程

高含沙洪水汇入黄河后遇干流小水时造成干流淤积,严重时可短期淤堵河口附近干流河道。据统计,1961～1998 年以来孔兑洪水淤堵黄河的事件共发生 8 次[11],分别发生在 1961 年 8 月 21 日、1966 年 8 月 13 日、1976 年 8 月 2 日、1982 年 9 月 16 日、1984 年 8 月 9 日、1989 年 7 月 21 日、1994 年 7 月 25 日和 1998 年 7 月 12 日。其中 1961 年 8 月 21 日、1966 年 8 月 13 日、1989 年 7 月 21 日及 1998 年 7 月 12 日淤堵较为严重。据杨振业的分析[12],1961 年 8 月发生的洪水,大量的泥沙先淤积于西柳沟与黄河汇合口附近,淤积面积约 6 km²,淤积厚度平均约 1 m,最大淤积厚度为 3 m 多,淤积量约为 600 万 m³。支俊峰等的调查表明[13],1989 年 7 月 21 日洪水,西柳沟两岸决堤数处,相当一部分泥沙淤积在龙头拐以下平原地带。本次洪水峰高量大,均超过各孔兑防洪标准,造成多处决口,其中较大的有 43 处,决口长度约 34 km,数乡被水淹,大片农田、草场变成一片汪洋,水深 0.6～2.0 m。由水沙关系计算十大孔兑区输沙总量为 1.13 亿 t。据三湖河口、头道拐两站进出沙量来看,本次洪水排出沙量为 0.13 亿 t(7 月 21 日至 10 月 6 日),可见进入河道的泥沙大部分淤积在河道里。据内蒙古自治区水利科学研究院[14]的调查,西柳沟 1998 年 7 月 12 日洪水在其入黄口处形成长 10 km,宽 1.5 km,厚 5.21 m,估算淤积量达 1 亿 m³ 的沙坝。据杨根生主编的《黄河石嘴山—河口镇段河道淤积泥沙来源分析及治理对策》[15]书中介绍,西柳沟于 1998 年 7 月 12 日一次洪水挟带泥沙在入黄口形成巨型沙坝,长 10 km,宽 1.5 km,坝厚 7.0 m,导致黄河水倒流,本次淤积量为 10 500 万 m³。1976 年和 1984 年的洪水,西柳沟的洪峰、洪量、输沙量并不很大,但是也使昭君坟形成了沙坝,不过历时很短,沙坝体积较小,很快就冲开,并未造成大的影响。昭君坟河段淤堵主要是由于西柳沟洪水泥沙造成的。十大孔兑汛期来沙主要集中在洪水过程(见表 3-26),并且洪水发生的时间都在 7 月下旬至 8 月上旬,以西柳沟为例,一次洪水沙量就能占年沙量的 99.8%。

表 3-26　西柳沟一次洪水沙量占年沙量的比例

洪水时间 （年-月-日）	洪水沙量 （万 t）	年输沙量 （万 t）	洪水沙量占年沙量的比例 （%）
1961-08-21	2 968	3 317	89.5
1966-08-13	1 656	1 756	94.3
1971-08-31	217	244	88.9
1973-07-17	1 090	1 313	83.0
1975-08-11	96.8	279	34.7
1976-08-02	460	898	51.2
1978-08-30	292	638	45.8
1979-08-12	406	454	89.4
1981-07-01	223	495	45.1
1982-09-26	257	318	80.8
1984-08-09	347	436	79.6
1985-08-24	108	158	68.4
1989-07-21	4 740	4 749	99.8

3.6　小　结

（1）宁蒙河段多年平均（1952～2012 年）下河沿、青铜峡、石嘴山、巴彦高勒、三湖河口和头道拐水文站水量分别为 296.1 亿 m³、237.1 亿 m³、272.5 亿 m³、217.6 亿 m³、218.9 亿 m³ 和 213.3 亿 m³，沙量分别为 1.189 亿 t、1.118 亿 t、1.174 亿 t、1.043 亿 t、1.024 亿 t 和 1.005 亿 t。

1952～1960 年是平水大沙时期，各站水量偏多 1.5%～25.0%，沙量偏多 45.9%～137.9%；1961～1968 年是丰水丰沙时期，水量偏多 28.2%～40.4%，沙量偏多 33.4%～108.8%；1969～1986 年是平水少沙时期，水量偏多 2.5%～12.1%，沙量除头道拐站略有增加外，其他各站减幅为 9.3%～28%；1987～1999 年是水少沙少时期，水量减幅达到 16.1%～26.8%，沙量减幅为 19.8%～55.8%；2000～2012 年是枯水枯沙时期，水量减幅为 12.9%～25.0%，沙量减幅是几个时段中最大的，达到 47.5%～64.4%。

水库运用改变水沙量年内分配，刘家峡水库运用后干流汛期水量占全年的比例开始降低，龙刘水库联合调控后汛期水量比例由 60% 以上降低到 40% 左右。

（2）宁夏河段的清水河和苦水河、内蒙古河段的十大孔兑是宁蒙河道区间泥沙主要来源。1987～1999 年出现水少沙量偏多的特点，各条支流水量增加 14%～65%，沙量增加 53%～125%。2000～2012 年各支流水沙量显著减少。

　　(3)宁蒙河道青铜峡灌区和三盛公灌区多年平均(1961~2011 年)引水 122.8 亿 m^3,年均引沙量 0.364 亿 t。1987~1999 年引水引沙量都为各时期最大;2000~2012 年引水量变化不大,引沙量显著减少。

　　(4)宁蒙河道悬沙中细泥沙最多,多年平均 0.508 亿~0.557 亿 t,占全沙的比例约60%;其次为中泥沙和粗泥沙,多年平均分别为 0.179 亿~0.201 亿 t 和 0.096 亿~0.131亿 t,分别约占总沙量的 20% 和 15%;最少的是特粗沙,年均仅 0.037 亿~0.064 亿 t,约占全沙的 5%。近期各分组沙量有所减少;泥沙粒径有变粗的趋势,石嘴山站平均中值粒径由 1966~1968 年的 0.017 mm 增大到 2000~2012 年的 0.026 mm。

　　(5)2014 年观测资料表明,宁蒙河道床沙中值粒径在 0.029~1.95 mm,级配较粗,粗泥沙分界粒径值在 0.07~0.10 mm。

　　(6)黄河上游宁蒙河道水沙均具有多时间尺度特性,年和汛期水沙的各尺度周期差别不大。年径流量序列在 25~27 a 尺度上存在周期性的波动变化,并且该尺度的周期变化具有全域性;年输沙量序列在 22~24 a 尺度上具有全域性。总体来说,径流量、输沙量序列的周期特征具有相似性,反映了黄河水沙关系具有显著性的特点,同时也由于水沙异源的特征,两者的周期特点也有分异性。

　　(7)龙羊峡、刘家峡水库联合运用之后的 1987~2012 年,年均发生洪水的场次明显减少,主要是具有较强输沙能力的大于 2 000 m^3/s 的较大洪水过程锐减;洪水特点表现为历时短、平均流量小、洪量沙量减小的共同特点;但是 1987~1999 年洪水期含沙量、来沙系数增高,来沙系数高达 0.005 4~0.016 8 $kg \cdot s/m^6$;2000~2012 年均降低。

　　1987 年后 3 000 m^3/s 以上大洪水显著减少,个别站未曾出现。但是洪水期含沙量和来沙系数随时间持续降低,表现出与一般洪水不同的特点。

参考文献

[1] 韩其为. 水库淤积[M]. 北京:科学出版社,2003.

[2] 张贤达. 现代信号处理[M]. 2 版. 北京:清华大学出版社, 2002.

[3] Morlet J. Wave propagation and sampling theory and complex waves[J]. Geophysics, 1982, 47(2): 222-236.

[4] Kumar P, Foufoula-Georgiou. A multi-component decomposition of spatial rainfall fields 1: segregution of large and small scal features using wavelet transforms[J]. Water Resources Research, 1993, 29(8): 2515-2532.

[5] Venckp V, Foufoula-Georgiou. Energy decomposition of rainfall in the time-frequency-scale domain using wavelet packets[J]. Journal of Hydrology, 1996(187): 3-27.

[6] 邓自旺,林振山,周晓兰. 西安市近 50 年来气候变化多时间尺度分析[J]. 高原气象,1997(01): 82-94.

[7] 杨辉,宋正山. 华北地区水资源多时间尺度分析[J]. 高原气象,1999(4):496-508.

[8] 孙卫国,程炳岩. 河南省近 50 年来旱涝变化的多时间尺度分析[J]. 南京气象学院学报,2000(2): 251-255.

[9] 王文圣,丁晶,向红莲. 水文时间序列多时间尺度分析的小波变换法[J]. 四川大学学报(工程科学

版),2002(6):14-17.

[10] 黄川,娄霄鹏,刘元元.金沙江流域泥沙演变过程及趋势分析[J].重庆大学学报(自然科学版),
　　　2002(1):21-23.

[11] 王平,田勇,等.孔兑高浓度挟沙洪水淤堵黄河干流试验研究[R].黄河水利科学研究院,2012.

[12] 杨振业.1961、1966 年内蒙古昭君坟段泥沙以及黄河受阻的情况分析[J].人民黄河,1984(6):
　　　15-19.

[13] 支俊峰,时明立."89.7.21"十大孔兑区洪水泥沙淤堵黄河分析[M]//黄河水沙变化研究.郑州:黄
　　　河水利出版社,2002.

[14] 内蒙古黄河十大孔兑减沙治沙与水土保持生态建设工程项目建议书[R].内蒙古自治区水利科学
　　　研究院,2000.

[15] 杨根生,等.黄河石嘴山—河口镇段河道淤积泥沙来源分析及治理对策[M].北京:海洋出版社,
　　　2002.

第 4 章　水沙变化特点与成因

黄河宁蒙河段水沙序列具有明显的周期波动规律,年际年代变化大,分析水沙变化特点及其成因,对于黄河上游治黄方略的确定、水沙资源的配置与管理,以及重大水利工程的布局具有重要意义。本章重点以 1919～2012 年水沙系列为研究对象,分析了宁蒙河段水沙变化的基本规律,包括水沙变化时段、突变点、变化量、变化空间特征及变化趋势,对近期水沙变化成因进行了评估。

4.1　宁蒙河段百年尺度水沙变化趋势

4.1.1　水沙系列延长方法

除陕县水文站自 1919 年开始观测外,黄河干流水文站大多建于 20 世纪 50 年代,观测资料相对较短,同时,有的水文站部分年份出现缺测。为了满足本项研究需要,了解百年尺度水沙系列的变化规律,对兰州、头道拐、龙门、潼关的水沙系列进行了插补和延长。以陕县站资料为基本依据,采用上下游站相关的方法进行插补,其中凡相邻站有实测资料的,就尽量利用相邻站实测资料进行插补。输沙量缺测资料,尽量采用本站水量与沙量的相关关系插补,如遇本站水量和沙量关系实在不好,则采用上下游站沙量相关法插补。

4.1.2　百年尺度水沙系列变化特征

20 世纪 60 年代以前,人类活动相对较弱,对黄河水沙影响较小,基本上属于天然状态。1919～1959 年头道拐、兰州水文站实测年平均水量分别为 250.71 亿 m^3、310.44 亿 m^3,年均输沙量分别为 1.42 亿 t、1.11 亿 t(见表 4-1)。

表 4-1　黄河主要控制性水文站不同时段水量、沙量

站名	时段	水量(亿 m^3)			沙量(亿 t)			含沙量(kg/m^3)		
		汛期	非汛期	全年	汛期	非汛期	全年	汛期	非汛期	全年
头道拐	1919～1959 年	155.87	94.84	250.71	1.17	0.25	1.42	7.51	2.64	5.66
	1960～1986 年	147.06	108.28	255.34	1.11	0.29	1.40	7.55	2.68	5.48
	1987～1999 年	64.60	99.85	164.45	0.28	0.17	0.45	4.33	1.70	2.74
	2000～2012 年	64.65	98.81	163.46	0.23	0.22	0.45	3.56	2.23	2.75

续表 4-1

站名	时段	水量（亿 m³）			沙量（亿 t）			含沙量（kg/m³）		
		汛期	非汛期	全年	汛期	非汛期	全年	汛期	非汛期	全年
兰　州	1919～1959 年	187.38	123.06	310.44	0.91	0.20	1.11	4.86	1.63	3.58
	1960～1986 年	190.49	152.78	343.27	0.59	0.11	0.70	3.10	0.72	2.04
	1987～1999 年	111.36	156.35	267.71	0.40	0.11	0.51	3.59	0.70	1.91
	2000～2012 年	119.65	162.74	282.39	0.16	0.04	0.20	1.34	0.25	0.71

注：汛期指 7～10 月，非汛期指 11 月至翌年 6 月。

从 20 世纪 60 年代至 80 年代中期，黄河头道拐、兰州站水量有所增加，而输沙量有所减少（见图 4-1～图 4-4），因此，水流含沙量略有降低。统计表明，与 1919～1959 年相比，头道拐、兰州水文站的水量分别增加了 1.8%、10.6%，年均输沙量分别减少了 1.4%、36.9%。该时期干流盐锅峡、青铜峡、刘家峡等水电站相继建成运用，在黄土高原地区开展了水土流失治理和水利建设，使得实测输沙量、含沙量均有所减少。

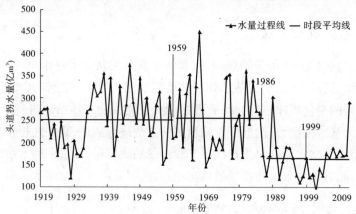

图 4-1　黄河头道拐水文站实测年水量变化过程

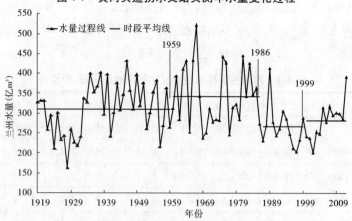

图 4-2　黄河兰州水文站实测年水量变化过程

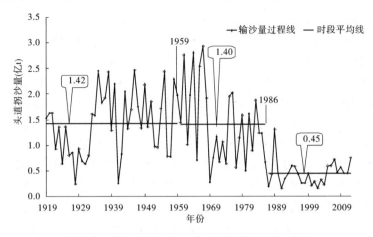

图 4-3　黄河头道拐水文站实测年沙量变化过程

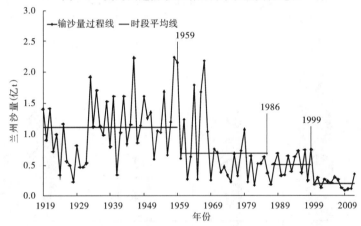

图 4-4　黄河兰州水文站实测年沙量变化过程

20 世纪 80 年代中期至 90 年代末,头道拐、兰州径流量分别为 164.45 亿 m³、267.71 亿 m³,与 1919~1959 年相比,分别减少了 34.4%、13.8%;实测年平均输沙量分别为 0.45 亿 t、0.51 亿 t,相应减少 68.3%、54.1%。显然,沙量减幅远大于水量减幅,分别大 33.9、40.3 个百分点。

进入 21 世纪以来,头道拐、兰州年均输沙量 0.45 亿 t、0.20 亿 t,与 1919~1959 年相比减少了 68.3% 和 82%,前者输沙量与 1987~1999 年平均输沙量 0.45 亿 t 基本相当,后者则减了 60.8%;与 1987~1999 年相比,头道拐、兰州水文站实测年平均水量变化不大,头道拐水文站水量维持在 164 亿 m³ 左右,兰州水文站水量维持在 270 亿 m³ 左右。

从长历时变化过程看,兰州、头道拐的水沙量系列均有比较明显的变化时段,1919~1933 年均处于枯水枯沙段,其中水量和 2000 年以来系列的水平基本相当,也即在百年尺度上,径流量过程有两个平均水平基本相当的枯期;输沙量也有两个相应的枯期,而且 2000 年以来系列的输沙量水平较 1919~1933 年的为低。从平均水平来说,自 1933 年以来,径流量、输沙量出现明显减少的年份是不完全一致的,径流量明显减少的年份大致在 1986 年以后,而输沙量明显减少的年份大致在 1968 年。继 1968 年刘家峡水库投入运用,1986年龙羊峡水库开始投入运用,实现了两库联合运用,因而也表明,刘家峡水库对泥沙的调控作用大于对径流量的调控作用,两库联合运用对水沙的调控作用大大增强。

为了解中游地区水沙变化与宁蒙河段水沙变化的相应关系,图4-5、图4-6给出了百年以来不同时段头道拐、兰州水沙量与黄河中游河段典型断面潼关、龙门水沙量的对比。从图4-5的对比情况看,上中游地区水量的变化趋势并非一致,1919年以来,头道拐、兰州断面的径流量在不同时段有增有减,而在中游地区,径流量在不同时段持续减少。例如,在1919~1959年、1960~1986年两个时段,头道拐、兰州的水量是增加的,后一时段较前一时段分别增加1.8%和10.6%,而黄河中游的潼关、龙门则是相应减少的,分别减少5.5%、5.6%;在1987~1999年、2000~2012年两个时段,头道拐、兰州的径流量变化不大,头道拐的稍减,兰州的稍增,最大变幅约为5%,但较1919~1986年均有明显减少,其中,2000年以来较1919~1959年分别减少34.8%和9.0%;而黄河中游的潼关、龙门在1919~1959年、1960~1986年两个时段的径流量持续减少,2000~2012年较1987~1999年分别减少11.3%和10.4%,而且与1919~1986年相比,其减幅非常大,如2000年以来较1919~1986年两断面分别减少44.2%和41.8%,减幅比宁蒙河段的明显大。

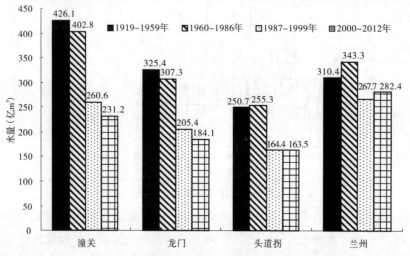

图4-5　黄河主要控制站不同时期实测年水量变化情况对比

上述分析表明,宁蒙河段水沙系列的变化机制与中游地区的不完全相同。由于上游地区是黄河径流的主要来源区,其径流变化受降雨变化、大型水利工程调控及灌区用水的影响较大。而百年以来中游地区径流量为什么会持续减少,到底主要是受自然因素影响还是主要受到人为因素影响,需要对其变化成因进一步深入研究。

图4-6是宁蒙河段输沙量变化趋势与中游地区的对比。与径流量变化趋势不同,不仅宁蒙河段的输沙量在1959年以后各时段都是减少的,中游地区的也是减少的。尤其是2000年以来,无论是上游河段还是中游河段,与1919~1959年相比,输沙量均有大幅减少,其中以中游地区减少幅度较大,为82.7%~85.2%,宁蒙河段输沙量减幅相对较少,不过也达到69.0%~80.9%。无论是上游河段还是中游河段,1986年以后均出现大幅减少,不过宁蒙河段的减幅差异较大,与1919~1959年相比,1987~1999年头道拐减幅为68.3%,兰州达到54.1%;中游河段的则基本相近,在49.3%~49.9%。

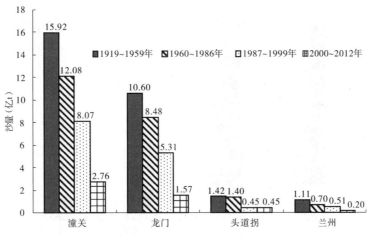

图 4-6　黄河主要控制站不同时期实测年沙量变化情况对比

　　对于宁蒙河段,自 1986 年以来输沙量出现较大幅度减少的原因除其他因素影响外,龙羊峡水库与刘家峡水库联合运用改变进入下游河段的水沙条件,使宁蒙河段淤积加重,是其主要原因之一。龙刘水库运用后,导致水沙过程发生较大变化。一是汛期径流量占全年的比例由 60% 以上降低为 40% 左右,二是大流量洪水过程明显减少,三是干流来沙系数明显增加(见表 4-2)。因此,造成宁蒙河段河床不断淤积抬升。如 1987 ~ 1999 年,兰州、头道拐汛期来沙系数较前一时期增加 29.6% ~ 50.0%,根据实测资料分析,1986 ~ 1999 年宁蒙河段河道年均淤积量 0.71 亿 t,2000 ~ 2012 年平均淤积量 0.25 亿 t。

表 4-2　黄河上游主要水文站来沙系数

站名	时段	平均流量（m³/s）			平均含沙量（kg/m³）			平均来沙系数（kg·s/m⁶）		
		汛期	非汛期	全年	汛期	非汛期	全年	汛期	非汛期	全年
头道拐	1960 ~ 1986 年	1 395.53	515.83	809.55	7.6	2.6	5.5	0.005 4	0.005 0	0.006 8
	1987 ~ 1999 年	612.86	475.35	521.31	4.3	1.7	2.8	0.007 0	0.003 6	0.005 4
	2000 ~ 2012 年	612.86	470.58	518.46	3.5	2.2	2.7	0.005 7	0.004 7	0.005 2
兰州	1960 ~ 1986 年	1 807.26	727.79	1 088.60	3.1	0.7	2.0	0.001 7	0.001 0	0.001 8
	1987 ~ 1999 年	1 056.85	744.93	848.87	3.6	0.7	1.9	0.003 4	0.000 9	0.002 7
	2000 ~ 2012 年	1 134.64	774.94	895.48	1.4	0.3	0.7	0.001 2	0.000 4	0.000 8

　　在水沙量总体减少的同时,含沙量也相应减少(见图 4-7),但从变化趋势看,无论是宁蒙河段还是中游河段,同时段含沙量的减幅都小于输沙量的减幅。例如,与 1919 ~ 1959 年相比,自 1986 年以来,宁蒙河段含沙量减幅为 52.6% ~ 80.5%,其中头道拐断面的含沙量减幅较其输沙量的减幅低得多,低了 16.4 个百分点;中游地区的含沙量减幅为 67.9% ~ 73.9%,明显低于输沙量减幅 82.7% ~ 85.2%。也就是说,在输沙量减少的情况下含沙量相对仍然比较高,说明水沙调整的结果是水沙关系搭配不合理的状况没有改善。

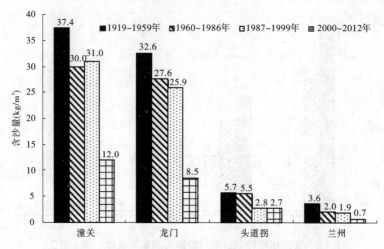

图 4-7　黄河主要控制站不同时期实测年平均含沙量变化情况对比

　　总体来说,近百年来黄河上游兰州、头道拐径流量及输沙量发生了一定的趋势性变化。对于径流量来说,1919 ~ 1959 年兰州、头道拐的径流量分别为 310.43 亿 m^3、250.71 亿 m^3,到 1960 ~ 1986 年均有小幅增加。但自 1987 年以后,两站均有所减少,其中头道拐径流量减幅较兰州的为大,如 1987 ~ 1999 年头道拐径流量较 1987 年前减少 35%,兰州的减少 18%。另外,头道拐在 1987 ~ 1999 年、2000 ~ 2012 年的径流量呈持平态势,而兰州后期的有小幅抬升。对于输沙量来说,自 1959 年以后,兰州的输沙量逐年代持续减少,1960 ~ 1986 年、1987 ~ 1999 年、2000 ~ 2012 年较 1919 ~ 1959 年分别减少 36.4%、53.6% 和 80.9%,减幅不断增加;头道拐的变化规律则不同,在 1986 年以前的两个时段,输沙量基本接近,在 1.40 亿 ~ 1.42 亿 t。自 1987 年以后明显减少,如 1987 ~ 1999 年较 1987 年以前减少 68.1%。之后,2000 ~ 2012 年的输沙量并未明显减少,与前一时段的接近。

　　另外,含沙量减幅较输沙量的减幅为低,水沙关系搭配不合理的状况没有得到改善,反而更为不合理,会对河道淤积起到加剧作用,这是应引起重视的。

4.2　实测水沙变化特征

4.2.1　水沙变化趋势

　　分别利用滑动平均法、Mann - Kendall 非参数检验法和线性倾向率法分析了宁蒙河段水沙变化趋势。

4.2.1.1　滑动平均分析

　　当时间序列的数值有较强的随机性和周期变动时,起伏较大,不易显示序列的发展趋势,此时可以考虑使用滑动平均法消除这些因素的影响,使隐含的发展方向和趋势凸显出来。滑动平均法是一种简单平滑分析及预测方法,相当于低通滤波器。其基本思想是:对序列资料进行逐项推移,依次计算某一项数的均值,均值曲线(即趋势线)可以反映时间序列的趋势,然后依趋势线分析或预测序列的长期趋势。

对样本量为 n 的序列 x，其滑动平均序列表示为：

$$\hat{x}_j = \frac{1}{k} \sum_{i=1}^{k} x_{i+j-1} \quad (j = 1, 2, \cdots, n - k + 1) \tag{4-1}$$

其中，k 为滑动长度。作为一种规则，k 值最好取奇数，以使平均值可以加到时间序列中项的时间坐标上。若 k 值取偶数，可对滑动平均后的新序列取每两项的均值，以保证滑动平均对准中间排列。经过滑动平均后，序列中短于滑动长度的周期大大削弱，独立性和自由度降低，显现出变化趋势[1]。

1. 年径流量和输沙量变化

利用滑动平均方法，对 4 个典型水文站年径流量和输沙量分别取 11 a 和 9 a 进行滑动平均，见图 4-8。

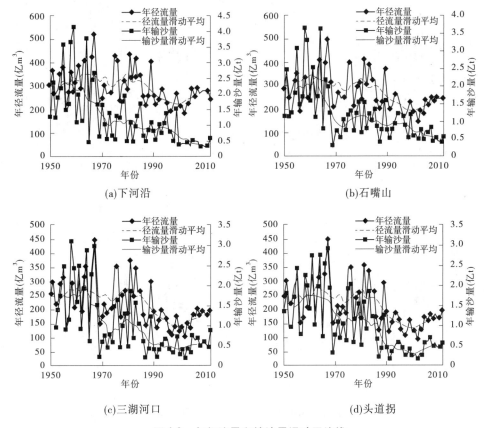

图 4-8 年径流量和输沙量滑动平均线

从图 4-8 可以看出，各站年水沙变化滑动平均趋势线和过程线对应，反映出上升 - 下降 - 上升 - 下降的变化特点。年径流量和输沙量在前期稍微振荡，在 20 世纪 60 年代和 80 年代左右出现两个极值，之后持续显著减少，在 2002 年以后有小幅回升。滑动平均趋势线总体呈现明显下降趋势。

另外，在 20 世纪 60 年代中期以前，除下河沿站外，其他断面水沙滑动平均线重叠性较好，说明水沙变幅基本一致。但之后的水沙滑动平均线出现很大的距幅，且输沙量滑动平均线位居下方，表明沙量的减幅明显比水量的减幅大。同时，在下河沿、石嘴山断面，自

20 世纪 90 年代中期以后,水沙滑动平均线走向相反,说明在石嘴山以上,径流量有增加的趋势,而输沙量仍在不断减少。但石嘴山以下的三湖河口、头道拐两断面的径流、泥沙仍处于同步变化阶段。

2. 汛期径流量和输沙量变化

利用滑动平均方法,同样对 4 个典型水文站汛期径流量和输沙量分别取 11 a 和 9 a 进行滑动平均(见图 4-9)。从图 4-9 可以看出,汛期径流量、输沙量的滑动平均趋势线和年径流量、输沙量过程基本一致,总体呈减少趋势,但减少趋势更为明显。同样在 20 世纪 60 年代和 80 年代左右出现两个极值。而且,在石嘴山以上,20 世纪 90 年代中期以后,汛期径流量也处于增加趋势,输沙量则处于不断减少趋势。

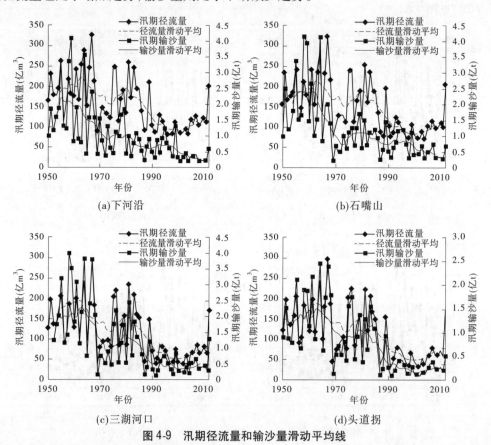

图 4-9　汛期径流量和输沙量滑动平均线

4.2.1.2　Mann - Kendall 趋势检验

在时间序列的趋势分析中,Mann - Kendall 检验法是世界气象组织推荐、并已被广泛使用的非参数检验方法。最初由 Mann 和 Kendall 于 1945 年提出[2-4],之后许多学者不断运用此方法来分析径流、降水、水质和气温等要素时间序列的变化趋势[5-8]。Mann - Kendall检验的优点是不受个别异常值的干扰,同时不要求样本遵从某一特定分布,其趋势检测能力与参数趋势检测方法相同,能够客观地表征样本序列的整体变化趋势,计算简便,受到国际水文组织的认可,因而广泛适用于气象、地理、水文等非正态分布时间序列的分析。

Mann - Kendall 非参数统计检验方法中,原假设 H_0:时间序列$(x_1,x_2,\cdots,x_n)$是 n 个随机独立的样本,备择假设 H_1 是双边检验,对所有 $i,j\leqslant n(i\neq j)$,x_i 和 x_j 的分布不相同。定义检验统计变量 S[9]:

$$S = \sum_{j=1}^{n-1}\sum_{i=j+1}^{n} \text{sgn}(x_i - x_j) \qquad (4-2)$$

函数 $\text{sgn}(x)$ 定义为:

$$\text{sgn}(x) = \begin{cases} 1, & x_i - x_j > 0 \\ 0, & x_i - x_j = 0 \\ -1, & x_i - x_j < 0 \end{cases}$$

在原序列的随机独立等假设下,S 为正态分布,均值为 0,方差为

$$\text{var}[S] = n(n-1)(2n+5)/18 \qquad (4-3)$$

将 S 标准化:

$$U = \begin{cases} (S-1)/\sqrt{\text{var}[S]}, & S > 0 \\ 0, & S = 0 \\ (S+1)/\sqrt{\text{var}[S]}, & S < 0 \end{cases} \qquad (4-4)$$

U 为标准分布,其概率可以通过计算或查表获得。

原假设为该序列无趋势,一般采用双边趋势检验。如果$|U| > |U_{1-\alpha/2}|$,则拒绝原假设,即在 α 置信水平上,时间序列存在明显的上升或下降趋势,U 大于 0,为上升趋势,反之,为下降趋势。$|U|$ 在大于等于 1.64、1.96 和 2.58 时,分别表示通过了信度90%、95%、99% 的显著性检验。

1. 年径流量和输沙量变化

利用 Mann - Kendall 趋势检验方法对各站的年径流量和输沙量进行检验的结果见表4-3。各站年径流量和年输沙量趋势检验值均为负值,表明均呈下降趋势。各站年输沙量的 M - K 检验值的绝对值较年径流量大,说明年输沙量的减少更加剧烈和明显,这和滑动平均分析所得结论是一致的。

表4-3 各站年水沙变化趋势表

站名	M - K 检验值	
	年径流量	年输沙量
下河沿	-3.06	-6.14
石嘴山	-3.44	-5.10
三湖河口	-3.65	-4.61
头道拐	-3.73	-5.39

2. 汛期径流量和输沙量变化

各站汛期水沙变化的 Mann - Kendall 趋势检验结果见表4-4。汛期径流量和汛期输沙量趋势检验值也均为负值,表明呈减少趋势。汛期输沙量的减少趋势大于汛期径流量的减少趋势。和年径流量和输沙量相比,汛期径流量和输沙量的检验值的绝对值较大,表

明汛期水沙量的减小幅度较年水沙量大,或者说,水沙量减少主要发生于汛期。

表 4-4　各站汛期水沙变化趋势表

站名	M - K 检验值	
	汛期径流量	汛期输沙量
下河沿	-4.51	-5.79
石嘴山	-4.79	-5.34
三湖河口	-4.82	-5.21
头道拐	-4.88	-5.63

4.2.1.3　线性倾向率分析

用 x_i 表示样本总量为 n 的某一时间序列,t_i 表示 x_i 相对应的时间,建立 x_i 与 t_i 之间的一元线性回归方程:

$$x_i = a + bt_i \quad (i = 1,2,3,\cdots,n) \tag{4-5}$$

式中:a 为回归常数;b 为回归系数。a 和 b 均可以采用最小二乘法进行估计。

式(4-5)是一种最简单、最特殊的线性回归形式,其含义为用一条合理的直线表示 x 与时间 t 的关系,因此这一方法属于时间序列线性分析的范畴。

$C = b \times 10$ 即为线性倾向率,表征 10 a 间样本具体的减少量,反映了样本序列上升或下降的速率,即表示上升或下降的倾向程度。同时其符号也可以表示序列变量 x 的趋势倾向。b 的符号为正($b > 0$),则说明 x 随时间 t 的增加而增多,呈上升趋势;b 的符号为负($b < 0$),说明 x 随时间 t 的增加而减少,呈下降趋势[10]。

1. 年径流量和输沙量变化

根据各站水文资料,计算各站水沙量线性回归方程,得出各站年水沙量的线性倾向率(见表4-5),各站线性倾向率的计算值均为负值,说明各站年径流量和输沙量均呈减少趋势。从年径流量和年输沙量的 10 a 减少量占多年平均值的比例来看,年输沙量的比例明显高于年径流量的,高 3~5 倍,表明年输沙量的减少幅度大于年径流量的减少幅度。

表 4-5　各站年水沙量线性倾向率

站名	年径流量		年输沙量	
	线性倾向率（亿 m³/10 a）	占多年平均值比例（%）	线性倾向率（亿 t/10 a）	占多年平均值比例（%）
下河沿	-16.56	5.60	-0.319	26.51
石嘴山	-18.32	6.71	-0.257	21.67
三湖河口	-19.65	8.95	-0.259	25.65
头道拐	-20.92	9.78	-0.261	25.55

2. 汛期径流量和输沙量变化

各站汛期水沙量的线性倾向率见表4-6,可以看出,各站线性倾向率的计算值均为负值,说明各站汛期径流量和输沙量均呈减少趋势。同样,汛期输沙量减少量占多年平均值的比例高于汛期径流量的,约高 2 倍,但低于年尺度的倍差,说明非汛期的变化也是较大的,不容忽视。另外,汛期输沙量的减少幅度也明显大于汛期径流量的减少幅度。

表 4-6　各站汛期水沙量线性倾向率

站名	汛期径流量		汛期输沙量	
	线性倾向率 （亿 m^3/10 a）	占多年平均值 比例（%）	线性倾向率 （亿 t/10 a）	占多年平均值 比例（%）
下河沿	−19.15	12.32	−0.289	28.47
石嘴山	−19.19	12.94	−0.233	26.12
三湖河口	−19.25	16.69	−0.245	31.55
头道拐	−19.55	17.24	−0.235	30.06

从三种方法分析的结果来看,各站的年径流量和输沙量、汛期径流量和输沙量均呈减少趋势。滑动平均法表明以上 4 个水沙指标呈阶梯状递减,极值分别出现在 20 世纪 60 年代和 80 年代。Mann – Kendall 趋势检验和线性倾向率法均表明输沙量的减少幅度大于径流量的减少幅度。同时,尽管水沙变化主要发生于汛期,但非汛期的变化也不容忽视。

4.2.2　水沙系列突变点识别与分析

4.2.2.1　Mann – Kendall 突变检验

Mann – Kendall 突变检验(简称 M – K 突变检验)与趋势检验类似,其不同之处在于突变检验时构造秩序列:

$$S_k = \sum_{i=2}^{k} \sum_{j=1}^{i-1} r_{ij} \quad (k = 2,3,\cdots,n) \tag{4-6}$$

式中

$$r_{ij} = \begin{cases} 1, & x_i - x_j > 0 \\ 0, & x_i - x_j \leqslant 0 \end{cases}$$

与趋势检验不同,当 x_i 小于 x_j 时,r_{ij} 取值为零。

S_k 的数学期望和方差为:

$$E(S_k) = \frac{k(k-1)}{4} \tag{4-7}$$

$$var(S_k) = \frac{k(k-1)(2k+5)}{72} \tag{4-8}$$

$$UF_k = \frac{S_k - E(S_k)}{\sqrt{var(S_k)}} \tag{4-9}$$

式中,$k = 2,3,\cdots,n$,统计量 UF_k 服从标准正态分布,所有 UF_k 将组成一条曲线 C_1。在反序列中重复上述计算过程,并使计算值乘以 “ −1 ”,得出 UB_k 及其曲线 C_2。通常取显著水平 $\alpha = 0.05$,相应的检验临界值 $UF_\alpha = 1.96$,若 C_1 和 C_2 的交点位于信度线之间,则此点可能就是突变点。

1. 年径流量

对下河沿、石嘴山、三湖河口和头道拐 4 站 1950～2012 年年径流量进行 M－K 突变检验,检验结果如图 4-10 所示。

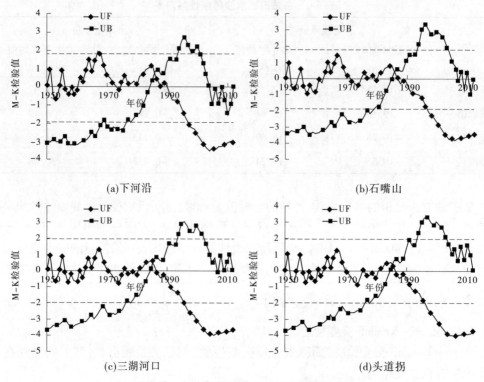

图 4-10　各站年径流量 M－K 突变检验曲线

下河沿站 UF 和 UB 曲线于 1986 年在 95% 的临界线 ±1.96 之间有一个交点,之后 UF 曲线呈持续下降趋势,且 UF 曲线下降超过 −1.96 临界线,通过了 0.05 水平的显著性检验。因此,1986 年可认为是下河沿站年径流量的突变年份。

石嘴山站 UF 和 UB 曲线于 1986 年在 95% 的临界线 ±1.96 之间有一个交点,之后 UF 曲线呈持续下降趋势,通过了 0.05 水平的显著性检验。其突变年份可以确定为 1986 年。

三湖河口站 UF 和 UB 曲线于 1985 年和 1986 年之间在 95% 的临界线 ±1.96 之间有一个交点,之后 UF 曲线持续下降,表明三湖河口年径流量在 1985 年和 1986 年之间发生了突变,考虑到下河沿站和石嘴山站的突变年份,认为三湖河口站年径流量的突变年份为 1986 年。

头道拐站和三湖河口站类似,UF 和 UB 曲线于 1985 年和 1986 年之间在 95% 的临界线 ±1.96 之间有一个交点,之后 UF 曲线持续下降,表明头道拐站年径流量在 1985 年和 1986 年之间发生了突变。同样,考虑到下河沿站和石嘴山站的突变年份,认为头道拐站年径流量的突变年份也为 1986 年。

2. 年输沙量

对下河沿、石嘴山、三湖河口和头道拐 4 站 1950～2012 年年输沙量进行 M－K 突变检验,检验结果如图 4-11 所示。

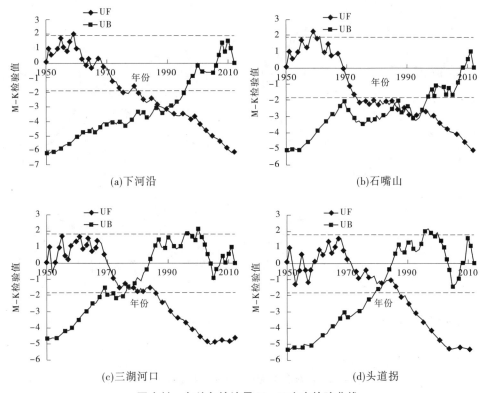

图 4-11　各站年输沙量 M - K 突变检验曲线

下河沿站 1968 年之前 UF 曲线值均大于零,表明这个时段年输沙量总体偏多;1968 年以来,UF 值均为负值,表明年输沙量减少。UF 和 UB 曲线于 1989 年和 1990 年之间在 95% 的临界线 ±1.96 之外有一个交点,由于交点没能通过 α 为 0.05 的显著性检验,所以下河沿站输沙量的突变年份需参考其他方法确定。

石嘴山站在 1968 年之前 UF 曲线为正值,表明这个时段年输沙量总体偏多;1969 年以来,UF 均为负值,年输沙量减少。UF 和 UB 曲线于 1986 年、1988 年、1989 年和 1990 年之间、1992 年、1995 年有多个交点,但均在 95% 的临界线 ±1.96 之外。以上年份可能是石嘴山站年输沙量的突变点,但还需参考其他方法确定。

三湖河口站 1970 年 UF 值为零,之前 UF 曲线为正值,之后均为负值。UF 和 UB 曲线于 1978 年有一个交点,说明三湖河口年输沙量的突变点为 1978 年。

头道拐站 1970 年 UF 值接近零值,自 1971 年起,UF 值均为负值,表明年输沙量减少。UF 和 UB 曲线于 1982 年在 95% 的临界线 ±1.96 之间有一个明显的交点,表明头道拐年输沙量于 1982 年发生了显著的突变。

3. 汛期径流量突变检验

对下河沿、石嘴山、三湖河口和头道拐 4 站 1950～2012 年汛期径流量进行 M - K 突变检验,检验结果如图 4-12 所示。下河沿站 UF 和 UB 线在 1983 年有一个交点,其他各站在 1985 年有一个交点,表明对于汛期径流量,下河沿站的突变点是 1983 年前后,其余各站的突变点为 1985 年前后。

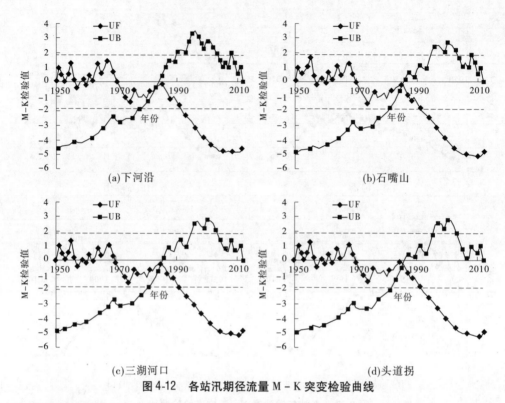

(a)下河沿　　　　　　　　　　(b)石嘴山

(c)三湖河口　　　　　　　　　(d)头道拐

图4-12　各站汛期径流量 M－K 突变检验曲线

4. 汛期输沙量

对下河沿、石嘴山、三湖河口和头道拐4站1950～2012年汛期输沙量进行 M－K 突变检验,检验结果如图4-13所示。下河沿站和石嘴山站的 UF 和 UB 线分别在1985年和1982年有交点,但没能通过 $\alpha=0.05$ 的显著性检验。三湖河口站和头道拐站的 UF 和 UB 线分别在1980年和1983年有交点,且通过了 $\alpha=0.05$ 的显著性检验。因此,下河沿站和石嘴山站汛期输沙量的突变年份有待于通过其他方法进一步确定,三湖河口和头道拐站汛期输沙量的突变年份分别为1980年前后和1983年前后。

4.2.2.2　t 检验

t 检验法通过考察两组样本均值的差异是否显著来检验突变,t 检验的基本思想是:把一连续的时间序列分成两个子序列 x_1,x_2,将两个子序列均值有无显著性差异看作两个总体的均值有无显著性差异的问题来检验,如果子序列的均值差异超过一定的显著性水平,可以认为均值发生了显著变化,发生突变。

对于样本量为 n 的时间序列,设置某时刻作为基准点,把连续的随机变量分成两个子序列 x_1,x_2,其样本量分别为 n_1 和 n_2(在实际操作中,一般取 $n_1=n_2$),均值分别为 $\bar{x}_1$ 和 $\bar{x}_2$,方差分别为 s_1^2 和 s_2^2。

原假设 H_0 即为 $\bar{x}_1-\bar{x}_2=0$,构造统计量:

$$t = \frac{\bar{x}_1 - \bar{x}_2}{s\sqrt{\dfrac{1}{n_1} + \dfrac{1}{n_2}}} \tag{4-10}$$

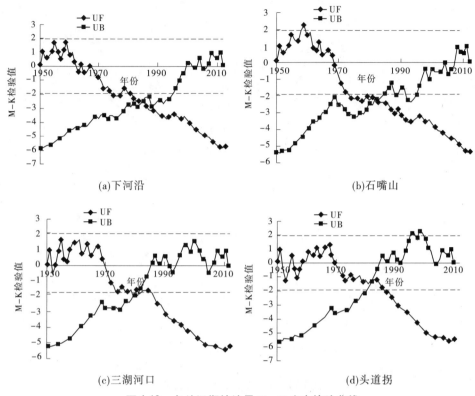

(a)下河沿　　　　　　　　　　(b)石嘴山

(c)三湖河口　　　　　　　　　(d)头道拐

图 4-13　各站汛期输沙量 M－K 突变检验曲线

其中

$$s = \sqrt{\frac{n_1 s_1^2 + n_2 s_2^2}{n_1 + n_2 - 2}}$$

其平方为联合样本方差。式(4-10)遵从自由度为 $n_1 + n_2 - 2$ 的 t 分布。

　　本方法的缺点是子序列的时段选择带有人为性,子序列长度选择不当会造成突变点的漂移,因此需要反复变动子序列长度,进行对比,找出对其变化不敏感的突变点,作为最稳定的突变点,以提高计算结果的可靠性。子序列的长度不应低于 3,且不能超出整个时间序列长度的 1/3。

　　连续计算可得到统计序列 $t_i, i = 1, 2, \cdots, n - (n_1 + n_2) + 1$。给定显著水平 α(一般取 0.05 或 0.10),查 t 分布表得到其临界值 t_α,若 $|t_i| < t_\alpha$,即认为两子序列的均值无显著差异,反之,认为该时间序列在基准点时刻出现了突变。

　　取显著性水平 $\alpha = 0.05, t_\alpha = 2.101$,径流量和输沙量的子序列长度均选择为 10 a。

　　1. 年径流量和输沙量

　　对宁蒙河道各水文站年径流量和输沙量进行 t 检验,t 检验图见图 4-14 和图 4-15。t 值超出 $\alpha = 0.05$ 的临界线的年份较多,取超出部分的极值点作为突变点,则四个水文站年径流量的突变年份均为 1986 年、1991 年和 1995 年。此外,各站 2003 年的 t 值也超出或接近了临界值,根据年径流量变化趋势图,自 2003 年起,各站的年径流量有所增加,t 检验已经检测到该年份为由少增多的突变年份。

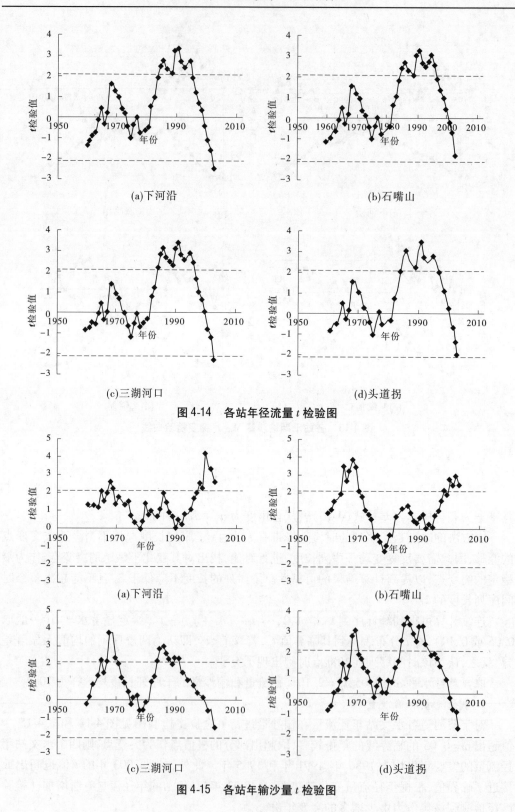

(a)下河沿　　　　　　　　　　　　(b)石嘴山

(c)三湖河口　　　　　　　　　　　(d)头道拐

图 4-14　　各站年径流量 t 检验图

(a)下河沿　　　　　　　　　　　　(b)石嘴山

(c)三湖河口　　　　　　　　　　　(d)头道拐

图 4-15　　各站年输沙量 t 检验图

第 4 章　水沙变化特点与成因　　　　　　　　　　　　　　 ·173·

各站年输沙量的突变年份不一致,仍然按照在 t 检验图上取超出临界线部分的极值点的做法来确认突变年份。下河沿站年输沙量的突变年份有 1968 年、1998 年和 2003 年,石嘴山站年输沙量的突变年份为 1965 年、1968 年、2000 年和 2002 年,三湖河口站年输沙量的突变年份为 1968 年和 1986 年,头道拐站年输沙量的突变年份为 1969 年和 1986 年。

2. 汛期径流量和输沙量

汛期径流量和输沙量的 t 检验图见图 4-16 和图 4-17。根据取极值点的方法,汛期径流量的突变年份为:下河沿站为 1969 年、1986 年和 1990 年,石嘴山站为 1969 年、1986 年和 1990 年,三湖河口站为 1969 年和 1986 年,头道拐站为 1969 年、1986 年和 1991 年。汛期输沙量的突变年份为:下河沿站为 1968 年和 2000 年,石嘴山站为 1965 年、1968 年和 2002 年,三湖河口站为 1968 年和 1986 年,头道拐站为 1969 年和 1986 年。

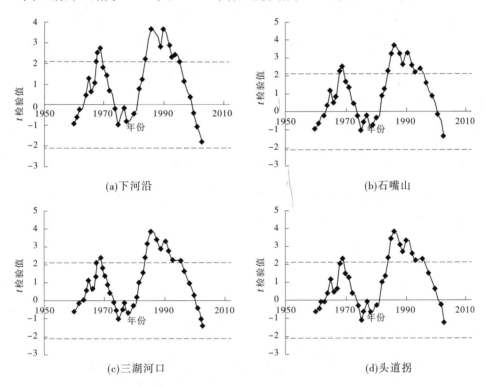

图 4-16　各站汛期径流量 t 检验图

4.2.2.3　距平法

1. 年径流量和输沙量

以 1950~2012 年均值为基准,各年的年径流量、输沙量减去多年均值,得到各年径流量和输沙量的距平值(见图 4-18、图 4-19)。从图 4-18 上来看,自 1986 年起各站年径流量大都低于平均值(除 1989 年外),自 1990 年起各站径流量均低于平均值。因此,年径流量

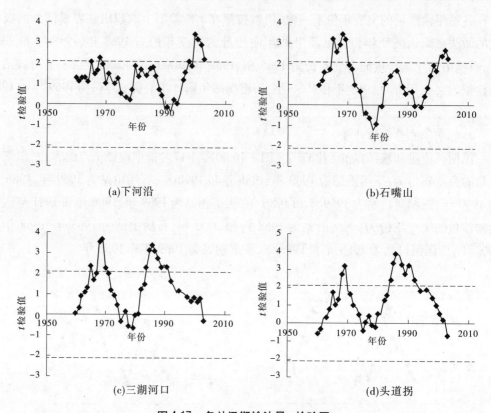

(a)下河沿　　　　　　　　　(b)石嘴山

(c)三湖河口　　　　　　　　(d)头道拐

图4-17　　各站汛期输沙量 t 检验图

的突变年份应为1986年和1990年。年输沙量的突变年份为:下河沿站为1986年,其他几个站均为1986年和1990年。

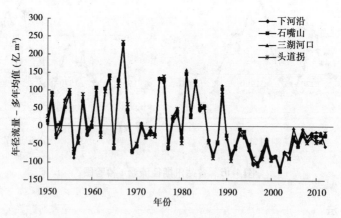

图4-18　年径流量距平

2.汛期径流量和输沙量

各站汛期径流量和输沙量的距平图,见图4-20和图4-21。汛期径流量的突变年份为1986年和1990年。

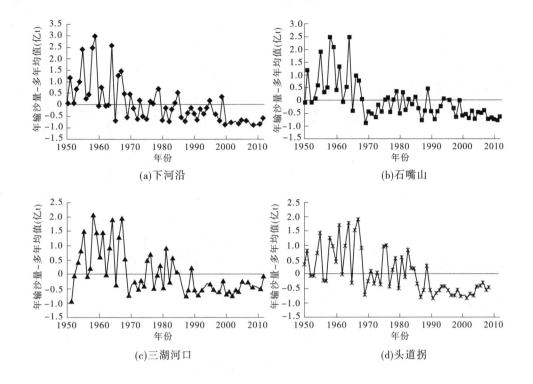

图 4-19　年输沙量距平

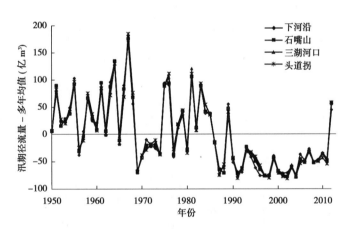

图 4-20　汛期径流量距平

下河沿汛期输沙量的突变年份为 1980 年和 1986 年,石嘴山为 1982 年和 1990 年,三湖河口为 1986 年,头道拐为 1986 年和 1990 年。

利用上述三种方法分别对年径流量和输沙量、汛期径流量和输沙量的突变年份进行了检验,其检验结果见表 4-7。

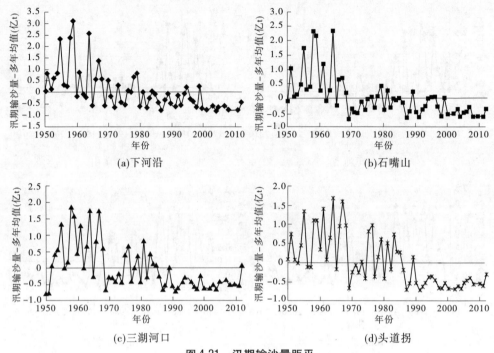

(a)下河沿　　　　　　　　　(b)石嘴山

(c)三湖河口　　　　　　　　　(d)头道拐

图 4-21　汛期输沙量距平

表 4-7　各站水沙变化突变年份

水沙指标		下河沿	石嘴山	三湖河口	头道拐
年径流量	M－K 检验	1986	1986	1986	1986
	t 检验	1986、1991、1995、2003	1986、1991、1995、2003	1986、1991、1995	1986、1991、1995
	距平法	1986、1990	1986、1990	1986、1990	1986、1990
年输沙量	M－K 检验	1989、1990	1986、1988、1989、1990、1992、1995	1978	1982
	t 检验	1968、1998、2003	1965、1968、2000、2002	1968、1986	1969、1986
	距平法	1986	1986、1990	1986、1990	1986、1990
汛期径流量	M－K 检验	1983	1985	1985	1985
	t 检验	1969、1986、1990	1969、1986、1990	1969、1986	1969、1986、1991
	距平法	1986、1990	1986、1990	1986、1990	1986、1990
汛期输沙量	M－K 检验	1985	1982	1980	1983
	t 检验	1968、2000	1965、1968、2002	1968、1986	1969、1986
	距平法	1980、1986	1982、1990	1986	1986、1990

综合分析表明:

(1)年径流量的突变年份。M－K 检验的结果均为 1986 年,t 检验和距平法检测的突变年份有多个,其中距平法检验表明 1990 年前后也有突变年份,t 检验显示的突变年份还有 20 世纪 90 年代初期和中期。对突变点的判断,除通过不同方法定量计算外,还必须充分结合河流水沙环境系统的实际变化情况。如在宁蒙河段,1968 年刘家峡水库的运用、1986 年以后龙刘水库的联合运用等,必然极大地干扰水沙环境系统,对水沙过程起到调控作用。故通过综合分析,取 1986 年为第一突变点,而 20 世纪 90 年代初又发生第二次突变。

(2)年输沙量的突变年份。三种方法检测得到的年输沙量的突变年份较为散乱,同理,经综合分析判断,第一突变年份为 1968 年,1986 年再次突变。

(3)汛期径流量的突变年份。汛期径流量与年径流量相似,在 1986 年发生突变。另外,刘家峡水库于 1968 年 10 月 15 日开始蓄水[11],水库对汛期径流量具有较大的调节能力,使得汛期径流量自 1969 年发生突变。因此,汛期径流量的第一突变年份为 1968 年,第二突变年份为 1986 年。

(4)汛期输沙量的突变年份与年输沙量的突变年份一致。

经以上综合分析,确定宁蒙河段各水文站的水沙突变年份,见表 4-8。

表 4-8　各站水沙变化突变年份

水沙指标		下河沿	石嘴山	三湖河口	头道拐
年径流量	突变年份 1	1986	1986	1986	1986
	突变年份 2	1990~1991	1990~1991	1990~1991	1990~1991
年输沙量	突变年份 1	1968	1968	1968	1968
	突变年份 2	1986	1986	1986	1986
汛期径流量	突变年份 1	1968	1968	1968	1968
	突变年份 2	1986	1986	1986	1986
汛期输沙量	突变年份 1	1968	1968	1968	1968
	突变年份 2	1986	1986	1986	1986

4.3　实测水沙系列变化时空特征

4.3.1　实测水沙量时空变化特征

图 4-22 和图 4-23 为宁蒙河段主要水文站年径流量和年输沙量不同时段与 1952~1960 年(代表天然时期)相比的增减量。1961~1968 年和 1969~1986 年两个时段各站年径流量与天然时期相比均是增加的,前一时段年径流量增加的量值自下河沿至三湖河口依次减少,头道拐年径流量增加量略大于三湖河口,但小于下河沿和石嘴山。后一时段年

径流量增加量自下河沿至头道拐沿程减小。1987 年以后的两个时段,随着经济社会的快速发展,工农业用水和生活用水日益增多,各站年径流量与天然时期相比均呈现减少的特征,且减少的量值沿程增加。

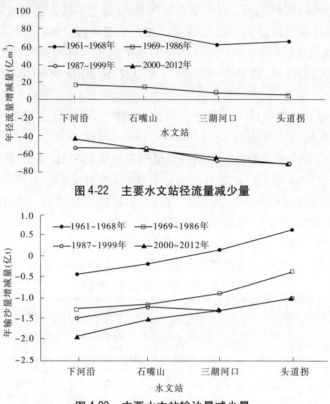

图 4-22　主要水文站径流量减少量

图 4-23　主要水文站输沙量减少量

1961～1968 年,下河沿和石嘴山站的年输沙量较天然时期有所减少,但三湖河口和头道拐站输沙量有所增加。此外的其他几个时段与天然时期相比,输沙量均有所减少,下河沿站输沙量减少量最大,沿程随着河道冲淤的调整,输沙量减少量有所减小。

图 4-24 为宁蒙河段主要水文站水沙变化趋势的 M－K 检验值,年径流量和汛期径流

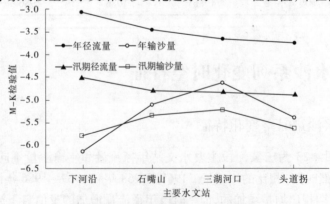

图 4-24　水沙变化趋势 M－K 检验值

量自下河沿至头道拐 M－K 检验值的绝对值依次增大,表明宁蒙河段径流量减少幅度沿程依次增大。宁蒙河段途经宁夏和内蒙古两大灌区,区间向灌区供水,径流量沿程耗损和减少,径流量减幅沿程增加。

下河沿年输沙量和汛期输沙量 M－K 检验值的绝对值最大,表明下河沿输沙量减幅最大。从实际情况来看,下河沿站距离刘家峡水库最近,受水库拦沙影响最明显,因此其减沙幅度最大。自下河沿往下,受支流泥沙汇入及河道沿程冲淤调整的影响,至石嘴山站和三湖河口站泥沙得到适量补充,减幅有所变小。三湖河口—头道拐长期以来一直是宁蒙河道淤积较为严重的河段,泥沙在该河段落淤后,导致头道拐的沙量减幅又有所增加。

4.3.2　水沙组合关系时空变化规律

4.3.2.1　含沙量变化

水流含沙量是表征水沙组合关系的重要指标,直观反映了来沙量与径流量的组合关系,在一定程度上反映了水流输沙能力的大小。各站不同时段含沙量变化见图 4-25 和图 4-26,各时段含沙量统计见表 4-9。以 1950～1968 年为基准,各时段含沙量较该时期的减少比例见表 4-10。

各站年和汛期含沙量变化的总趋势为逐渐减小,尤其是 1968 年以后,含沙量已有明显减少,这主要是由于刘家峡水库拦沙的作用结果。较 1969 年之前,1969～1986 年沿程 4 个水文站的年均含沙量分别减少 43.5%、49.2%、47.1% 和 31.3%,头道拐站的含沙量减少幅度最小。在龙羊峡、刘家峡水库联合运用后的 1987～1999 年,石嘴山以上含沙量变化相对不大,但三湖河口和头道拐的含沙量进一步降低。2000 年以来,三湖河口、头道拐含沙量较之前的 1987～1999 年时段含沙量变化并不大,但下河沿、石嘴山站的含沙量则急剧降低,分别较 1987～1999 年减少 52.8% 和 32.5%,较 1968 年以前的减少 73% 和 57%。

从沿程变化来看,刘家峡水库运用前的 1950～1968 年,含沙量沿程逐渐增加,至三湖河口—头道拐河段基本上平衡;刘家峡水库单库运用的 1969～1986 年期间,宁蒙河道发生冲刷,含沙量基本上呈沿程增加的趋势;龙刘水库联合运用后,年均含沙量沿程变化较为复杂,规律性不明显,汛期含沙量沿程减小。2000 年以后,三湖河口以上河段发生冲刷,三湖河口的含沙量最大,三湖河口—头道拐区间有所淤积,头道拐含沙量降低。

虽然各站含沙量均呈递减趋势,但头道拐站含沙量减小的趋势较缓慢,下河沿、石嘴山和三湖河口站自 20 世纪 60 年代至 70 年代,含沙量减小趋势较快。头道拐站含沙量在这一时期变化较缓的原因之一是,三湖河口—头道拐河段河床发生较大冲淤调整,再者与十大孔兑的含沙水流入汇也有一定关系。下河沿站和石嘴山站至 20 世纪 90 年代中后期出现极值点,2000 年后又有所减小。三湖河口站在 20 世纪 90 年代的极值不明显,且 2000 年后含沙量略有增加趋势,但相对变化不大。头道拐断面的含沙量自 1960 年以来,基本上处于持续减少的趋势。2000 年后含沙量沿程基本上都处于一个最低水平状态。

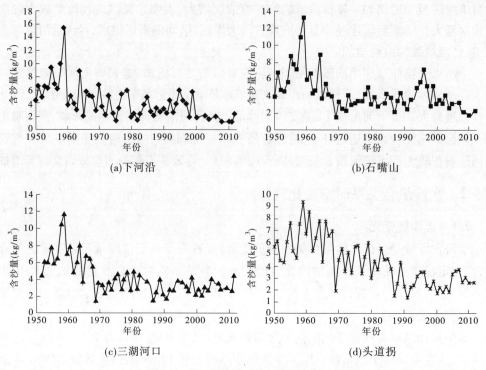

图 4-25　各水文站年均含沙量历年变化

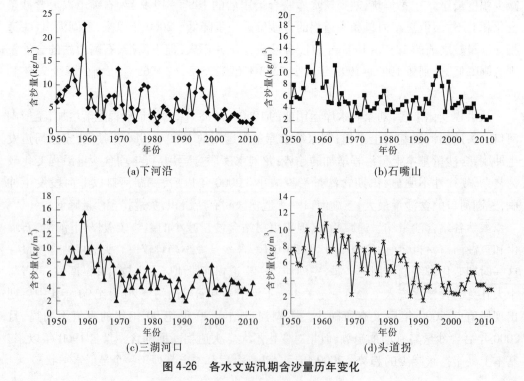

图 4-26　各水文站汛期含沙量历年变化

表 4-9　宁蒙河段各水文站不同时段含沙量统计　　（单位:kg/m³）

时段	年均含沙量				汛期平均含沙量			
	下河沿	石嘴山	三湖河口	头道拐	下河沿	石嘴山	三湖河口	头道拐
1950～1968 年	6.2	6.3	6.8	6.4	8.7	8.0	9.0	8.4
1969～1986 年	3.5	3.2	3.6	4.4	5.7	4.3	5.2	6.3
1987～1999 年	3.6	4.0	2.9	2.6	6.8	6.1	4.6	3.9
2000～2012 年	1.7	2.7	3.1	2.6	2.8	3.7	4.1	3.4

表 4-10　宁蒙河段各水文站不同时段含沙量减少幅度　　（%）

时段	年均含沙量				汛期平均含沙量			
	下河沿	石嘴山	三湖河口	头道拐	下河沿	石嘴山	三湖河口	头道拐
1969～1986 年	-43.5	-49.2	-47.1	-31.3	-34.5	-46.3	-42.2	-25.0
1987～1999 年	-41.9	-36.5	-57.4	-59.4	-21.8	-23.8	-48.9	-53.6
2000～2012 年	-72.6	-57.1	-54.4	-59.4	-67.8	-53.8	-54.4	-59.5

4.3.2.2　来沙系数变化

来沙系数定义为 S/Q（S 为含沙量,Q 为流量）,是另一个常用的表征水沙关系的参数,涉及泥沙输移和河床演变的多个方面,是影响河道输沙能力的重要参数[12, 13],可以作为河道输沙平衡和河道冲淤的判别指标[14, 15]。当来沙系数大于(小于或等于)某一特定值时,河道一般表现为淤积(冲刷或冲淤平衡)。还有研究表明,来沙系数也同时影响到平滩面积、平滩流量及河道的宽深比[16-19]。根据吴保生等[14]的研究,来沙系数代表单位流量含沙量的大小、单位水流功率含沙量的大小及实测含沙量与临界含沙量的比值,反映了水沙搭配状况,同时也是非平衡输沙公式中的一个关键参数,具有较好的物理意义。因此,选用来沙系数作为水沙特性的表征指标之一。

从来沙系数时程变化的总体趋势看,自 20 世纪 50 年代以来,各断面均处于不断减少的状态,2000～2012 年下河沿、石嘴山、三湖河口和头道拐的年均来沙系数分别较 1968年以前减少 64%、39%、31% 和 34%,以石嘴山以上减少最多。汛期来沙系数的时程变化具有相同的特征,总体上不同时段各断面的来沙系数呈减少趋势,但是,一是减幅不及年均的大,二是三湖河口、头道拐断面的来沙系数是增加的,分别增加 18%、11%。根据分析,三湖河口、头道拐来沙系数增加的主要原因是 2012 年宁蒙河道出现了较大且历时较长的洪水过程,引起下段河道发生了明显冲刷。

各站不同时段来沙系数统计见表 4-11。从年均来沙系数来看,自下河沿至头道拐,来沙系数沿程增加,说明该区间内加水不多,加沙较多,尤其是三湖河口—头道拐区间的十大孔兑,遇到强降雨时挟带大量高含沙洪水进入河道,甚至发生堵塞河道的现象。

表 4-11　宁蒙河段各水文站不同时段来沙系数统计　　（单位:kg·s/m⁶）

时段	年均来沙系数				汛期平均来沙系数			
	下河沿	石嘴山	三湖河口	头道拐	下河沿	石嘴山	三湖河口	头道拐
1950~1968 年	0.006 1	0.006 6	0.008 6	0.008 0	0.013 9	0.013 4	0.018 2	0.017 1
1969~1986 年	0.003 7	0.003 6	0.004 7	0.006 0	0.012 3	0.009 1	0.013 7	0.017 2
1987~1999 年	0.004 7	0.005 8	0.005 7	0.005 1	0.022 1	0.020 3	0.023 5	0.020 2
2000~2012 年	0.002 2	0.004 0	0.005 9	0.005 3	0.008 6	0.012 7	0.021 5	0.019 0

　　各站年和汛期来沙系数变化见图 4-27 和图 4-28。1960 年之前,各站的来沙系数最大,其中以 1959 年为最大。除此之外,下河沿站年来沙系数的显著极值点还有 1970 年、1977 年和 1995 年,石嘴山、三湖河口和头道拐三站年来沙系数的显著极值点均在 1996 年。

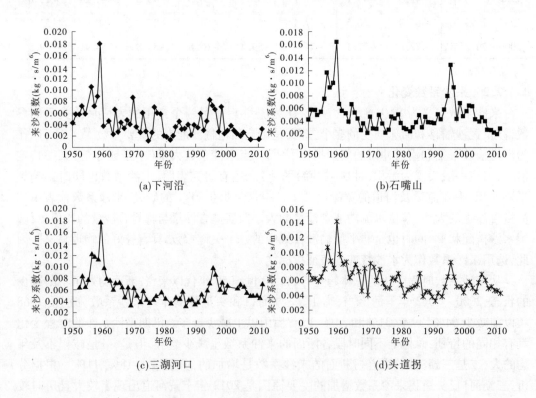

图 4-27　各水文站年来沙系数历年变化

　　汛期来沙系数的变化过程更体现了各站之间的差异。下河沿站主要受上游龙刘水库的影响,汛期大流量过程减小,导致其来沙系数偏高。其他三站除受下河沿站水沙条件影响外,还受区间支流、青铜峡水库、三盛公水库调控及河道冲淤调整的影响,其变化形态与下河沿有所不同。其中石嘴山站和三湖河口站的变化趋势相近,头道拐站受十大孔兑来沙影响,汛期来沙系数普遍较大。

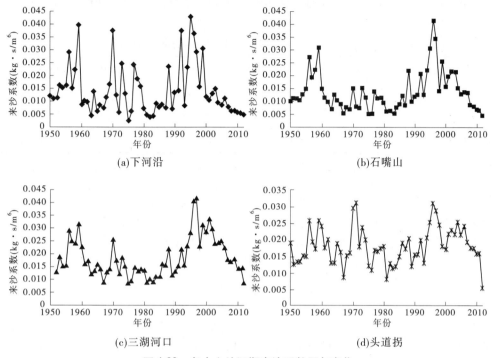

(a)下河沿　　　　　　　　　　　　　　　(b)石嘴山

(c)三湖河口　　　　　　　　　　　　　　(d)头道拐

图 4-28　各水文站汛期来沙系数历年变化

4.4　近期水沙变化原因分析

4.4.1　降雨径流输沙量变化

据统计,宁蒙河段基准期(1954 ~ 1969 年,下同)年均降水量 274.6 mm,其中 6 ~ 9 月降水量为 202.2 mm。2000 ~ 2012 年平均降水量较基准期减少 13.2%,其中 6 ~ 9 月降水量减少 13.3%,7 ~ 8 月降水量减少 27.6%(见图 4-29)。

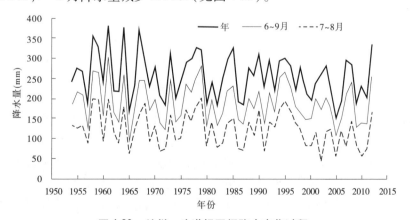

图 4-29　兰州—头道拐区间降水变化过程

基准期头道拐断面与兰州断面年均实测输沙量之差为 5 491 万 t,2000～2012 年相应年均实测输沙量之差较基准期减少 59.0%(见表 4-12)。

表 4-12　兰州—头道拐年降水量、实测径流量和输沙量

统计参数	1954～1969 年	1970～1986 年	1987～1999 年	2000～2012 年	1954～2012 年
降水量(mm)	274.6	255.4	258.9	238.3	257.6
径流量(亿 m³)*	−81.9	−88	−102.7	−119	−96.4
输沙量(万 t)	5 491	6 272	−614	2 249	3 657

注:*实测径流量为负值,表示兰州—头道拐区间径流沿程减少。

祖厉河、清水河和十大孔兑多年平均径流量 5.01 亿 m³;年均产沙量 1.57 亿 t,其中祖厉河为主要产沙支流,多年平均产沙量 0.72 亿 t。风成沙也是该区的泥沙来源之一,由第 1 章介绍知,根据现有研究成果,年均入黄风成沙为 1 800 万～5 300 万 t。

产水少用水多、径流量沿程减少是该片区径流的主要特征。1954～1969 年兰州—头道拐区间年径流沿程减少量为 81.9 亿 m³;20 世纪 80 年代以来,经济社会用水量不断增大,兰州—头道拐区间径流沿程减少量增加趋势明显,如 2005 年径流沿程减少量达到 150 多亿 m³。2010 年以来径流沿程减少量有所降低,但仍在 100 亿 m³ 以上。2012 年因宁蒙河段降水量大,径流沿程减少量回落,为 94.2 亿 m³。据统计,2000～2012 年该区间径流沿程减少量为 119.0 亿 m³,较基准期减少了 37.1 亿 m³,减幅为 45.3%(见图 4-30)。

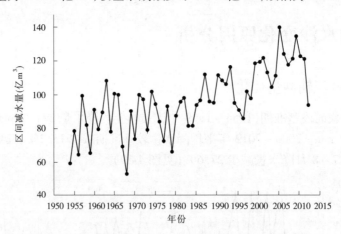

图 4-30　兰州—头道拐区间实测年径流减少量变化过程

头道拐实测输沙量有三次较大的变化(见图 4-31),刘家峡水库开始运用的 1968 年前,头道拐年均输沙量为 1.73 亿 t;之后由于刘家峡水库拦蓄作用,至 1986 年输沙量减至 1.15 亿 t,为之前的 66.5%;自龙羊峡、刘家峡水库联合运用到 2000 年,输沙量基本维持在 1968 年以前的 1/4 左右,但 2012 年由于兰州以上地区降水量偏多,头道拐 7～10 月径流量较多年均值增加 40%以上,其输沙量也相应增加,达到 0.68 亿 t,为 2000 年以来最多,但仍不足 1968 年以前的 40%。

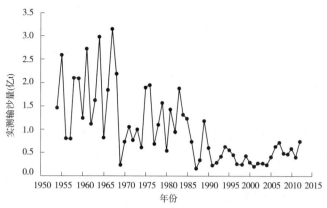

图 4-31　头道拐水文站实测输沙量变化过程

4.4.2　多因子对水沙关系变化贡献率评价

4.4.2.1　评价方法

评价方法采用"水土保持－水文综合分析方法"。所谓"水土保持－水文综合分析方法",是对"水土保持分析法"(简称水保法)和"水文分析方法"(简称水文法)的综合集成,即通过"水保法"估算水利水土保持措施对水沙变化的贡献率,利用"水文法"评估降雨对水沙变化的贡献率,并根据两种方法的估算结果,与河段水沙变化量进行径流泥沙平衡计算,从而综合评估多因素对水沙变化的贡献率。

1. 水文法

水文法即利用评价期(又称为"治理期")以前(通常称为基准期)实测的水文泥沙资料,建立降雨产流产沙数学模型,然后将评价期的降雨因子代入所建模型,计算出评价期前的产流产沙量,与基准期的相比,即可评估出因降雨变化所引起的水沙变化量;再与评价期的实测水沙量比较,其差值即为水利水土保持综合治理等人类活动减少的水量和沙量。利用水文法可以区分降雨变化和水利水土保持措施综合治理对流域水沙变化及减水减沙的影响程度。本次的基准期为 1970 年,利用 1970 年前 6~9 月和 7~8 月降雨量与年输沙量进行回归分析,按照相关系数最大的原则,确定经验模型,进而计算 2000~2012 年的"天然"产沙量,与 1954~1969 年相比,得到 2000~2012 年因降雨变化所引起的泥沙减少量。

其计算步骤为:

(1)建立评价期以前的降雨产流产沙模型,设

$$W = f(x_1, x_2, x_3, \cdots, x_n) \tag{4-11}$$

式中:W 为产流量或产沙量;f 为某一函数;$x_1, x_2, x_3, \cdots, x_n$ 为降雨因子。

(2)将评价期的降雨因子代入式(4-11),得到评价期降雨水平下,应当产生的径流量或泥沙量,设为 W'。如果基准期的产流量或产沙量为 W_0,则降雨的减水量或减沙量 ΔW 为

$$\Delta W = W_0 - W' \tag{4-12}$$

(3)设评价期的实测径流量或产沙量为 W_p,则包括降雨、人类活动综合影响的减水

减沙量为

$$\Delta W_0 = W_0 - W_p \tag{4-13}$$

（4）由式（4-12）和式（4-13）得到在总的减水减沙量中降雨的贡献率 η：

$$\eta = \frac{\Delta W}{\Delta W_0} \times 100\% \tag{4-14}$$

2. 水保法

水保法也叫"成因分析法"，通过对不同地区水土保持径流试验小区观测的水土保持措施减水减沙资料统计分析，确定每单项措施在单位面积上的减水减沙量，即减水减沙指标，并按一定方法进行尺度转换后再推到流域面上；再根据各单项水土保持措施减水减沙指标和单项措施面积，二者相乘即得到分项水土保持措施减水减沙量，逐项相加，并考虑流域产沙在河道运行中的冲淤变化及人类活动新增水土流失等因素，即可得到流域面上水利水土保持综合治理的减水减沙量。通过水保法分析，可以清楚了解各单项水利水土保持措施在流域水沙变化中的贡献率，能与水文法计算结果进行佐证分析，并可以对未来水沙变化趋势进行预测。本次计算主要评估了梯田、林地、草地、坝地和封禁等水土保持措施减水减沙量。

水保法的计算公式为

减水量　　　　　　　　$\Delta W' = \sum \alpha_{Ri} f_i \tag{4-15}$

减沙量　　　　　　　　$\Delta W'_S = \sum \alpha_{Si} f_i \tag{4-16}$

式中：α_{Ri}、α_{Si} 分别为各单项水土保持措施减水指标和减沙指标；f_i 为各单项水土保持措施面积；$\Delta W'$、$\Delta W'_S$ 分别为各单项水土保持措施减水量和减沙量。

4.4.2.2　宁蒙河段水土保持措施及现状保存量

宁蒙河段水土保持措施主要有梯田、林地、草地、封禁和淤地坝等，主要分布于祖厉河、清水河和十大孔兑。根据第一次全国水利普查成果，祖厉河、清水河和十大孔兑水土流失综合治理以林草措施为主，其面积占治理面积的 79.2%，淤地坝坝地面积不足 1%（见表 4-13），建坝座数 839 座。

表 4-13　兰州—头道拐区间主要支流水土保持措施量

流域	梯田（hm²）	林地（hm²）	草地（hm²）	封禁（hm²）	坝地面积（hm²）	合计（hm²）
祖厉河	274 313	265 103	180 678	44 628	3 637	768 358
清水河	83 667	184 715	48 569	341 023	6 075	664 050
十大孔兑	1 685	250 626	23 620	82 678	4 534	363 143
合计	359 665	700 444	252 867	468 329	14 246	1 795 551

4.4.2.3　影响因素贡献率分析

（1）灌溉等经济社会用水量增加是径流减少的主要因素。

宁蒙河段建有宁夏、内蒙古两大引黄灌区（简称宁蒙灌区），是黄河流域大型灌区之一，其灌溉引水对该河段的水沙变化起到较大的作用，尤其是在上游地区降雨较少的时段,其影响更为明显。

　　根据灌区所在河段的水文站布设情况,考虑进、退水相关联,合并引、退水河段,分成下河沿—石嘴山、石嘴山—三湖河口和三湖河口—头道拐河段。由 1950～2012 年长系列分析,宁蒙河段河道进出口水量差 86.4 亿 m³,即出口头道拐站径流量比进口下河沿站少 86.4 亿 m³。水量差主要发生在下河沿—石嘴山和石嘴山—三湖河口河段,分别占到总水量差的 32% 和 62%(见表 4-14)。根据图 4-32 分析,长时期区间水量差呈增加的趋势,也就是说区间减水量在不断增大。

表 4-14　宁蒙河段河道多年平均水量差

分析参数	河段			
	下河沿—石嘴山	石嘴山—三湖河口	三湖河口—头道拐	下河沿—头道拐
水量差(亿 m³)	−27.3	−53.5	−5.6	−86.4
占下河沿—头道拐比例(%)	32	62	6	100

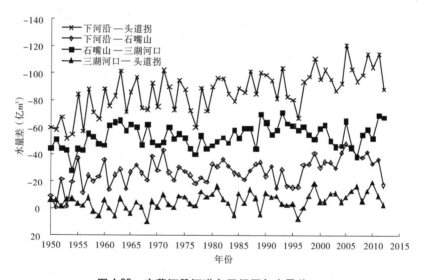

图 4-32　宁蒙河段河道各区间历年水量差

　　宁蒙河段引、退水口众多,引退水很复杂,分河段统计资料较少,而各省区有比较系统的测验资料,因此将宁蒙河段分为两段:宁夏河段(下河沿—石嘴山)和内蒙古河段(石嘴山—头道拐),分析区间水量各因素的变化。根据水利普查及黄河水资源公报资料情况,目前所用资料统计的引水能控制区间总引水量的 90% 左右。

　　宁夏下河沿—石嘴山河段不同时期水量组成见表 4-15、图 4-33。多年平均(1952～2012 年)水量差为 28.1 亿 m³,出口石嘴山站比进口下河沿站少 28.1 亿 m³。对水量差影响最大的是区间耗水,多年平均耗水量为 31.3 亿 m³,比水量差还要多。支流来水和区间未控区水量较小,合计占到水量差的 11%。

表 4-15　下河沿—石嘴山河段不同时期水量组成　　（单位:亿 m³）

时段	水量差	耗水量		3 条支流 (清水河、苦水河、红柳沟)		区间未控区	
		水量	占水量差比例(%)	水量	占水量差比例(%)	水量	占水量差比例(%)
1952～1968 年	-22.7	-25.3	111	1.7	-7	0.9	-4
1969～1986 年	-28.1	-30.1	107	1.6	-6	0.4	-1
1987～1999 年	-27.0	-34.5	128	2.5	-9	5.0	-19
2000～2012 年	-36.1	-37.8	105	2.2	-6	-0.5	1
1952～2012 年	-28.1	-31.3	111	2.0	-7	1.2	-4

注:差值为出口 – 进口,耗水量 1970 年以前采用《黄河水沙变化研究》(黄河水利出版社,2002 年 9 月),1970～1998 年采用成果《黄河流域水沙变化情势分析与评价》(姚文艺等,黄河水利出版社,2011 年 11 月),1998 年以后采用历年《黄河水资源公报》数据。

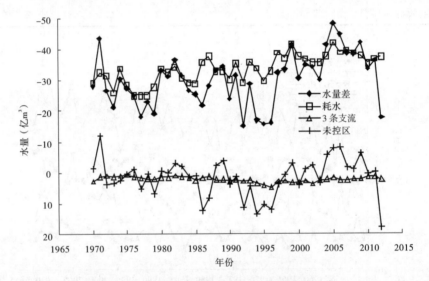

图 4-33　下河沿—石嘴山河段历年水量差及其组成

　　石嘴山—头道拐区间 1972～2012 年平均水量差为 62.2 亿 m³,主要由耗水造成,多年平均为 52.8 亿 m³,占到区间水量差的 85%。支流来水很少,多年平均仅 0.7 亿 m³,仅占水量差的 1%。区间未控区为减水 10.1 亿 m³,占到水量差的 16%。石嘴山—头道拐区间水量差和耗水自 20 世纪 80 年代后期开始增加,一直到近期变化较小,基本稳定在 65 亿 m³ 和 54 亿～58 亿 m³(见表 4-16 和图 4-34)。

　　进一步分析表明,灌溉用水是该区间径流减少的主要因素。

　　1954～1969 年宁蒙灌区年均引水量为 69.88 亿 m³,之后随着农业发展,宁蒙灌区引水量逐年代大幅增加,在 20 世纪 90 年代引水量为最多,年均达到 160.78 亿 m³,较 1954～1969 年增加 90.90 亿 m³。到 2000 年,宁蒙灌区引水量开始有所减少,不过 2000～2012 年平均仍然达 110.69 亿 m³,较 1954～1969 年增加 40.81 亿 m³,相应耗水量增加 24.8 亿 m³;超采地下水对地表径流的影响约 1.8 亿 m³。因此,经济社会用水(包括地下水超采)

对径流减少量 37.1 亿 m³ 的贡献率占到 71.6%。

表 4-16　石嘴山—头道拐不同时期水量组成

时段	水量差 (亿 m³)	耗水		4 条支流 （毛不拉孔兑、西柳沟、 昆都仑河、罕台川）		区间未控区	
		水量 (亿 m³)	占水量差 比例(%)	水量 (亿 m³)	占水量差 比例(%)	水量 (亿 m³)	占水量差 比例(%)
1972~1986 年	−57.6	−46.2	80	0.8	−1	−12.2	21
1987~1999 年	−65.2	−54.3	83	1.0	−1	−11.9	18
2000~2012 年	−64.7	−58.8	91	0.5	−1	−6.4	10
1972~2012 年	−62.2	−52.8	85	0.7	−1	−10.1	16

注：耗水量 1998 年以前采用《黄河流域水沙变化情势分析与评价》成果,1998 年以后采用历年《黄河水资源公报》数据。

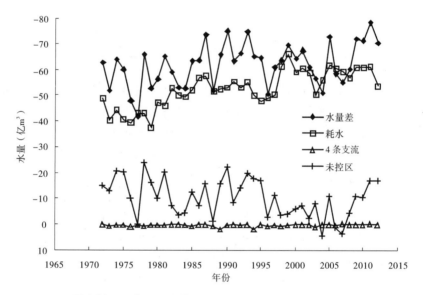

图 4-34　石嘴山—头道拐河段历年水量差及其组成

（2）降水变化是区间支流泥沙减少的主要原因之一。

根据水文法计算,与基准期相比,2000 年以来年平均降水量减少 13.2%,6~9 月减少 13.3%,7~8 月减少 27.6%,由于汛期降水减少,导致区间支流泥沙减少。据初步估计,与基准期实测输沙量相比,2000 年以来该区间因降水变化影响的减沙量为 0.13 亿 t,约占该时段总减沙量的 39.3%。

（3）生态建设工程是泥沙减少的主要因素。

祖厉河、清水河、十大孔兑上游通过实施退耕还林草、生态修复工程,对干流水沙变化也起到了驱动作用。例如近年来西柳沟流域植被覆盖率明显增加,径流量和输沙量都有明显减少。同时,祖厉河流域梯田和清水河流域淤地坝对该区间的水沙变化也有一定影响。根据水保法分析,该片区生态建设工程减沙量约为 0.15 亿 t,约占该时段总减沙量的

45.3%。

　　龙刘水库联合运用使汛期进入兰州—头道拐区间的大流量过程明显减少,如刘家峡水库单库运用期平均削减洪峰20%,龙刘水库联合运用后削峰作用更加明显,基本上达到60%。同时,径流量年内分配发生根本性改变,出现了以非汛期来水为主的现象,汛期径流量仅占全年的40%左右(见表4-17)。汛期径流量减少,使输沙的大流量减小,导致1986年以来主河槽发生严重淤积,对头道拐的水沙变化有一定影响。如1986~1999年宁蒙河道年平均淤积量达到0.71亿t;2000年以来由于遇到部分年份来水量较多,而来沙量有所降低,年均淤积量减为0.25亿t,但主要淤积在主槽中,较基准期年均淤1 000万t左右。另外,该片区水库年均淤积量为500万t。因此,水库运用对下游河道冲淤影响及水库拦沙的总量为1 500万t,对总减沙量的贡献率为46.3%。

表4-17　龙刘水库运用后下河沿径流量年内分配

时段	不同时段径流量(亿 m³)			汛期占全年 比例(%)
	非汛期	汛期	全年	
1969~1986年	152.4	171.7	324.1	53.0
1987~2002年	143.9	103.7	247.6	41.9

　　另外,宁蒙灌区引水的同时也会引出一部分泥沙。根据统计,该区间基准期的干流引沙量为0.4亿t左右。自20世纪60年代,虽然引水量有所增加,但引沙量却有所减少,2000年以来宁蒙灌区年引沙量约0.3亿t,较基准期少引0.1亿t。

　　近年来该片区生态建设工程、河道淤积减沙量约0.25亿t,其中生态建设工程占该片区总减沙量的45.3%,河道淤积占30.8%。

　　综上所述,导致兰州—头道拐区间径流量减少的主要因素为灌溉等经济社会用水增加,其中20世纪80~90年代用水增加明显,2000年以来相对稳定,但仍略有增加,包括超采地下水对地表径流影响在内的经济社会耗水增量占区间实测径流减少量37.1亿 m³的71.6%;泥沙量减少的主要因素是生态工程建设和降水减少,其中生态工程建设和降水的作用分别为45.3%和39.3%。

4.5　小　结

　　(1)20世纪60年代以前,宁蒙河道基本属于天然状态。20世纪60年代至80年代中期,受干流一系列水库建设及黄土高原地区水土保持措施的影响,宁蒙河道水量有所增加、输沙量有所减少。之后一直到20世纪90年代末,宁蒙河道水沙量大幅减少,其中沙量减幅远大于水量减幅。进入21世纪以来,宁蒙河道径流量变化不大,但兰州站输沙量大幅度减少,由1987~1999年的0.51亿t减少至0.21亿t。

　　(2)通过各种方法分析得到,宁蒙河道水沙量自1919年以来呈持续减少趋势,其中输沙量的减幅大于径流量的减幅。突变检验分析表明,下河沿、石嘴山、三湖河口和头道拐等四个站的年径流量突变年份为1986年和1990~1991年,年输沙量、汛期径流量和输沙量的突变年份均为 1968 年和 1986 年。水沙突变主要受水库修建等人类活动因素的影响。

（3）宁蒙河道年径流量和汛期径流量受水库拦蓄和沿途引水的影响，减少幅度自下河沿至头道拐沿程依次增大。年输沙量和汛期输沙量减少幅度以下河沿站为最大，受支流泥沙汇入及河道冲淤调整的影响，至石嘴山和三湖河口站泥沙得到一定补充，减幅有所变小。受三湖河口—头道拐河段淤积影响，头道拐输沙量减幅又有所增加。

（4）各站年和汛期含沙量、来沙系数变化的总趋势为逐渐减小，但是在 90 年代中期出现增大的现象。龙羊峡水库修建之前，宁蒙河道含沙量基本上呈沿程增加的趋势，龙刘水库联合运用后，汛期含沙量沿程减小，年均含沙量沿程变化规律性不明显。年和汛期来沙系数的减少幅度以下河沿和石嘴山为最大，年均来沙系数较汛期来沙系数减幅大。

（5）分析表明，灌溉等经济社会用水量增加是宁蒙河道径流减少的主要因素，占兰州—头道拐区间径流量减少的 71.6%。降水变化和生态工程建设是宁蒙河道泥沙减少的主要因素，其引起的泥沙减少量分别占到泥沙减少总量的 45.3% 和 39.3%。

参考文献

[1] 周婷,于福亮,李传哲,等. 1960—2005 年湄公河流域径流量演变趋势[J]. 河海大学学报(自然科学版),2010(6):608-613.

[2] Jhajharia D,Shrivastava S,Sarkar D. Temporal characteristics of pan evaporation trends under the humid conditions of northeast India[J]. Agricultural & Forest Meteorology,2009(149):763-770.

[3] Mann H B. Nonparametric Tests Against Trend[J]. Econometrica,1945(3): 245-259.

[4] Kendall M. Rank correlation methods[M]. New York: Oxford University Press, 1975: Charles Griffin & Co.

[5] Hanssen-Bauer I F E. Long-term trends in precipitation and temperature in the Norwegian Arctic: can they be explained by changes in atmospheric circulation patterns? [J]. Clim Res,1998(10): 143-153.

[6] Shrestha A. Maximum temperature trends in the Himalaya and its vicinity: an analysis based on temperature records from Nepal for the period 1971—1994[J]. Journal of Climate,1999(12): 2775-2786.

[7] Yue S, Pilon P, Phinney B, et al. The influence of autocorrelation on the ability to detect trend in hydrological series[J]. Hydrological Processes, 2002(9): 1807-1829.

[8] Chattopadhyay S. Univariate modelling of monthly maximum temperature time series over Mann – Kendall trend analysis of tropospheric ozone using ARIMA northeast India: neural network versus Yule – Walker equation based approach[J]. Meteorological Applications,2011(18): 70-82.

[9] Modarres R. Rainfall trends in arid and semi-arid regions of Iran[J]. Journal of Arid Environments,2007(70):344-355.

[10] 魏凤英. 现代气候统计诊断与预测技术[M]. 北京:气象出版社, 1999.

[11] 张晓华,尚红霞,郑艳爽,等. 黄河干流大型水库修建后上下游再造床过程[M]. 郑州:黄河水利出版社, 2008.

[12] 许炯心. 人类活动影响下的黄河下游河道泥沙淤积宏观趋势研究[J]. 水利学报,2004(2):8-16.

[13] 吴保生,张原锋. 黄河下游输沙量的沿程变化规律和计算方法[J]. 泥沙研究,2007(1): 30-35.

[14] 吴保生,申冠卿. 来沙系数物理意义的探讨[J]. 人民黄河,2008(4):15-16.

［15］申冠卿,姜乃迁,李勇,等. 黄河下游河道输沙水量及计算方法研究[J]. 水科学进展,2006(3):
　　　407-413.

［16］吴保生,夏军强,张原锋. 黄河下游平滩流量对来水来沙变化的响应[J]. 水利学报,2007(7):
　　　886-892.

［17］林秀芝,田勇,伊晓燕,等. 渭河下游平滩流量变化对来水来沙的响应[J]. 泥沙研究,2005(5):1-
　　　4.

［18］许炯心,张欧阳. 黄河下游游荡段河床调整对于水沙组合的复杂响应[J]. 地理学报,2000(3):
　　　274-280.

［19］胡春宏,陈建国,刘大滨,等. 水沙变异条件下黄河下游河道横断面形态特征研究[J]. 水利学报,
　　　2006(11):1283-1289.

第 5 章　泥沙输移规律

由于宁蒙河道水沙风沙汇集、河流沙漠交织,河流泥沙输移规律具有一定的特殊性,又具有复杂性,分析其泥沙输移规律对于认识河床演变机制具有很大意义。本章重点分析了河道汛期输沙特性、洪水期输沙特性、非汛期输沙特性;剖析了影响输沙能力的主要因素,并揭示了影响输沙能力的河流环境因素,以及不同因素对输沙能力的影响程度。

5.1　泥沙输移基本特性

在一定的河床边界条件下,河道的来水决定了水流的能量,就是说一定的流量形成一定的河道水力特性,因此流量及其过程是影响河道输沙特性的一个因素。同时对于冲积性河道来说,在来水来沙条件发生变化的情况下,河床冲淤调整非常迅速;即使来水条件没有改变,但来沙条件改变,即在一定的来水条件下,来沙量、来沙组成及来沙过程不同,河床几何形态及床沙组成发生变化,河床亦会迅速调整,并进而使河道的水力特性发生改变,影响河道的输沙特性,包括河道输沙能力的变化,并且这种变化的影响范围往往可达很远的距离。就是说输沙率不仅是流量的函数,还与来水含沙量有关。

5.1.1　径流泥沙关系的时域特性和地域特性

5.1.1.1　时域特性

以宁蒙河道出口头道拐水文站 1987 ~ 2009 年实测水沙资料为基础,点绘逐月平均输沙率与平均流量的关系(见图 5-1),可以看出,总体来说输沙率与流量关系非常密切,输沙率随着流量的增大而增大,而且年内不同时段输沙率随流量变化的分带比较明显,具有明显的时域性。在同流量条件下, 12 月至翌年 2 月输沙率最低,位于点群分布的最下方; 6 ~ 10 月输沙率最大;非汛期 4 ~ 5 月、11 月输沙关系与汛期输沙关系在同一条关系线上,

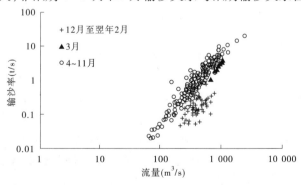

图 5-1　头道拐 1987 ~ 2009 年平均逐月输沙率与流量关系

具有相同的分布规律;3月输沙率也比较大,由于宁蒙河道3月多发生桃汛洪水,因此将桃汛期的输沙特性进行单独分析。在此基础上年内分为三个时段:4~11月、12月至翌年2月及3月,点绘头道拐站输沙率与流量关系(见图5-2),可以看到三个时段分带明显,因此将年内输沙时段分为常水期(4~11月)、封冻期(12月至翌年2月,槽蓄量大于0),以及桃汛期(3月)(见图5-3),分别分析输沙规律。

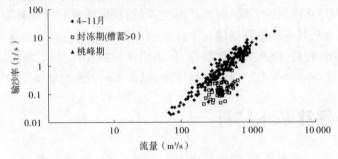

图5-2　头道拐1987~2009年年内不同时段输沙率与流量关系

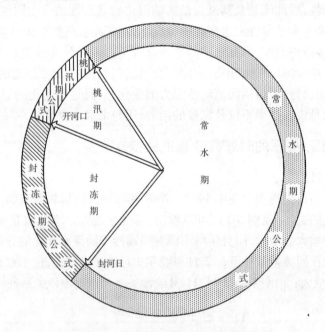

图5-3　宁蒙河道输沙特性研究时域

5.1.1.2　地域特性

　　宁蒙河道各河段来水来沙条件和输沙特点有所不同。如青铜峡以上河段,是产沙汇流河段,河床补给沙量少,主要以支流来沙补给为主,由于该河段为山区河流,输沙调整较少。青铜峡—石嘴山河段水沙条件比较复杂,除与来水来沙条件有关外,还有引水、退水、水库排沙粗细的影响。初步分析该河段的来水来沙特点是干流来水含沙量比较低,支流来水含沙量比较高,并且来沙比较粗,多来多排效果比较小。同时该河段是冲淤调整比较大的河段,但是多年冲淤变化量不大。由于青铜峡水库位于该河段内,因此水库排沙粗细对河道输沙及冲淤有一定的影响。石嘴山—巴彦高勒河段输沙特性,除与来水来沙条件、引水有关外,还与三盛公水库运用有关系。三湖河口—头道拐河段,主要是十大孔兑来沙影响,十大孔兑来沙的特点主要是洪峰高、洪量小、含沙量高,洪水和沙峰涨落时间短,一般只有 10 h 左右。十大孔兑发生洪水挟带大量泥沙入黄,汇入黄河后遇小水造成干流淤积,严重时可短期淤堵河口附近干流河道,但是并不是每年都发生洪水。由于各河段影响输沙特性因子不同,并且下河沿—青铜峡河段位于山区,输沙调整较少,因此重点研究青铜峡—石嘴山、石嘴山—巴彦高勒、巴彦高勒—三湖河口和三湖河口—头道拐河段不同时段的输沙特性。

5.1.2　常水期(4～11 月)泥沙输移特性

常水期是指年内除封冻期及桃汛期外的水流时期,包括洪水期和其他非汛期时段。套绘 1965 年以来青铜峡、石嘴山、巴彦高勒、三湖河口及头道拐站日均流量、输沙率过程,对各站 6～10 月水流过程进行场次洪水划分,经统计共有 161 场洪水。石嘴山站平均流量、平均输沙率、含沙量范围分别为 186～4 778 m³/s、0.11～62.6 t/s、0.38～82.1 kg/m³;巴彦高勒站平均流量、平均输沙率、含沙量范围分别为 273～5 982 m³/s、0.49～54.4 t/s、1.4～31.5 kg/m³;三湖河口站平均流量、平均输沙率、含沙量范围分别为 95～4 778 m³/s、0.11～62.6 t/s、1.4～31.5 kg/m³;头道拐站平均流量、平均输沙率、含沙量范围分别为 53.6～5 445 m³/s、0.4～12.8 t/s、0.009～53.4 kg/m³。另外,计算场次洪水的特征值,包括场次洪水的水沙量、日均流量、日均输沙率、日均含沙量等。划分过程中,考虑了洪水的传播时间。利用场次洪水资料建立输沙率与流量、上站含沙量的关系,得到河道的输沙率计算公式,应用于常水期(4～11 月)水流过程输沙量计算。

5.1.2.1　青铜峡—石嘴山河段

点绘不同来沙条件下(青铜峡含沙量大于等于 5 kg/m³、青铜峡含沙量小于 5 kg/m³)石嘴山站场次洪水输沙率与流量的关系(见图 5-4),可以看出,除个别年份的点子偏离外,点群分布关系比较好,输沙率与流量关系密切,并且输沙率随着流量的增大而增大。另外,正如前述,宁蒙河道的输沙能力不仅随着来水条件而变,而且与来沙条件关系很大,

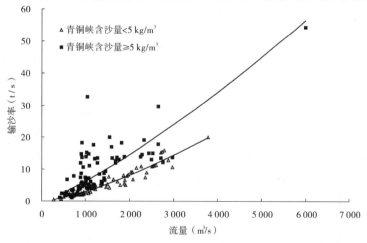

图 5-4　石嘴山站输沙率与流量关系

当来水条件相同时,来沙条件改变,河道的输沙能力也会发生变化。图 5-5 表明,当上站含沙量(即来沙条件)较高时,相应输沙率也较大。同样在一定的含沙量条件下,输沙率也随流量的增大而增大。因此,输沙率与流量和上站含沙量都是成正比关系的,这反映了冲积性河道"多来、多排"的特点。例如,在石嘴山站流量约 2 000 m³/s 条件下,当上站来水含沙量为 3 kg/m³ 时,河道输沙率约为 6 t/s;当上站来水含沙量为 11 kg/m³ 时,河道输沙率可以达到 18 t/s。

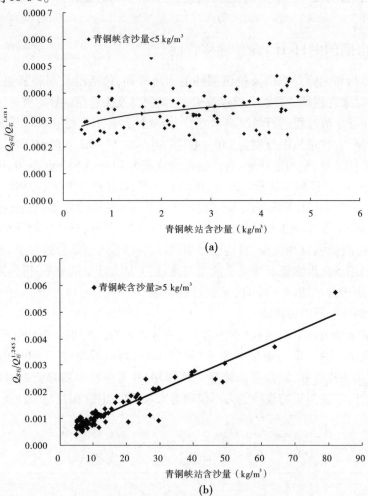

图 5-5　石嘴山站输沙率与流量、青铜峡站含沙量关系

经统计分析,得到青铜峡—石嘴山河段常水期输沙率与流量的关系式,见式(5-1)、式(5-2),其 R^2 分别为 0.90、0.61。考虑到上站含沙量的影响,得到青铜峡—石嘴山河段洪水期输沙率与流量、上站含沙量的关系式,见式(5-3)、式(5-4),R^2 均提高到 0.90 以上。

青铜峡含沙量 < 5 kg/m³ 时

$$Q_{S石} = 0.000\ 2 Q_石^{1.418\ 1} \tag{5-1}$$

青铜峡含沙量 ≥ 5 kg/m³ 时

$$Q_{S石} = 0.001\ 1 Q_石^{1.245\ 2} \tag{5-2}$$

青铜峡含沙量 <5 kg/m³ 时

$$Q_{S石} = 0.000\ 2S_青^{0.117\ 9}\ Q_石^{1.418\ 1} \tag{5-3}$$

青铜峡含沙量 ≥5 kg/m³ 时

$$Q_{S石} = (0.000\ 05S_青 + 0.000\ 4)Q_石^{1.245\ 2} \tag{5-4}$$

5.1.2.2　石嘴山—巴彦高勒河段

点绘巴彦高勒站场次洪水输沙率与流量关系(见图 5-6),可以看出,常水期输沙率与流量之间关系具有与石嘴山站相同的特点,即输沙率与流量呈正比关系。进一步分析得到,上站含沙量也是影响输沙特性的一个主要因子,输沙率与含沙量也呈正比关系(见图 5-7)。因此,根据 1965 年以来实测资料分别建立了石嘴山—巴彦高勒河段的输沙率与流量关系(见式(5-5)),以及输沙率与流量及上站含沙量的关系(见式(5-6)),考虑到上站含沙量的影响后,关系式的 R^2 由 0.75 提高到 0.80。

$$Q_{S巴} = 0.000\ 2Q_石^{1.447\ 5} \tag{5-5}$$

$$Q_{S巴} = 0.000\ 04S_石^{0.870\ 3}\ Q_石^{1.447\ 5} \tag{5-6}$$

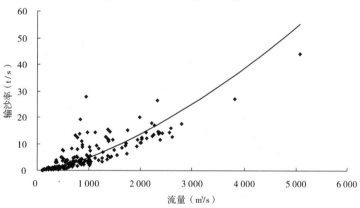

图 5-6　巴彦高勒站输沙率与流量关系

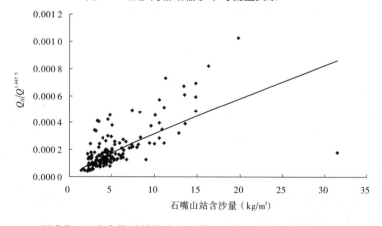

图 5-7　巴彦高勒站输沙率与流量、石嘴山站含沙量关系

5.1.2.3 巴彦高勒—三湖河口河段

点绘三湖河口场次洪水输沙率与流量的关系(见图5-8),可以看出,输沙率与流量关系较好,输沙率随着流量的增大而增大。根据1965年以来实测资料建立三湖河口站输沙率与流量相关关系(见式(5-7));考虑巴彦高勒站含沙量影响(见图5-9),建立输沙率与流量、上站含沙量关系(见式(5-8)),考虑上站含沙量后,R^2由0.90提高到0.91。

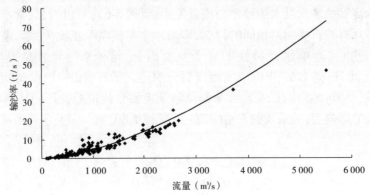

图5-8　三湖河口站输沙率与流量关系

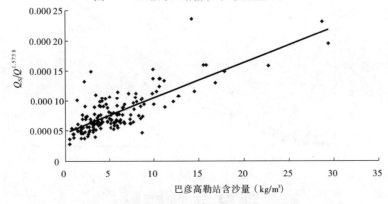

图5-9　三湖河口站输沙率与流量、巴彦高勒站含沙量关系

$$Q_{S三} = 0.000\ 07Q_{三}^{1.573\ 8} \tag{5-7}$$

$$Q_{S三} = (0.000\ 006S_{巴} + 0.000\ 05)Q_{三}^{1.573\ 8} \tag{5-8}$$

5.1.2.4 三湖河口—头道拐河段

点绘头道拐站常水期输沙率与流量的关系(见图5-10),可以看出输沙率与流量关系较好,输沙率随着流量的增大而增大。根据1965年以来实测资料建立头道拐站输沙率与流量相关关系,得到汛期三湖河口—头道拐河段的输沙率公式(见式(5-9)),其R^2为0.90。考虑到上站含沙量的影响,引入三湖河口站含沙量(见图5-11),经过分析得到三湖河口—头道拐河段的输沙率关系式(见式(5-10)),R^2为0.85。分析认为仅考虑三湖河口站的含沙量变化不尽合理。由于三湖河口—头道拐河段有支流十大孔兑入汇,十大孔兑支流来沙特点是洪峰高、洪量小、陡涨陡落的高含沙量洪水,已有研究成果表明,十大孔兑发生洪水时,洪水挟带大量泥沙入黄,汇入黄河后遇小水造成干流淤积,严重时可淤堵河

口附近干流河道,1961 年、1966 年、1989 年都发生这种情况,以 1989 年 7 月洪水最为严重[4],因此在计算头道拐输沙率时应当考虑十大孔兑来沙。但是由于其对河段冲淤影响机制较复杂,对其加入规律尚未掌握,因此考虑孔兑情况下的输沙率公式有待进一步研究。

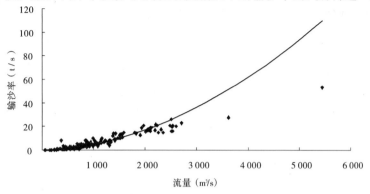

图 5-10　头道拐站输沙率与流量关系

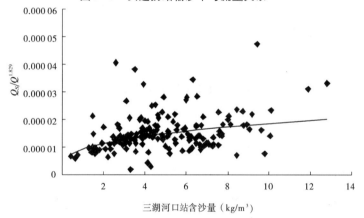

图 5-11　头道拐站输沙率与流量、三湖河口站含沙量关系

$$Q_{S头} = 0.000\ 01Q_头^{1.829} \tag{5-9}$$

$$Q_{S头} = 0.000\ 009S_三^{0.30}\ Q_头^{1.829} \tag{5-10}$$

青铜峡—石嘴山、石嘴山—巴彦高勒、巴彦高勒—三湖河口、三湖河口—头道拐河段常水期输沙率计算公式见表 5-1。

表 5-1　宁蒙河段不同河段常水期输沙率与流量及上站含沙量的关系式

水文站	关系式	相关系数 R^2
石嘴山	$S_青 < 5$ kg/m³, $Q_{S石} = 0.000\ 2S_青^{0.117\ 9}\ Q_石^{1.418\ 1}$ $S_青 \geqslant 5$ kg/m³, $Q_{S石} = (0.000\ 05S_青 + 0.000\ 4)Q_石^{1.245\ 2}$	0.90
巴彦高勒	$Q_{S巴} = 0.000\ 04S_石^{0.870\ 3}\ Q_石^{1.447\ 5}$	0.80
三湖河口	$Q_{S三} = (0.000\ 006S_巴 + 0.000\ 05)Q_三^{1.573\ 8}$	0.91
头道拐	$Q_{S头} = 0.000\ 009S_三^{0.30}\ Q_头^{1.829}$	0.85

5.1.2.5　常水期输沙率计算公式的验证及修正

利用实测资料对青铜峡—石嘴山、石嘴山—巴彦高勒、巴彦高勒—三湖河口及三湖河口—头道拐四个河段输沙率关系式进行验证(见图5-12~图5-15),可见流量不是很大时相关关系还是较好的,说明公式适用性较高。

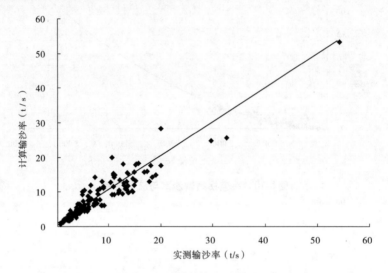

图 5-12　石嘴山站实测输沙率与计算输沙率对比

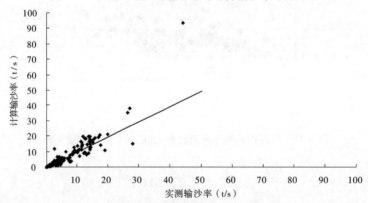

图 5-13　巴彦高勒站实测输沙率与计算输沙率对比

但是也看到,各河段大流量时计算输沙率普遍大于实测输沙率,经分析是由于上游干流来水为主的低含沙较大洪水期间,洪水漫滩后输沙能力降低,同时沿程冲刷床沙粗化后含沙量恢复率低及冲刷期泥沙组成粗等原因引起的。当进口实测含沙量较高的时段用表5-1中关系式计算时计算值偏低,因此计算中进行如下处理:当日流量大于 3 000 m³/s 时,仅考虑上站含沙量影响,这样既考虑了漫滩洪水对输沙率的影响,又考虑了细泥沙多来多排特点,同时对大流量冲刷过程中床沙粗化对输沙的影响及泥沙级配较粗对挟沙力的影响均予以照顾,使大流量低含沙过程模拟更接近实际。根据实测资料建立公式见表5-2。

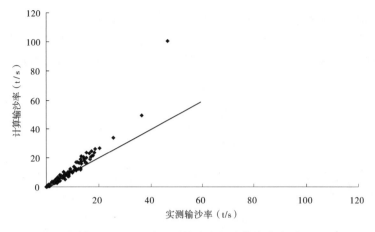

图 5-14　三湖河口站实测输沙率与计算输沙率对比

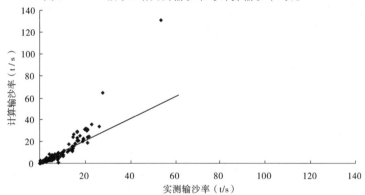

图 5-15　头道拐站实测输沙率与计算输沙率比较

表 5-2　各河段日流量大于 3 000 m³/s 时输沙率与上站含沙量关系式

水文站	关系式
巴彦高勒	$Q_{巴} \geqslant 3\ 000\ \text{m}^3/\text{s}, Q_{S巴} = 2.786\ 2S_{石} + 18.563$
三湖河口	$Q_{三} \geqslant 4\ 000\ \text{m}^3/\text{s}, Q_{S三} = 32.064S_{巴}^{0.138\ 6}$ $3\ 000\ \text{m}^3/\text{s} \leqslant Q_{三} < 4\ 000\ \text{m}^3/\text{s}, Q_{S三} = 19.65S_{巴}^{0.296\ 4}$
头道拐	$Q_{头} \geqslant 3\ 000\ \text{m}^3/\text{s}, Q_{S头} = 2.094\ 7S_{三} + 7.997$

5.1.3　凌汛期泥沙输移特性

5.1.3.1　青铜峡—石嘴山河段(简称青石段)

尽管在黄河上游干流梯级水库兴建控制泄流后,宁夏河段冰凌灾害有所减轻,但石嘴山峡谷段、青铜峡库区及其他一些弯窄河段仍不能排除险情。尤其是开河期 3 月流量显著大于常年,都会有冰情灾害发生。

宁夏河段在青铜峡坝下 40 多 km 以下为稳定封冻段,以上为不稳定封冻段。大多年份石嘴山 12 月 1 日开始流凌,1 月 3 日封河,3 月 3 日开河。在流凌期内,河道流量、输沙率比较大。如 1989 年大水年份流量基本稳定在 1 000 m³/s 左右(见图 5-16),输沙率为

2.5 t/s 左右,河道的累积槽蓄增量较少;当流量减小到 200 ~ 300 m³/s 时,河道进入稳定封冻期,该时期内累积槽蓄增量明显增加,河道输沙率明显减小,基本稳定在 0 ~ 0.5 t/s;开河期内,河道槽蓄水量释放,河道流量、输沙率明显增大,出现桃峰,河道累积槽蓄增量明显减小。

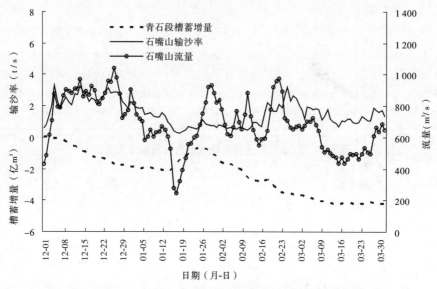

图 5-16　1989 年石嘴山封冻期流量、输沙率过程

另外,该河段个别年份也有特殊现象发生,一是有不封河现象发生,如 1990 年由于气温的影响,石嘴山 11 月 13 日气温转负,12 月 27 日流凌,较常年推迟 26 d,本年度没有封河。从图 5-17 上可以明显看出,流量、输沙率没有发生锐减,河道累积槽蓄增量也没有增加的现象发生,因此也说明没有封河。此外 1991 年和 1990 年情况类似,也没有发生封河现象。一般情况下,宁夏河段每个冰情年度只有一次封河、开河现象,但是 2001 ~ 2002 年度出现了两封两开冰情,如图 5-18 所示。受强冷空气的影响,石嘴山 11 月 26 日气温转

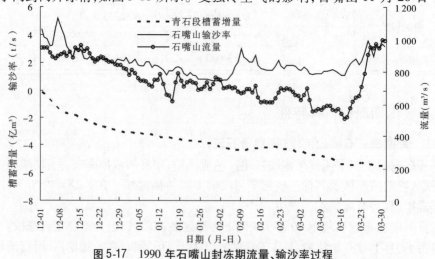

图 5-17　1990 年石嘴山封冻期流量、输沙率过程

负,12 月 5 日开始流凌,12 月 23 日麻黄沟上游 11 km 处出现封冻,石嘴山 12 月 28 日封河。1 月上旬宁夏河段气温明显上升,1 月 12 日宁夏封冻河段全部解冻。1 月下旬再次受冷空气的影响,致使石嘴山 1 月 28 日气温又下降到 –7.5 ℃,陶乐县红崖子河段 1 月 28 日再次封冻,石嘴山 2 月 13 日再次开河,较常年提早 18 d。这是宁夏河段有记录以来首次出现两封两开的冰情形势,都属于"文开河"。

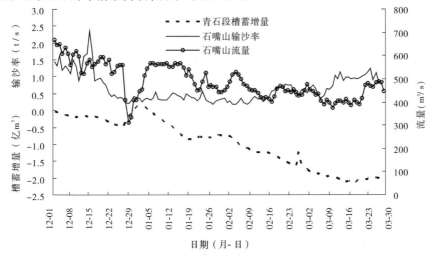

图 5-18　2002 年石嘴山封冻期流量、输沙率过程

关于开始封冻时间的计算,以槽蓄变化作为依据,即以累积槽蓄增量增加为标准,从累积槽蓄增量增加的日期开始计算,一直计算到累积槽蓄增量降低的日期,即出现桃峰之前。计算表明,石嘴山封冻的时间每年不同,基本在 12 月下旬至 1 月上旬。点绘石嘴山站封冻期输沙率与流量的关系(见图 5-19),可以看出,点群分布相对集中,输沙率与流量关系密切,输沙率随着流量的增大而增大。由于封冻期来水的含沙量很低,因此没有考虑来水含沙量的影响。根据 1987 年以来实测资料,建立凌汛期石嘴山站输沙率与流量相关关系式(见式(5-11)),式(5-11)的 R^2 为 0.75。

$$Q_{S石} = 0.017\,4e^{0.005\,5Q_石} \tag{5-11}$$

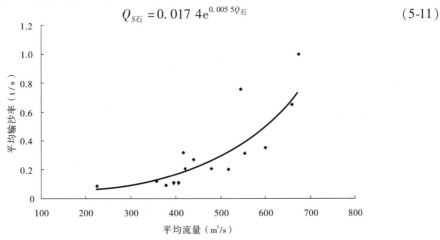

图 5-19　石嘴山站封冻期输沙率与流量关系

5.1.3.2 石嘴山—巴彦高勒河段(简称石巴段)

石嘴山—巴彦高勒河段位于宁夏和内蒙古河段的交界。内蒙古河段一般在纬度较高、坡度最缓且弯曲度大的三湖河口—昭君坟河段最先封河,巴彦高勒河段封河较晚,巴彦高勒以上至石嘴山为不稳定封冻河段。由于每年气温情况差异较大,所以每年冰情也不同,主要表现在封河长度及封河速度上。气温较低的年份可以封到石嘴山以上,而气温较高的年份仅封到巴彦高勒以上数十千米。1986 年龙羊峡水库运用以后,汛期洪峰削减,河槽淤积加剧,一方面使河道输水输冰能力减弱,特别是当上游来水较大时,造成上游壅水严重,同流量水位高;另一方面容易使冰花堆积,巴彦高勒河段几乎连年冬季形成严重冰塞,除 1991 年流量较小、冰塞最高水位为 1 051.91 m 外,其余各年均高于 1 052.50 m。1990 年、1992 年、1994 年、1995 年巴彦高勒站冰塞壅水位均超过百年一遇洪水位,1988 年和 1993 年冰塞水位超过千年一遇洪水位,达 1 054.33 m 和 1 054.40 m,以上几次冰塞均造成严重灾害。

巴彦高勒站封冻期水流过程见图 5-20,同样巴彦高勒站开始封冻时间以累积槽蓄增量增加为标准,即从累积槽蓄增量增加的日期开始计算,一直计算到累积槽蓄增量降低的日期,即出现桃峰之前。巴彦高勒站封冻的时间每年不同,基本在 12 月下旬至 1 月上旬。分析巴彦高勒站封冻期输沙率与流量的关系(见图 5-21),可以看出,输沙率与流量关系密切,输沙率随着流量的增大而增大。分析表明封冻期巴彦高勒站输沙率与流量呈线性关系,其输沙率关系式见式(5-12),R^2 为 0.78。

$$Q_{S巴} = 0.001\ 3Q_{巴} - 0.324\ 2 \tag{5-12}$$

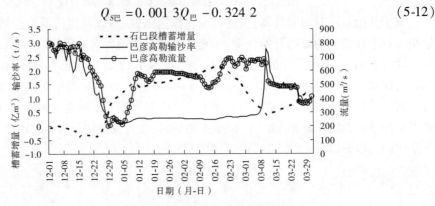

图 5-20 1992 年巴彦高勒站封冻期流量、输沙率过程

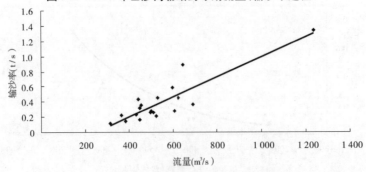

图 5-21 巴彦高勒站封冻期输沙率与流量关系图

5.1.3.3　巴彦高勒—三湖河口河段

同巴彦高勒封冻时间计算方法相同,巴彦高勒—三湖河口河段开始封冻时间以累积槽蓄增量增加为标准,即从累积槽蓄增量增加的日期开始计算,一直计算到累积槽蓄增量降低的日期,即出现桃峰之前。统计表明,三湖河口封冻的时间每年有所不同,基本上从12月中下旬开始。

采用1987年以来三湖河口实测资料,点绘三湖河口站封冻期输沙率与流量的关系(见图5-22),可以看出,输沙率与流量关系较为密切,输沙率随着流量的增大而增大。建立封冻期三湖河口站输沙率与流量相关关系(见式(5-13)),其 R^2 为 0.79。

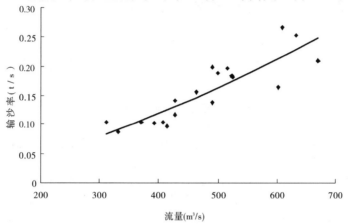

图 5-22　三湖河口站封冻期输沙率与流量关系

$$Q_{S三} = 0.000\,02Q_{三}^{1.424\,7} \tag{5-13}$$

5.1.3.4　三湖河口—头道拐河段

头道拐典型年份封冻期流量、输沙率过程见图5-23。以同样标准计算封冻时间,结果表明,头道拐封冻的时间每年也是不同的,基本上从12月开始。

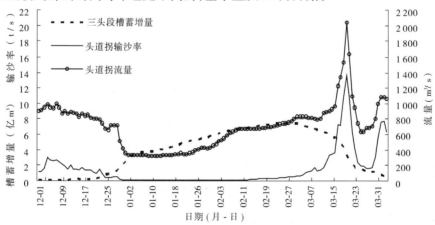

图 5-23　1990 年头道拐站封冻期流量输沙率过程

采用1987年以来头道拐站实测资料,点绘头道拐站封冻期输沙率与流量的关系(见图5-24),可以看出,输沙率与流量关系密切,输沙率随着流量的增大而增大。封冻期头道拐输沙率与流量相关关系见式(5-14),其 R^2 为 0.74。

$$Q_{S头} = 0.000\,03Q_头^{1.427\,8} \tag{5-14}$$

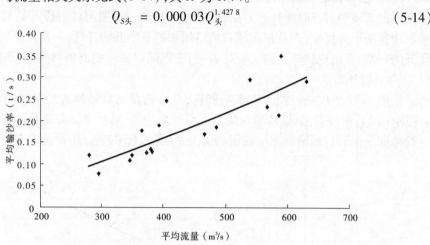

图 5-24　头道拐站封冻期输沙率与流量关系

表 5-3 汇总了根据 1987 年以来各河段进出口水文站实测资料建立的封冻期输沙率与流量的关系式。

表 5-3　宁蒙河段不同河段封冻期输沙率与流量关系式

水文站	关系式	R^2
石嘴山	$Q_{S石} = 0.017\,4e^{0.005\,5Q_石}$	0.75
巴彦高勒	$Q_{S巴} = 0.001\,3Q_巴 - 0.324\,2$	0.78
三湖河口	$Q_{S三} = 0.000\,02Q_三^{1.424\,7}$	0.79
头道拐	$Q_{S头} = 0.000\,03Q_头^{1.427\,8}$	0.74

5.1.4　桃汛期泥沙输移特性

黄河桃汛主要是由于黄河宁蒙段冰凌消融和该河段冰期河槽蓄水量的突然释放及上游来水、区间加水所致,冰凌洪水一般发生在 3 月底 4 月初,传播到黄河下游正值桃花盛开季节,故称桃汛洪水,简称桃汛。黄河桃汛洪水的形成,主要是由于宁蒙河段冬季河道结冰封冻,糙率增大,水流速度减小,水位升高,使大量的水储存于河槽内,到来年 3 月中下旬至 4 月上旬解冻开河时,因上段解冻时间早于下段,河槽蓄水量逐段向下释放,汇集到下段冰盖前,产生一定的附加压力,迫使下游河段尚未充分解体的冰层强行解冰,甚至出现卡冰结坝,使水量集中突然释放,冰水齐下,形成明显的洪峰向下游推进,如同滚雪球一样,越来越多,形成桃汛洪水。

桃峰大小决定于宁蒙河段封凌程度及上游来水量[1]。桃汛期洪水过程长则 10 余 d,短则 7~8 d,洪水过程线形状近似三角形。根据历史资料统计,黄河桃汛洪水 90% 以上发生在 3 月下旬至 4 月初,由于黄河上游大型水利枢纽的不断兴建和投入运用,特别是刘家峡、龙羊峡水库的运用,改变了天然河道的水量、沙量、热量的自然分配规律,对上游的来水进行了再分配过程,使上游来水量增大,桃汛水量较过去有所增加。

上游来水量是影响桃汛的动力因素之一。据实测资料统计[1],上游来水量与桃汛洪水水量的变化关系比较密切,有85%以上的桃汛洪水是上游来水量越大,其水量就大,反之,水量就小。桃汛洪水水量的大小,还与开河形式密切相关,根据历年观测资料分析,武开河桃峰水量大,文开河桃峰水量小。

由于影响桃汛水量变化的动力、热力等因素各年差异较大,以及各河段所处的地理位置、河道特性不同,同时还有人为因素的影响,如刘家峡、龙羊峡水库的运用等,导致各河段桃汛洪水的特点不同,输沙特性也有所不同。

5.1.4.1　青铜峡—石嘴山河段

根据实测资料统计,石嘴山桃汛期最大洪峰流量多出现在每年的 2 月。石嘴山站桃汛期洪水的平均流量为 650 m³/s,平均输沙率为 1.42 t/s。点绘石嘴山站桃汛期洪水输沙率与流量的关系(见图 5-25),可以看出,除个别点偏离外,点群分布关系比较好。桃汛期输沙率与流量关系密切,输沙率随着流量的增大而增大。根据 1987 年以来实测资料建立桃汛期石嘴山站输沙率与流量相关关系(见式(5-15)),式(5-15)的 R^2 为 0.78。

$$Q_{S石} = 0.159\ 2\mathrm{e}^{0.003\ 2Q_石} \tag{5-15}$$

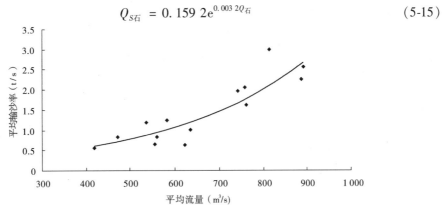

图 5-25　石嘴山站桃汛期输沙率与流量关系

5.1.4.2　石嘴山—巴彦高勒河段

巴彦高勒站桃汛期最大洪峰流量出现的时间大多是每年的 3 月。

点绘巴彦高勒站桃汛期输沙率与流量的关系(见图 5-26),可以看出,除个别点偏离,其他点群分布关系相对较好,桃汛期输沙率与流量关系密切,输沙率随着流量的增大而增大。场次洪水平均流量为 582 m³/s,平均输沙率为 2 t/s。

根据 1987 年以来实测资料,建立桃汛期、泄水冲刷期巴彦高勒站输沙率与流量相关关系,见式(5-16),其 R^2 为 0.60。

$$Q_{S巴} = 0.264\ 3\mathrm{e}^{0.003\ 2Q_巴} \tag{5-16}$$

5.1.4.3　巴彦高勒—三湖河口河段

三湖河口站桃汛期最大洪峰流量基本上出现在每年的 3 月。分析计算表明,三湖河口站实测输沙率与流量的关系图与按常水期计算公式计算的结果吻合较好,因此该河段采用公式(5-8)计算。

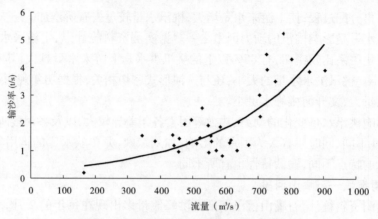

图 5-26　巴彦高勒站桃汛期输沙率与流量关系

5.1.4.4　三湖河口—头道拐河段

3 月下旬头道拐开河后,由于槽蓄水量的释放和上游来水,形成桃汛洪峰过程。因各年河槽蓄水量和开河形式的不同,历年桃汛水量和洪峰也不相同。据多年统计,头道拐历年最大桃峰为 3 500 m³/s、多年平均为 2 195 m³/s,最小为 1 000 m³/s。

头道拐站桃汛期最大洪峰流量基本上都是出现在每年 3 月。

点绘头道拐站桃汛期输沙率与流量的关系(见图 5-27),可以看出,点群分布关系比较好,输沙率与流量呈正比关系,输沙率随着流量的增大而增大。场次洪水平均流量为890 m³/s,平均输沙率为 3.3 t/s。

根据 1987 年以来实测资料,建立桃汛期头道拐站输沙率与流量相关关系,见式(5-17),其 R^2 为 0.81。

$$Q_{S头} = 0.000\ 01 Q_头^{1.825\ 1} \tag{5-17}$$

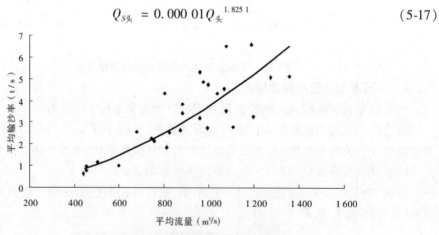

图 5-27　头道拐站桃汛期输沙率与流量关系

表 5-4 所汇总的是根据 1987 年以来各段进出口水文站实测资料建立的桃汛期青铜峡—石嘴山、石嘴山—巴彦高勒、巴彦高勒—三湖河口、三湖河口—头道拐河段输沙率计算公式。

表 5-4 宁蒙河段不同河段桃汛期输沙率与流量关系式

水文站	关系式	R^2
石嘴山	$Q_{S石} = 0.159\,2e^{0.003\,2Q石}$	0.78
巴彦高勒	$Q_{S巴} = 0.264\,3e^{0.003\,2Q巴}$	0.60
三湖河口	$Q_{S三} = (0.000\,006S_{巴} + 0.000\,05)Q_{三}^{1.573\,8}$	0.91
头道拐	$Q_{S头} = 0.000\,01Q_{头}^{1.825\,1}$	0.81

5.2 输沙能力影响因素分析

河道输沙能力受到各种因素的影响,冲积性河道的冲淤调整比较迅速,问题比较复杂,本节主要从泥沙组成、主槽流速、河道比降和断面形态等因素对输沙能力的影响进行分析,并与黄河其他几个冲积性河道(小北干流、黄河下游和渭河下游)的输沙能力影响因素及作用进行对比,以从机制上认识宁蒙河道输沙特性产生原因。

5.2.1 泥沙组成

5.2.1.1 悬沙组成

河流中的泥沙是由大小不等的非均匀沙组成的,泥沙粒径的粗细直接影响河道的输沙能力大小,在相同的水流和泥沙综合条件下,泥沙粒径越粗,沉速越大,水流挟沙能力越弱,水流能够挟带的悬移质中的床沙质的临界含沙量越小,导致河道输沙能力越低。

以 1969～1996 年实测级配资料为依据,用平均粒径代表悬沙组成情况,通过计算和分析得出汛期各河段在平均温度下的泥沙组成及沉速(见表 5-5)。计算表明,小北干流河段龙门站悬沙组成最粗,平均粒径约为 0.036 mm,主要是由于龙门站的泥沙主要来自中游的多沙粗沙区。其次悬沙组成较粗的是黄河上游,平均粒径为 0.028～0.033 mm;渭河华县站悬沙组成最细,平均粒径约为 0.024 mm。

悬沙粒径组成的不同,导致了沉降速度差别较大,上游各站的沉降速度是下游花园口站的 0.97～1.27 倍,龙门站泥沙沉速是花园口站的 1.37 倍,渭河华县站粒径较细,沉速较小,仅是花园口站的 0.76 倍。泥沙沉降速度大,降低了水流的挟沙能力,输沙效率明显降低。

表 5-5 不同河段悬移质泥沙组成及沉降速度

水文站	汛期平均温度(℃)	平均粒径(mm)	沉降速度(cm/s)	与花园口沉速的比值
下河沿	20	0.033	0.185	1.27
石嘴山	20	0.029	0.151	1.03
头道拐	20	0.028	0.142	0.97
龙门	22	0.036	0.201	1.37
渭河华县	25	0.024	0.111	0.76
花园口	25	0.026	0.146	

从级配曲线(见图 5-28)也可看出,上游各站和中游龙门的粒径较粗,而渭河华县站的粒径较细。从来沙组成(分组沙占全沙比例)也可以看出(见表 5-6),各河段粒径粗细情况的不同,几个河段中,小北干流龙门粗泥沙($0.05\ \mathrm{mm} < d \leqslant 0.1\ \mathrm{mm}$)和特粗沙($d > 0.1\ \mathrm{mm}$)占全沙的比例最大,分别占全沙量的 18.7% 和 6.2%。其次粗沙含量较大的是宁蒙河道,粗泥沙($0.05\ \mathrm{mm} < d \leqslant 0.1\ \mathrm{mm}$)和特粗沙($d > 0.1\ \mathrm{mm}$)占全沙的比例范围分别为 11.0% ~ 13.8% 和 4.0% ~ 4.3%。而下游花园口粗泥沙和特粗沙占全沙比例分别为 14.1% 和 2.8%,渭河下游粗泥沙占全沙的比例最小,粗泥沙和特粗沙占全沙比例仅有 8.9% 和 2.2%。从分组沙占全沙比例情况可以看出,小北干流和宁蒙河道的来沙组成粒径较粗,下游花园口站来沙组成较细,华县站来沙组成最细。

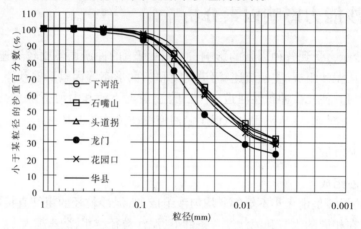

图 5-28　各站悬沙粒径级配曲线

表 5-6　各站分组沙占全沙比例

水文站	分组沙占全沙比例(%)			
	<0.025 mm	0.025 ~ 0.05 mm	0.05 ~ 0.1 mm	>0.1 mm
下河沿	62.7	22.0	11.0	4.3
石嘴山	64.4	20.3	11.2	4.1
头道拐	60.5	21.7	13.8	4.0
花园口	59.4	23.8	14.0	2.8
龙门	47.7	27.4	18.7	6.2
华县	63.6	25.3	8.9	2.2

注:华县站资料时段是 1969 ~ 1990 年。

5.2.1.2　床沙组成

床沙组成的变化对水流挟沙力具有较大的影响,一是床沙组成对水流条件有较大影响,二是其决定着泥沙的补给条件。

由图 5-29 可以看出,小北干流河段龙门站床沙中值粒径 D_{50} 最粗,约为 0.32 mm,上游床沙中值粒径 D_{50} 较粗,为 0.16 ~ 0.25 mm;下游床沙中值粒径 D_{50} 较细,约为 0.09 mm;

而渭河华县站中值粒径 D_{50} 最细,约为 0.06 mm。河床组成较粗,则水流条件较弱,输沙能力较低。

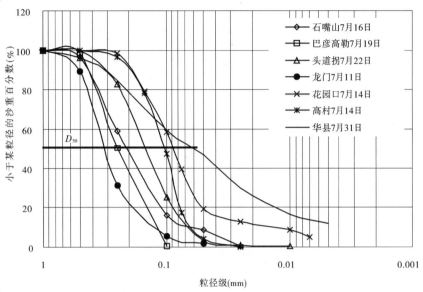

图 5-29 1985 年 7 月各站床沙粒径级配曲线

5.2.2 主槽流速

流速是反映河道输沙能力的一个主要动力因子,流速的大小直接决定着河道输沙能力的高低。计算水流挟沙力最常用的公式是 $S^* = K \left(\dfrac{V^3}{gH\omega} \right)^m$,表达的是水流紊动作用与重力作用的对比关系。在一般含沙水流中,在相同的来水来沙条件下,起到主导作用的是断面平均流速 V 和水深 H ,因此在实际应用中,把 $\dfrac{V^3}{H}$ 作为输沙水力因子,其是反映河道输沙能力的指标之一。

不同水文断面流量 – 流速关系(见图 5-30 ~ 图 5-35)和汛期平均流量下主槽流速、平滩流量下主槽流速及同流量下平均流速的统计分析(见表 5-7 ~ 表 5-9)表明,小北干流龙门和下游花园口的流速比较大,而上游宁蒙河段的流速较小,比小北干流和下游的流速低 0.5 ~ 1 m/s,渭河华县的流速最小。因此,在同样来沙条件下,上游河道的输沙能力低于小北干流和下游河道的输沙能力。

表 5-7 汛期平均流量下主槽流速

站名	石嘴山	三湖河口	龙门	花园口	高村	华县
平均流量(m³/s)	1 714	1 400	1 686	2 550	2 400	480
平均流速(m/s)	1.5	1.5	2.0	2.5	2.3	1.0

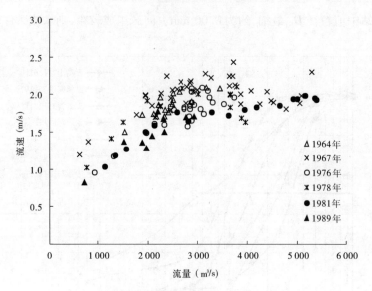

图 5-30　三湖河口典型洪水流量与主槽流速关系

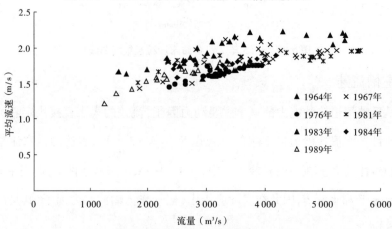

图 5-31　石嘴山典型洪水流量与主槽流速的关系

表 5-8　平滩流量下主槽流速

站名	上游	中游(龙门)	下游	渭河(华县)
平滩流量(m³/s)	2 000	3 000	4 000	2 000
平均流速(m/s)	1.5～2	3～4	2.5～3	1.5

表 5-9　同流量(2 000 m³/s)下平均流速

站名	石嘴山	三湖河口	龙门	花园口	高村	华县
流速(m/s)	1.7	1.7	2.5	2.3	2.2	1.8

此外,点绘流量和 $\dfrac{V^3}{H}$ 的关系可以看出(见图 5-36 ~ 图 5-37),在相同流量条件下,小北

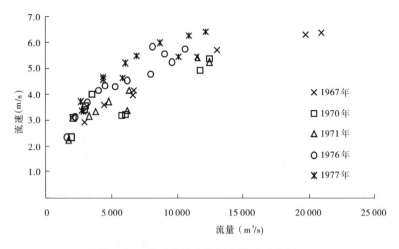

图 5-32 龙门典型洪水流量与主槽流速的关系

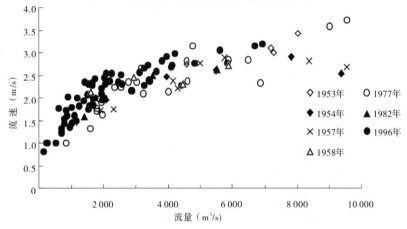

图 5-33 花园口典型洪水流量与主槽流速的关系

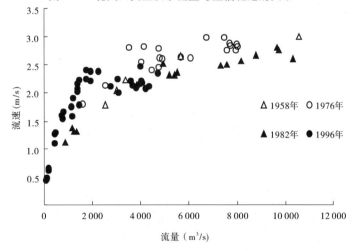

图 5-34 高村典型洪水流量与主槽流速的关系

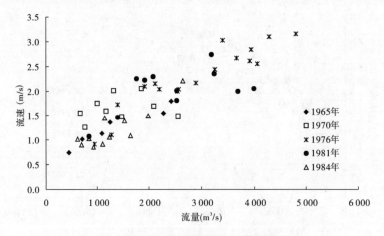

图 5-35　华县典型洪水流量与主槽流速关系

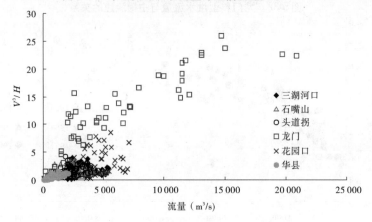

图 5-36　1967 年各水文站流量与 V^3/H 关系

干流河段和下游河段的 $\dfrac{V^3}{H}$ 较大,而上游河段的 $\dfrac{V^3}{H}$ 较小,小北干流河段和下游河段同流量下水流挟沙能力较大,上游河段水流挟沙能力最小。

5.2.3　河道比降

比降是河道冲淤调整过程重要的水力影响因素:比降大,流速大,输沙能力增强;比降缓,阻力变大,输沙能力降低。对比分析各河段的比降(见表 5-10),可以看出,小北干流河段的河道平均比降最大,是下游河道高村以上平均比降的 1.5~3 倍;内蒙古河道比降与黄河下游都比较小,在 0.7‰~1.7‰,尤其是三湖河口—昭君坟河段比降非常小,只有 0.7‰~0.8‰,该河段有三条多沙支流加入;昭君坟—头道拐河段比降也只有 1‰左右,有 7 条多沙支流汇入;渭河下游赤水—河口比降在 1‰左右,和下游高村以下比降接近。从河段纵剖面图(见图 5-38)上也可以看出,内蒙古河段河道比降较缓,小北干流的河道较陡。

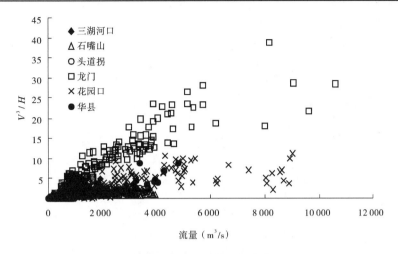

图 5-37　1976 年各水文站流量与 V^3/H 关系

表 5-10　黄河各典型河段比降

河段		平均比降(‰)
宁蒙	内蒙古	0.7～1.7
下游	孟津—郑州铁路桥	2.65
	郑州铁路桥—东坝头	2.03
	东坝头—高村	1.72
	高村—陶城铺	1.48
	陶城铺—宁海	1.01
小北干流	龙门—潼关	3.0～6.0
渭河下游	咸阳—泾河口	5.0～6.0
	泾河口—赤水	4.0
	赤水—河口	1.0～1.4

5.2.4　断面形态

　　断面形态也是河道输沙能力的一个主要边界影响因素,宽浅河道,主流摆动不定,输沙能力较低,而窄深河槽的输沙能力强。从各河道河相关系来看(见表5-11),内蒙古河段的巴彦高勒—三湖河口河段最为宽浅,河相关系达30以上,与黄河下游高村以上断面形态比较接近,属宽浅河道。小北干流河道断面形态宽浅,河相关系在21.6～46.0。而渭河下游断面形态特别窄深,河相关系只有5.0左右,和下游艾山以下河段断面形态比较接近。

　　从图 5-39～图 5-42 可以明显看出,宁蒙河段河道、小北干流河道、下游河道断面形态比较宽浅,而渭河华县站断面最窄深。

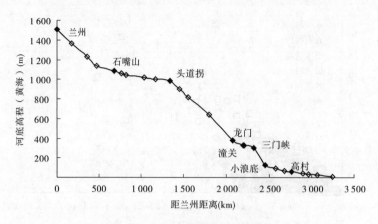

图 5-38　黄河干流河道纵剖面图

表 5-11　各河段断面形态表

河道	河段	河相关系($\frac{\sqrt{B}}{H}$)
内蒙古	巴彦高勒—三湖河口	38.2
	三湖河口—昭君坟	29.8
	昭君坟—头道拐	24.3
下游	孟津—高村	20 ~ 40
	高村—陶城铺	8 ~ 12
	陶城铺—宁海	<6
小北干流	龙门—潼关	21.6 ~ 46
渭河下游	咸阳—泾河口	≥10
	泾河口—赤水	5 ~ 10
	赤水—河口	5 左右

对比同流量下各水文断面形态(见图 5-43),在同流量下,渭河华县河相关系 $\sqrt{B}/H$ 最小,断面窄深,上游和下游断面及小北干流断面都比较宽浅,其输沙能力较渭河弱。

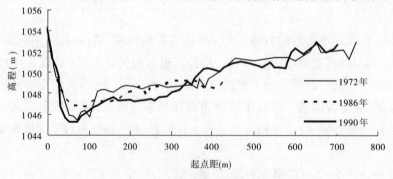

图 5-39　巴彦高勒站汛后断面

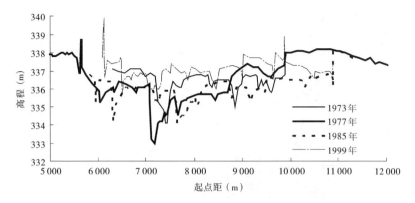

图 5-40 小北干流河段黄淤 49 断面

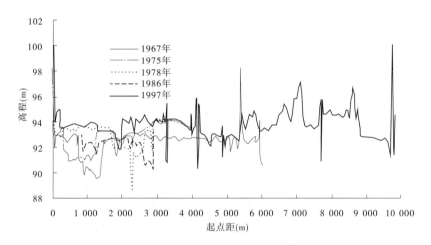

图 5-41 花园口汛后断面

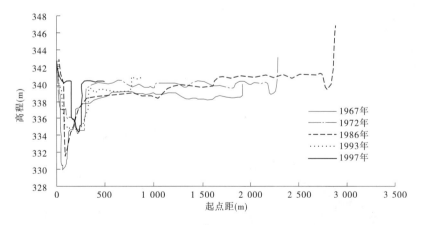

图 5-42 渭河华县汛后断面

由以上分析可以认识到,几个冲积性河段输沙影响因素的特点是不同的,宁蒙河段河
道比降最小,流速低,粒径较粗;小北干流河段,比降大,流速大,但是粒径较粗,并且具有

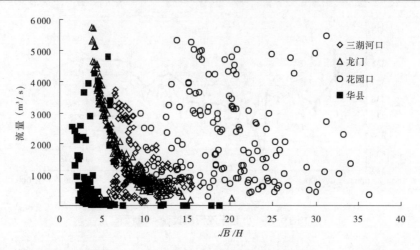

图 5-43　1976 年不同水文站流量与河相关系

宽浅的断面形态;下游河道尽管宽浅,但是粒径较细,特别是具有大流量及高流速的特点;渭河下游粒径最细,沉降速度最小,而且断面形态最窄深。

5.3　输沙能力对多因素的响应规律

5.3.1　洪水期河道冲淤临界水沙关系

5.3.1.1　宁蒙河道

建立宁蒙河道洪水期冲淤效率与来沙系数 S/Q(平均含沙量与平均流量比值)的关系(见图 5-44),可粗略确定平均情况下当洪水期来沙系数为 0.003 7 kg·s/m^{6}时河道基本保持冲淤平衡;当来沙系数大于此值时,河道淤积,反之,河道冲刷。来沙系数越大,则淤积效率越大;来沙系数越小,则冲刷效率越大。当洪水期平均流量为 2 500 m^3/s 时,则含沙量约为 9.25 kg/m^3,长河段河道基本冲淤平衡。

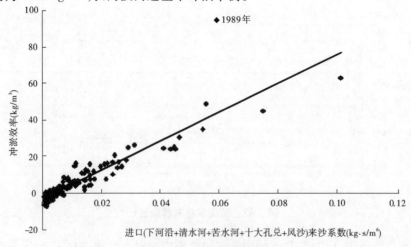

图 5-44　宁蒙河道洪水期冲淤效率与来沙系数关系

5.3.1.2　小北干流河道

　　根据 1974 年三门峡水库蓄清排浑运用以来的实测资料,分析了小北干流洪水期的河道冲淤规律。由图 5-45 可以看出,洪水期小北干流基本上都是淤积的,来沙系数大即水沙组合不利时冲淤效率也越大;来沙系数在 0.019 kg·s/m⁶ 左右,河道基本冲淤平衡。

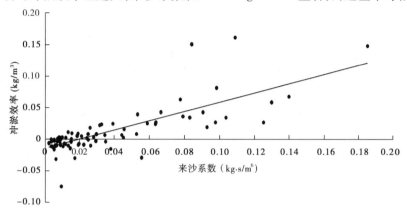

图 5-45　小北干流河道洪水期冲淤效率与来沙系数关系

5.3.1.3　黄河下游河道

　　采用黄河下游实测资料,点绘下游河道冲淤效率与水沙组合的关系。由图 5-46 可以看出,下游河道冲淤效率与水沙组合关系极为密切,冲淤效率随来沙系数的增大而增大。洪水期来沙系数约为 0.010 kg·s/m⁶时,下游河道冲淤基本平衡;当来沙系数大于 0.010 kg·s/m⁶时,河道将发生淤积;反之,河道将发生冲刷。如洪水期平均流量 3 000 m³/s、含沙量约 30 kg/m³ 左右时,长河段冲淤基本平衡。

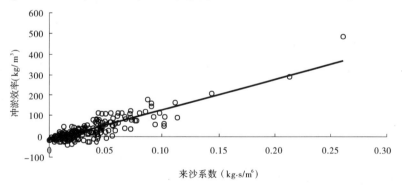

图 5-46　黄河下游河道洪水期冲淤效率与来沙系数关系

5.3.1.4　渭河下游河道

　　根据渭河下游实测资料,分析临潼—华阴河段的冲淤变化特点。点绘 1974 ~ 2003 年洪水期间河道排沙比与来沙系数的关系(见图 5-47),其基本特点是来沙系数越大排沙比越小。平均情况下渭河来沙系数为 0.110 kg·s/m⁶时,河道基本冲淤平衡。但含沙量情况不同,相同来沙系数条件下高含沙量洪水(S > 200 kg/m³)排沙比大于低含沙量洪水(S < 200 kg/m³)。对于 200 kg/m³ 以上的高含沙洪水来说,来沙系数大约为 0.500 kg·s/m⁶

时排沙比即可达到 100%，即河道可达到冲淤平衡；而较低含沙量洪水的来沙系数约为 0.070 kg·s/m⁶时，河道基本保持冲淤平衡。

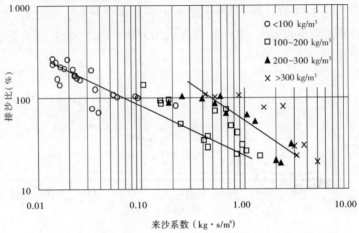

图 5-47　渭河下游河道洪水期来沙系数与排沙比关系

综合以上分析，几个冲积性河段洪水期河道冲淤平衡来沙系数归纳为表 5-12：宁蒙河段来沙系数约为 0.003 7 kg·s/m⁶，小北干流河段约为 0.019 kg·s/m⁶，下游河段的来沙系数约为 0.010 kg·s/m⁶，渭河下游河段平均来沙系数约为 0.110 kg·s/m⁶。说明由于各河段所处地理位置及水沙条件的差异，河道输沙能力相差较大。洪水期冲淤平衡来沙系数表示洪水期平均情况下，长河段达到基本不冲不淤状态时所需的水沙组合条件。该值越小说明输送泥沙需要的水流强度越大，相同流量条件下河道越易淤积。由表 5-12 可以看出，宁蒙河道洪水期冲淤平衡来沙系数，仅为小北干流的 20%、黄河下游的 1/3，更只有渭河下游河道洪水期低含沙量（含沙量 <100 kg/m³）时冲淤平衡来沙系数的 5%，说明其输沙条件是最差的。对比分析相同流量（1 200 m³/s）条件下各河段输沙能力，小北干流、黄河下游和渭河下游河道分别能输送 22.8 kg/m³、12.0 kg/m³ 和 84.0 kg/m³ 的含沙量河道可不淤积，而宁蒙河道只能输送 4.44 kg/m³ 的含沙水流，超过该量级河道就会发生淤积，反之河道将发生冲刷。

表 5-12　黄河各冲积性河段洪水期冲淤平衡来沙系数对比

河段	冲淤平衡来沙系数 （kg·s/m⁶）	典型流量下可输送的含沙量	
		典型流量（m³/s）	平均含沙量（kg/m³）
宁蒙河段	0.003 7		4.44
小北干流	0.019		22.80
黄河下游	0.010	1 200	12.00
渭河下游 （含沙量 <100 kg/m³）	0.070		84.00

对比宁蒙河道和黄河下游河道场次洪水的冲淤效率与来沙系数的关系（见图 5-48）可见，淤积效率随河道来沙系数的增大而增大，冲刷效率随着来沙系数的减小而增大。相

同来水来沙组合条件下,宁蒙河道较黄河下游河道更易淤积,冲淤临界指标下,当流量为 2 000 m³/s 时,下游能达到 20 kg/m³,宁蒙河道约为 7.4 kg/m³。

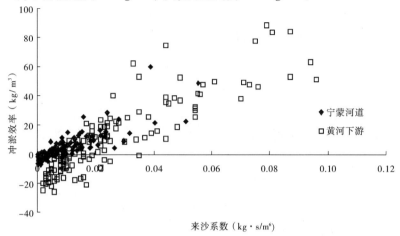

图 5-48 宁蒙河道和黄河下游场次洪水冲淤效率与来沙系数关系

5.3.2 各河段输沙能力差异的机制初步探讨

上文对影响河道输沙能力的单因子进行了初步分析,而河道的输沙能力大小是多因素综合影响的结果,因此以下综合各因素分析各冲积性河段输沙能力差别。

多沙河流水流挟沙能力可采用式(5-18)计算:

$$S^* = K \left(\frac{\gamma_m}{\gamma_s - \gamma_m} \frac{V^3}{gH\omega_c} \right)^m$$

$$= K \left(\frac{\gamma_m}{\gamma_s - \gamma_m} \frac{1}{g\omega_c} \right)^m \left(\frac{V^3}{H} \right)^m \tag{5-18}$$

冲淤平衡条件下,挟沙能力等于来水含沙量。因而冲淤平衡条件下的河道来沙系数可以表示为式(5-19):

$$\frac{S^*}{Q} = \frac{K \left(\dfrac{\gamma_m}{\gamma_s - \gamma_m} \dfrac{1}{g\omega_c} \right)^m \left(\dfrac{V^3}{H} \right)^m}{Q}$$

$$= K \left(\frac{\gamma_m}{\gamma_s - \gamma_m} \frac{1}{g\omega_c} \right)^m \frac{\left(\dfrac{V^3}{H} \right)^m}{Q} \tag{5-19}$$

从式(5-19)中可以看出,水流挟沙力可归结为与两大部分影响因素有关,一部分是来水含沙量大小及来沙组成 $\left(\dfrac{\gamma_m}{\gamma_s - \gamma_m} \dfrac{1}{g\omega_c} \right)^m$,另一部分是综合水力条件 $\left(\dfrac{V^3}{H} \right)^m$ 的影响。为分析各河段输沙能力机制上的差别,对上式进一步分解,将以下各式代入式(5-19):

$$Q = BHV \tag{5-20}$$

$$V = \frac{1}{n} H^{2/3} J^{1/2} \tag{5-21}$$

$$\gamma_m = \gamma + (1 - \frac{\gamma}{\gamma_s})S \tag{5-22}$$

$$\omega_c = (1 - S_V)^{4.9}\omega_0 \tag{5-23}$$

$$\omega_0 = 2.6(d_{cp}/d_{50})^{0.3}\omega_p e^{-635 d_{cp}^{0.7}} \tag{5-24}$$

$$\omega_p = \frac{1}{18}\frac{\gamma_s - \gamma}{\gamma}gd_{cp}^2/V \tag{5-25}$$

$$S_V = \frac{S}{\gamma_s} \tag{5-26}$$

得到来沙系数的最终计算公式:

$$\frac{S^*}{Q} = \left[\frac{\gamma + \frac{(\gamma_s - \gamma)S}{\gamma_s}}{(\gamma_s - \gamma)(1 - \frac{S}{\gamma_s})(1 - S_V)^{4.9}}\right]^{0.75}(\frac{1}{g\omega_0})^{0.75}(\frac{\sqrt{J}}{n})^{1.25}\frac{1}{BH^{0.92}} \tag{5-27}$$

式中　　V——断面平均流速,m/s;

$\qquad B$——平均河宽,m;

$\qquad H$——平均水深,m;

$\qquad n$——曼宁糙率系数;

$\qquad J$——纵比降(‰);

$\qquad S$——洪水期平均含沙量,kg/m³;

$\qquad g$——重力加速度,m/s²;

$\qquad \omega_0$——非均匀沙清水沉速,cm/s;

$\qquad \omega_p$——均匀沙清水沉速,cm/s;

$\qquad \omega_c$——浑水沉速,cm/s;

$\qquad d_{50}$——悬沙中值粒径,mm;

$\qquad d_{cp}$——悬沙平均粒径,mm;

$\qquad \gamma$——清水容重,kN/m³;

$\qquad \gamma_m$——浑水容重,kN/m³;

$\qquad \gamma_s$——泥沙容重,kN/m³;

$\qquad S_V$——体积含沙量(单位浑水体积内泥沙的体积)(%);

$\qquad K,m$——系数与指数,在黄河泥沙数学模型部分挟沙力公式现有研究成果中,m的
　　　　　　　取值范围一般在 0.62 ~ 0.92,本书选取 $m = 0.75$,K 为常数。

根据各河段的实测资料,对式(5-27)进行了分项计算,见表 5-13。

表 5-13 中,$(\frac{\sqrt{J}}{n})^{1.25}$表示动床阻力因素的影响,将其称为动床阻力值,该值越小,说明
比降越缓而阻力系数越大,输沙能力弱,反之,则输沙能力强。宁蒙河道的阻力大而比降
小,因此动床阻力值小,动床阻力仅为黄河下游的 0.36 倍;渭河下游动床阻力值仅为黄河
下游的 0.39 倍。对比花园口、三湖河口、华县的动床阻力(见图 5-49),可见同流量条件
下,宁蒙河道相对黄河下游和渭河下游动床阻力较弱,因此河道输沙能力较低。

表 5-13　各河段影响因素对比

影响因素		项目	宁蒙河道	小北干流	黄河下游	渭河下游 全部平均	渭河下游 $S<100$ kg/m³	渭河下游 $S>200$ kg/m³
水流条件	各项值	$(\frac{\sqrt{J}}{n})^{1.25}$ ①	0.64	1.39	1.80	0.70	0.76	0.64
		$\frac{1}{BH^{0.92}}$ ②	0.000 8	0.001 4	0.000 8	0.001 8	0.001 8	0.002 0
	与下游比值	①	0.36	0.77	1.00	0.39	0.42	0.36
		②	1	1.86	1.00	2.36	2.36	2.60
		比值乘积	0.39	1.43	1.00	0.92	0.99	0.93
泥沙条件		平均含沙量（kg/m³）	7.6	56	56	85.6	36.1	375.8
	各项值	$\left[\dfrac{\gamma+\frac{(\gamma_s-\gamma)}{\gamma_s}S}{(\gamma_s-\gamma)(1-\frac{S}{\gamma_s})}\right]^{0.75}$ ③	0.69	0.72	0.72	0.73	0.71	0.90
		$\left[\dfrac{1}{(1-S_v)^{4.9}}\right]^{0.75}$ ④	1.01	1.08	1.08	1.13	1.05	1.75
		$(\dfrac{1}{g\omega_0})^{0.75}$ ⑤	20.2	19.0	24.2	29.7	29.7	29.7
	与下游比值	③	0.96	1.00	1.00	1.02	0.99	1.26
		④	0.93	1.00	1.00	1.04	0.97	1.62
		⑤	0.84	0.79	1.00	1.23	1.23	1.23
		比值乘积	0.75	0.79	1.00	1.31	1.18	2.51
合计		两项比值乘积	0.29	1.13	1.00	1.20	1.17	2.32

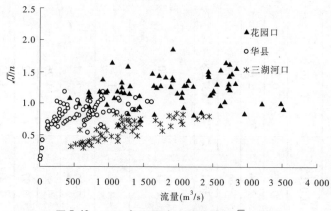

图 5-49　1982 年不同水文站流量与 $\sqrt{J}/n$ 关系

$\dfrac{1}{BH^{0.92}}$ 表示河道断面形态的影响。宁蒙河道断面形态比较宽浅,该项值为黄河下游河道的 1 倍;渭河下游断面最窄深,是黄河下游断面形态项值的 2.36 倍,窄深的断面形态是渭河下游输沙能力强的一个主要原因。

在表 5-13 中,③、④、⑤项分别表示比重、体积含沙量、来沙组成对河道输沙能力的影响。其中③项(比重项)各河段的值相差不大,宁蒙河道的比重项为黄河下游河道的 0.96 倍;渭河下游在含沙量大于 200 kg/m³ 时,比重项稍大一些,为下游河道的 1.26 倍。对于④项(体积含沙量修正项),各河段有一定差距,宁蒙河道是黄河下游的 0.93 倍;而渭河下游体积含沙量修正项值是黄河下游的 1.04 倍,含沙量大于 200 kg/m³ 时,该项值是下游的 1.62 倍。从⑤项泥沙组成上看,泥沙的粗细直接影响着沉降速度,沉降速度大,水流挟沙能力弱,反之水流挟沙能力强。与下游河道相比,由于小北干流、宁蒙河道的粒径较粗,所以该项值分别仅为黄河下游的 0.79 倍和 0.84 倍;而渭河下游的泥沙粒径较细,沉速项是下游的 1.23 倍。因此,从泥沙综合影响因素上看,宁蒙河道由于泥沙粒径粗,体积含沙量项影响较大;而小北干流河道,粗泥沙是影响河道输沙能力的最主要原因;对于渭河下游,泥沙较细及体积含沙量修正项值大决定河道有极强的输沙能力。

从水流条件、泥沙条件两方面综合来看,和下游河道相比,宁蒙河道的水沙综合条件仅为下游河道的 0.29 倍,宁蒙河道的输沙能力较小;而渭河下游的水沙条件综合值是下游河道的 1.2 倍,尤其是高含沙时,是下游河道的 2.32 倍,有利于河道输送泥沙,所以渭河的输沙能力最大。

综合分析各因素的影响程度,可以看出:宁蒙河道较弱的水流动力条件,以及粒径较粗、沉速较大,是导致该河道输沙能力较小的主要原因。渭河下游泥沙粒径最细,沉降速度最小,尤其是窄深的断面形态直接决定着该河道具有极强的输沙能力;而且渭河常发生高含沙洪水,由于含沙量的增加,引起流体黏性和容重的增加,使泥沙在浑水中的沉降速度减小,从而进一步提高了水流的输沙能力,促使水流的挟沙能力增强。而对于黄河下游,较强的水流动力条件是决定其具有较大输沙能力的主要原因。

5.3.3 泥沙特性是输沙能力较低的重要原因

悬沙和床沙的交换过程很大程度上影响河道的输沙,因此床沙、悬沙特性决定了河道的输沙能力。

5.3.3.1 粗颗粒泥沙的挟沙能力

第3章中在对宁蒙河道悬沙、床沙组成分析中已知,宁蒙河道悬沙和床沙组成都较粗,尤其是床沙较粗。因此,以下从理论方面分析粗颗粒泥沙的挟沙能力,以进一步揭示宁蒙河道输沙能力偏低的原因。

利用韩其为非均匀沙不平衡输沙挟沙力公式分析粗颗粒泥沙的挟沙能力。该公式考虑了床沙组成、悬沙组成、来沙含沙量和水力条件的综合影响,包含的因子较为全面。

1. 河床质挟沙力及悬沙中粗、细泥沙分界粒径计算

河床质挟沙力 $S^*(\omega_{1.1}^*)$ 指河床质中与悬沙级配相应的部分(称为可悬百分比 P_1)泥沙的挟沙力,由河床质中可悬的各粒组均匀沙挟沙力 $S^*(k)$ 与其相应的百分比 $P_{1.k.1}$ 之积的总和,除以可悬百分比求得。

$$S^*(\omega_{1.1}^*) = \sum \left[\frac{P_{1.k.1} S^*(k)}{P_1} \right] \tag{5-28}$$

河床质挟沙力相应沉速 $\omega_{1.1}^*$ 作为悬沙中粗、细泥沙分界沉速,由河床质挟沙力级配确定:

$$\omega_{(1.1)}^* = \left[\sum \frac{S^*(k)}{S^*(\omega_{1.1}^*)} \omega_{sk}^{0.92} \right]^{\frac{1}{0.92}} \tag{5-29}$$

式中 ω_{sk}——各粒组浑水沉速。

由粗、细泥沙分界沉速内插推求粗、细泥沙分界粒径及悬沙中粗、细泥沙累计百分比。

2. 悬沙中粗、细泥沙挟沙力计算

由粗、细泥沙分界粒径界定的粗、细泥沙累计百分比 $P_{4.2}$ 和 $P_{4.1}$ 与悬沙中粗、细泥沙的各粒组百分比之比 $P_{4.k.2}$ 和 $P_{4.k.1}$ 称为标准百分数。细泥沙总挟沙力 $S^*(\omega_1^*)$ 为细泥沙各粒组标准百分数与对应各粒组挟沙力之比总和的倒数,即

$$S^*(\omega_1^*) = \frac{1}{\sum \frac{P_{4.k.1}}{S^*(k)}} \tag{5-30}$$

床沙质总挟沙力 $S^*(\omega_2^*)$ 为各粒组标准百分数与对应各粒组挟沙力之积的总和。

$$S^*(\omega_2^*) = \sum P_{4.k.2} S^*(k) \tag{5-31}$$

3. 冲淤判数、混合挟沙力计算

由河床质、悬沙中粗、细泥沙的挟沙力即可计算冲淤判数 Z、混合挟沙力 $S^*(\omega^*)$、分组沙挟沙力及挟沙力级配等。冲淤判数 Z 为

$$Z = \frac{P_{4.1} S}{S^*(\omega_1^*)} + \frac{P_{4.2} S}{S^*(\omega_{1.1}^*)} \tag{5-32}$$

若 $Z \geqslant 1$,则

混合挟沙力 $\quad S^*(\omega^*) = P_{4.1} S + \left[1 - \frac{P_{4.1} S}{S^*(\omega_1^*)} \right] S^*(\omega_2^*) \tag{5-33}$

挟沙力级配　　$P_{4.k}^* = P_{4.1}P_{4.k.1}S/S^*(\omega^*) + [1 - P_{4.1}S/S^*(\omega_1)]P_{4.k.2}S^*(k)/S^*(\omega^*)$

$$(5-34)$$

若 $Z < 1$,则

混合挟沙力　　$S^*(\omega^*) = P_{4.1}S + \dfrac{P_{4.2}S}{S^*(\omega_{1.1}^*)}S^*(\omega_2^*) + (1 - Z)P_1 S^*(\omega_{1.1}^*)$　　$(5-35)$

挟沙力级配

$$P_{4.k}^* = \frac{P_{4.1}P_{4.k.1}S}{S^*(\omega^*)} + \frac{P_{4.2}S}{S^*(\omega_{1.1}^*)}\frac{P_{4.k.2}S^*(k)}{S^*(\omega^*)} + (1 - Z)\frac{P_1 P_{1.k.1}S^*(k)}{S^*(\omega^*)} \quad (5-36)$$

分组挟沙力计算公式为

$$S_k^*(\omega^*) = P_{4.k}^* S^*(\omega^*) \quad (5-37)$$

式中　$S^*(k)$——河床质中可悬的各粒径组均匀沙挟沙力;

　　　P_1——床沙可悬百分比;

　　　$P_{1.k.1}$——床沙标准百分数;

　　　$S^*(\omega_{1.1}^*)$——床沙混合挟沙力;

　　　$\omega_{1.1}^*$——床沙挟沙力级配相应沉速;

　　　$P_{4.1}$——冲泻质累积百分数;

　　　$P_{4.k.1}$——冲泻质标准百分数;

　　　$S^*(\omega_1^*)$——冲泻质混合挟沙力;

　　　$P_{4.2}$——床沙质累积百分数;

　　　$P_{4.k.2}$——床沙质标准百分数;

　　　$S^*(\omega_2^*)$——床沙质混合挟沙力;

　　　$S^*(\omega^*)$——混合总挟沙力;

　　　$P_{4.k}^*$——挟沙力级配;

　　　$S_k^*(\omega^*)$——分组挟沙力。

以头道拐站实测床沙和悬沙资料为基础,采用韩其为公式计算了头道拐不同粒径泥沙的挟沙能力。头道拐水力因子为:流量 1 650 m³/s,含沙量 6.12 kg/m³,流速 1.39 m/s,水深 2.59 m,水温 19.8 ℃(见表 5-14)。沉速计算公式为

$$\omega = \sqrt{\left(13.95\frac{\nu}{d}\right)^2 + 1.09\frac{\gamma_s - \gamma}{\gamma}gd} - 13.95\frac{\nu}{d} \quad (5-38)$$

式中　d——参考粒径;

　　　γ_s——泥沙的容重;

　　　γ——水的容重;

　　　g——重力加速度;

　　　ν——水的黏滞性运动系数,其计算公式为

$$\nu = \frac{0.017\,75}{1 + 0.033\,7t + 0.000\,221t^2} \quad (5-39)$$

其中　t——温度。

表 5-14　黄河头道拐站和利津站 1981 年床沙、悬沙级配组成

头道拐	$Q=1\,650$ m^3/s, $S=6.12$ kg/m^3	粒径(mm)	0.005	0.01	0.025	0.05	0.1	0.17	0.25	0.5	
		床沙小于某粒径百分数(%)			0.3	4.9	26.9	59.7	97.1	100	
		悬沙小于某粒径百分数(%)	29.5	39.8	61.2	87	97.6	98.7	100		
利津	$Q=1\,940$ m^3/s, $S=52.1$ kg/m^3	粒径(mm)	0.007	0.01	0.025	0.05	0.1	0.15	0.17	0.25	0.5
		床沙小于某粒径百分数(%)			2.2	10.9	41.5	78.7	82.5	97.5	100
		悬沙小于某粒径百分数(%)	32.8	41.7	63.4	89.2	100				

表 5-15 和图 5-50 为计算结果。沉速是泥沙在水中下沉的平均速度,沉速与粒径成正比,粒径越粗、沉速越大,粗泥沙更难以悬浮。计算表明,粒径为 0.1 mm 的特粗沙的沉速是粒径为 0.025 mm 细沙的 19.47 倍。分组挟沙力是计算条件下某一粒径组泥沙的挟沙能力,反映了各组泥沙在水流中的重力,其与这一粒径组的大小、来沙和床沙中这一粒径组的含量关系较大。分组挟沙力随着粒径的增大明显减小,粒径为 0.1 mm 的特粗沙的挟沙力仅 0.247 kg/m^3,只有粒径为 0.025 mm 的细泥沙的挟沙力 1.132 kg/m^3 的 0.22 倍,即为细沙挟沙能力的 1/5。分组挟沙 S 与泥沙沉速 ω 的乘积即为某一粒径组泥沙单位时间内下沉所做的功,也就是悬浮起来所需要的水流的悬浮功,反映了泥沙悬浮需要的能量大小。对比头道拐站粒径为 0.1 mm 的特粗沙与粒径为 0.025 mm 的细泥沙的悬浮功,前者是后者的 4.34 倍,说明泥沙越粗,输送所需要的能量越大,越不容易输送。

表 5-15　头道拐站各粒径泥沙输送能力

项目	泥沙粒径(mm)						比值 ($d=0.1$ mm 与 $d=0.025$ mm)
	0.005	0.01	0.025	0.05	0.10	0.25	
沉速 ω (m/s)	0.000 032 5	0.000 033 2	0.000 17	0.000 83	0.003 31	0.012 75	19.47
头道拐分组挟沙力 $S(kg/m^3)$	3.512 88	1.028 16	1.132 20	0.369 38	0.246 55	0.556 74	0.22
悬浮功 $S\omega$	0.000 11	0.000 03	0.000 19	0.000 31	0.000 82	0.007 10	4.32

以黄河下游出口站利津站为例,与头道拐站进行比较,进一步分析宁蒙河道泥沙的特性及输沙能力偏低的原因。表 5-14 为与头道拐上述水流条件相近的利津的计算条件。由两站床沙组成比较(图 5-51)可见,头道拐粒径小于 0.1 mm 的泥沙比例只有 26.9%,即特粗沙占到 73.1%;而利津小于 0.1 mm 的泥沙比例为 41.5%,特粗泥沙占到 58.5%;头道拐特粗沙比例比利津高 14.6 个百分点,说明宁蒙河道床沙明显较利津粗。由悬沙组成对比(图 5-52)也可见,头道拐悬沙较利津稍粗,但差别不大。由此说明,在相近流量条件

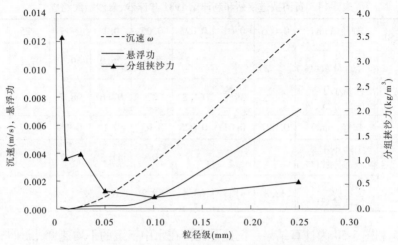

图 5-50　不同粒径级泥沙沉速、分组挟沙力及悬浮功变化

下利津含沙量达到 52.1 kg/m³,而头道拐只有 6.12 kg/m³,就在于利津来沙中和河床中细泥沙多,细泥沙的挟沙能力能够得到基本满足,可携带较高含沙量的细泥沙;而头道拐由于细泥沙补给少,细泥沙挟沙能力不能得到满足,只能携带或冲刷偏粗的泥沙,而同样的水流能量携带粗泥沙量远小于细泥沙量,所以头道拐的含沙量明显偏低。

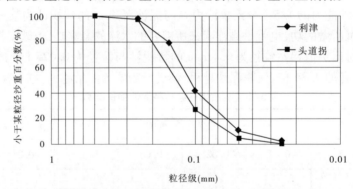

图 5-51　头道拐站和利津站床沙组成级配曲线

5.3.3.2　细泥沙河床补给

床沙组成决定着泥沙的补给条件,当水流含沙量不足临界含沙量时,水流处于次饱和状态,水流将向床面层寻求补给,河床将发生冲刷。宁蒙河道由于床沙中缺少细沙补给,呈现出与黄河下游不同的演变特点。从细泥沙冲淤效率与平均流量的关系图(见图 5-53)可以看到,黄河下游细泥沙冲淤效率基本上随着流量的增大而增大,图中流量大于 3 000 m³/s 而冲刷效率较低的洪水,主要是 1964 年长历时洪水和 2006 年以后持续冲刷、床沙粗化后的洪水,此时床沙中细泥沙补给已不足。而宁蒙河道细泥沙的冲刷效率基本上不随流量变化,一直维持在 4 kg/m³ 以下,与下游河床粗化后的情况类似,说明床沙中细泥沙补给不足是宁蒙河道冲刷效率偏低的重要原因。

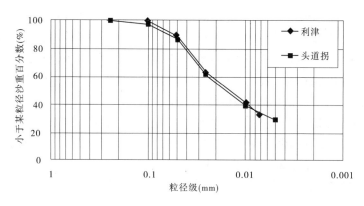

图 5-52 头道拐站和利津站悬沙组成级配曲线

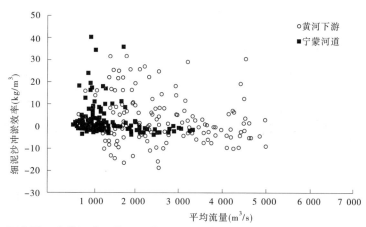

图 5-53 宁蒙河道和黄河下游洪水期细泥沙冲淤效率与平均流量关系

5.4 小 结

(1)宁蒙河道的输沙特性同样具有多来多排的特点,水文站输沙率不仅与流量,而且与上站含沙量关系密切,在相同流量条件下,含沙量高的水流输沙能力大于含沙量低的水流。

根据实测资料,建立宁蒙河道不同时域(常水期、封冻期、桃汛期)和地域(青铜峡—石嘴山、石嘴山—巴彦高勒、巴彦高勒—三湖河口、三湖河口—头道拐河段)的水文站输沙率计算公式,公式基本形式为

$$Q_S = kS_{进}^{\alpha} Q_{出}^{\beta}$$

同时在实测资料的基础上,考虑公式对大洪水的适应性,进一步进行了修正。综合提出的公式能够反映宁蒙河道的输沙特点。

(2)为分析宁蒙河道输沙能力偏低的原因,就影响河道输沙能力的因素——河道比降、断面形态、床悬沙组成、流速等,与黄河其他冲积性河段进行了比较。从定性上看,宁蒙河道床悬沙均偏粗,河道比降小,断面形态宽浅,流速小,均不利于输沙。

（3）根据泥沙基本理论公式,将决定河道输沙能力因素综合为水流条件和泥沙条件,计算了各河段——宁蒙河道、小北干流、黄河下游、渭河下游的输沙能力,并以黄河下游输沙能力为基础进行了比较。计算表明,宁蒙河道水流条件决定的输沙能力是黄河下游的0.39倍,泥沙条件决定的输沙能力是黄河下游的0.75倍,综合仅为黄河下游的0.29倍。在上述冲积性河段中,宁蒙河道的输沙能力是最低的。

（4）利用韩其为非均匀沙不平衡输沙挟沙力公式计算了不同粒径级泥沙沉速、分组挟沙力及悬浮功变化,从机制上阐明宁蒙河道床沙、悬沙组成较粗是造成河道输沙能力偏低的原因。同时,比较了宁蒙河道和黄河下游河道细泥沙冲刷特点,指出河床中细泥沙补给不足是河道输沙能力低的直接原因。

参考文献

[1] 路秉慧,郭德成,张亚彤,等.黄河宁蒙河段凌汛特点分析[J].内蒙古水利,2005(4):15-17.
[2] 江恩惠,赵连军,张红武.多沙河流洪水演进与冲淤演变数学模型研究及应用[M].郑州:黄河水利出版社,2008.
[3] 韩其为.水库淤积[M].北京:科学出版社,2003.
[4] 曾茂林,熊贵枢,戴明英.内蒙古十大孔兑来沙特性及其对内蒙古河道冲淤的影响[R].黄河水利科学研究院,2008.

第 6 章　河道冲淤演变规律分析

本章重点介绍了宁蒙河道冲淤演变过程及特点,河床演变与水沙条件的响应关系,并以 2012 年为例分析了在大流量、长历时、低含沙水流条件下河势演变的基本特征,以及近期宁蒙河道淤积加重的原因及各影响因素的变化,在此基础上提出减少宁蒙河道淤积的措施建议。

6.1　宁蒙河道冲淤特点

6.1.1　河道冲淤概况

用断面法计算冲淤量可以比较准确地反映长时期河道冲淤变化特点,因此本次分析宁蒙河道长期冲淤分布时以断面法计算河段冲淤量。

6.1.1.1　宁夏河段

宁夏河段不同时段的河道冲淤量及滩槽分布见表 6-1[1]。

表 6-1　宁夏河段不同时段年均河道冲淤量　　　　　（单位:亿 t）

河段	1993 年 5 月至 1999 年 5 月			1999 年 5 月至 2001 年 12 月		
	主槽	滩地	全断面	主槽	滩地	全断面
下河沿—白马（入库）	−0.009	0.003	−0.006	−0.010	0.017	0.007
青铜峡坝下—石嘴山	0.106	0.002	0.108	0.043	0.080	0.123
下河沿—石嘴山	0.097	0.005	0.102	0.033	0.097	0.130
河段	2001 年 12 月至 2009 年 8 月			1993 年 5 月至 2009 年 8 月		
	主槽	滩地	全断面	主槽	滩地	全断面
下河沿—白马（入库）	−0.003	0.009	0.006	−0.006	0.008	0.002
青铜峡坝下—石嘴山	−0.007	0.072	0.065	0.043	0.048	0.091
下河沿—石嘴山	−0.010	0.081	0.071	0.037	0.056	0.093

宁夏河段 1993 年 5 月至 2009 年 8 月年均淤积量为 0.093 亿 t。从河段分布看,淤积主要集中在青铜峡坝下—石嘴山河段,年均淤积量 0.091 亿 t,占总淤积量的 97.8%；下河沿—白马(青铜峡水库入库处)河段为微淤状态,年平均淤积量只有下河沿—石嘴山河段的 2.2%。从整个河段滩槽分布来看,滩地淤积量占全断面淤积量的 60% 以上,而下河沿—白马河段主槽冲刷、滩地淤积,青铜峡坝下—石嘴山河段是滩槽皆淤,且两者基本上相近。

　　从时间来看,1993~1999年和1999~2001年两个时段淤积较大,年均淤积量分别达到0.102亿t和0.130亿t,均超过1 000万t;而2001~2009年淤积有所减少,年均为0.071亿t,只有上一时段的54.6%。但各时期滩槽冲淤不同,1993~1999年95%的淤积量集中在主槽内;1999~2001年和2001~2009年淤积以滩地为主,分别占到全断面淤积量的75%和114%。

6.1.1.2　内蒙古河段

　　内蒙古巴彦高勒—河口镇河段不同时段的冲淤量见表6-2[2]。内蒙古河段1962年10月至2012年10月淤积量达到10.16亿t,年均0.203亿t。50 a总淤积量的99%以上在三湖河口以下,巴彦高勒—三湖河口50 a仅淤积0.087亿t,年均0.002亿。从时间上来看,淤积主要在1982~1991年和1991~2000年,年均淤积量分别达到0.391亿t和0.648亿t;2000~2012年淤积减少,年均仅0.118亿t;1962~1982年河道年均冲刷0.031亿t。淤积严重的两个时段淤积都集中在主槽(见表6-3),主槽淤积量分别占到全断面淤积量的65%和86%;2000~2012年由于大漫滩洪水作用,主槽冲刷,滩地淤积。

表6-2　巴彦高勒—河口镇河段各时段断面法冲淤量　　　　　　　　（单位:亿t）

时段(年-月)	项目	河段		
		巴彦高勒—新河	新河—河口镇	巴彦高勒—河口镇
1962-10~ 1982-10	总量	-2.35	1.74	-0.61
	年均	-0.117	0.087	-0.031
1982-10~ 1991-12	项目	巴彦高勒— 毛不拉	毛不拉— 呼斯太	呼斯太— 河口镇	巴彦高勒— 河口镇
	总量	1.29	2.07	0.16	3.52
	年均	0.143	0.23	0.018	0.391
时段(年-月)	项目	巴彦高勒— 三湖河口	三湖河口— 昭君坟	昭君坟— 蒲滩拐	巴彦高勒— 蒲滩拐
1991-12~ 2000-08	总量	1.251	2.988	1.593	5.832
	年均	0.139	0.332	0.177	0.648
2000-08~ 2012-10	总量	-0.104	0.832	0.69	1.418
	年均	-0.009	0.069	0.058	0.118
1962-10~ 2012-10	项目	巴彦高勒— 三湖河口	三湖河口— 河口镇		巴彦高勒— 河口镇
	总量	0.087	10.073		10.16
	年均	0.002	0.201		0.203

注:2000~2012年数据采用"十二五"国家科技支撑计划项目课题"黄河内蒙古段孔兑高浓度挟沙洪水调控措施研究"(2012BAB02B03)成果。

表 6-3　巴彦高勒—河口镇河段各时段河道淤积量横向分布

时段 （年-月）	河段	淤积总量（亿 t）			
		全断面	主槽	滩地	主槽占全断面 比例（%）
1982-10 ~ 1991-10	巴彦高勒—毛不拉	1.29	0.84	0.45	65
	毛不拉—呼斯太	2.07	1.22	0.85	59
	呼斯太—河口镇	0.16	0.16	0	100
	巴彦高勒—河口镇	3.52	2.22	1.30	63
1991-12 ~ 2000-07	巴彦高勒—三湖河口	1.25	1.00	0.25	80
	三湖河口—昭君坟	2.99	2.48	0.51	83
	昭君坟—蒲滩拐	1.59	1.55	0.05	97
	巴彦高勒—蒲滩拐	5.84	5.02	0.82	86
2000-08 ~ 2012-10	巴彦高勒—三湖河口	-0.10	-0.43	0.32	408
	三湖河口—昭君坟	0.83	-0.16	1.00	-19.6
	昭君坟—蒲滩拐	0.69	0.30	0.39	44.1
	巴彦高勒—蒲滩拐	1.42	-0.28	1.70	-20.0

注:2000~2012 年数据采用"十二五"国家科技支撑计划项目课题"黄河内蒙古段孔兑高浓度挟沙洪水调控措施研究"（2012BAB02B03）成果。

6.1.2　河道冲淤变化特点

6.1.2.1　宁蒙河道冲淤特点

宁蒙河道 1952 年以来的逐年累积冲淤过程见图 6-1。20 世纪 50 年代河道经历了一个较强烈的持续淤积过程,到 1959 年累积淤积到 11.068 亿 t;其后在上游开始陆续修建水库拦沙,加之有利的水沙条件,1960~1966 年基本维持冲淤相对平衡;1967~1976 年经过 1967 年、1968 年大冲,累积淤积量减少到 6.966 亿 t,其后河道直到 1978 年基本维持冲淤平衡;到 1983 年,累积淤积量为 8.328 亿 t;自 1984 年开始,河道进入持续淤积过程,到 2003 年逐年淤积量都较大,尤其 1989 年淤积量最大达到 2.329 亿 t,到 2003 年累积淤积量达到 22.995 亿 t;2004 年后淤积强度减缓,2007 年以后冲淤基本相对平衡,自 1952 年至 2012 年累积淤积量达到 23.686 亿 t。

由表 6-4 可见,宁蒙河道长时期淤积 23.686 亿 t,年均淤积 0.388 亿 t。从时段上来看,除 1961~1968 年冲刷 3.150 亿 t 外,各时期都是淤积的,其中 1952~1960 年和 1987~1999 年淤积最多,分别淤积 10.354 亿 t 和 11.803 亿 t,分别占到长时期总淤积量的 43.7%和 49.8%,年均淤积 1.150 亿 t 和 0.908 亿 t。冲淤的年内分布以汛期淤积为主,各时段汛期淤积量基本上在全年的 90%以上,长时期汛期年均淤积 0.409 亿 t,与年均淤积量基本相同;非汛期长时期为微冲,各时期差别较大,其中 1961~1968 年和 1969~1986 年发生冲刷。

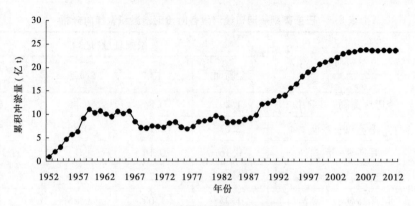

图 6-1　宁蒙河道累积冲淤过程

表 6-4　宁蒙河道冲淤量时段分布

时段	冲淤总量（亿 t）	占总量比例（%）	年内总淤积量（亿 t）			汛期占全年比例（%）
			全年平均	汛期	非汛期	
1952 ~ 1960 年	10.354	43.7	1.150	1.031	0.119	89.7
1961 ~ 1968 年	−3.150	−13.3	−0.394	−0.057	−0.337	14.5
1969 ~ 1986 年	1.733	7.3	0.096	0.122	−0.026	127.1
1987 ~ 1999 年	11.803	49.8	0.908	0.853	0.055	93.9
2000 ~ 2012 年	2.946	12.4	0.227	0.219	0.008	96.5
1952 ~ 2012 年	23.686	100.0	0.388	0.409	−0.021	105.4

从冲淤量的空间分布（见表 6-5）来看,各河段都是淤积的,淤积量最大的是三湖河口—头道拐河段,达到 11.917 亿 t,占到宁蒙河道总淤积量的 50.3%;其次是石嘴山—巴彦高勒、巴彦高勒—三湖河口和下河沿—青铜峡河段,淤积量分别为 3.824 亿 t、3.372 亿 t 和 3.151 亿 t,分别占到总淤积量的 16.1%、14.2% 和 13.3%;最少的是青铜峡—石嘴山河段,淤积量分别为 1.422 亿 t,占总淤积量的 6.0%。

表 6-5　宁蒙河道冲淤量河段分布

河段	冲淤总量（亿 t）	年均冲淤量（亿 t）	占总量比例（%）
下河沿—青铜峡	3.151	0.052	13.3
青铜峡—石嘴山	1.422	0.023	6.0
石嘴山—巴彦高勒	3.824	0.063	16.1
巴彦高勒—三湖河口	3.372	0.055	14.2
三湖河口—头道拐	11.917	0.195	50.3
下河沿—石嘴山	4.573	0.075	19.3
石嘴山—头道拐	19.113	0.313	80.7
下河沿—头道拐	23.686	0.388	100.0

6.1.2.2　分河段冲淤特点

宁蒙河道长 1 200 余 km,各河段属性不同,冲淤特点差别也很大。

1. 下河沿—青铜峡河段

由图 6-2 和表 6-6 可见,下河沿—青铜峡河段长时期淤积 3.151 亿 t,年均淤积 0.052 亿 t。其中 1969~1986 年淤积最为严重,淤积量占到长时期淤积量的 55.9%,年均淤积将近 1 000 万 t;其次为 1952~1960 年,淤积量占长时期总量的 25.4%,年均淤积将近 900 万 t;1987 年以后的两个时段年均淤积量相当,分别为 0.043 亿 t 和 0.048 亿 t。1961~1968 年是唯一冲刷的时段,共冲刷 0.584 亿 t,年均冲刷 0.073 亿 t。

从河段冲淤量的年内分配可知,汛期和非汛期都是淤积的,1986 年以前以汛期淤积为主,占到全年淤积量的 80% 左右;1986 年后变为主要淤积在非汛期。

图 6-2　下河沿—青铜峡河段累积冲淤过程

表 6-6　下河沿—青铜峡河段冲淤量时段分布

时段	冲淤总量		年均冲淤量			
	冲淤量 (亿 t)	各时段占总量 比例(%)	冲淤量 (亿 t)	汛期 (亿 t)	非汛期 (亿 t)	汛期占全年 比例(%)
1952~1960 年	0.802	25.4	0.089	0.070	0.019	78.7
1961~1968 年	-0.584	-18.5	-0.073	0.033	-0.106	-45.2
1969~1986 年	1.762	55.9	0.098	0.081	0.017	82.7
1987~1999 年	0.553	17.6	0.042	0.013	0.029	30.2
2000~2012 年	0.618	19.6	0.048	0.005	0.043	10.4
1952~2012 年	3.151	100.0	0.051	0.042	0.009	80.8

2. 青铜峡—石嘴山河段

该河段长时期为淤积(见图 6-3),由表 6-7 可见,长时期淤积 1.422 亿 t,年均淤积 0.024 亿 t。该河段各时段冲淤差别较大,冲淤量调整量也较大。1952~1960 年淤积量最大,总共淤积 3.843 亿 t,年均淤积 0.427 亿 t;另一个淤积时期是 1987~1999 年,共淤积

1.846 亿 t,年均为 0.142 亿 t。其他时段均是冲刷,其中 1961 ~ 1968 年冲刷最大,达到 2.854 亿 t,年均冲刷 0.357 亿 t;1969 ~ 1986 年冲刷 1.132 亿 t,年均冲刷 0.063 亿 t;2000 ~ 2012 年稍冲,年均仅 220 万 t。

从冲淤量年内分布来看,除 1961 ~ 1968 年汛期、非汛期均冲刷外,均表现出汛期淤积,非汛期冲刷的特点;汛期淤积量随水沙变化,非汛期基本上年均冲刷 1 000 多万 t。

图 6-3　青铜峡—石嘴山河段累积冲淤过程

表 6-7　青铜峡—石嘴山河段冲淤量时段分布

时段	冲淤总量		年均冲淤量			
	冲淤量 (亿 t)	各时段占总量 比例(%)	冲淤量 (亿 t)	汛期 (亿 t)	非汛期 (亿 t)	汛期占全年 比例(%)
1952 ~ 1960 年	3.843	270.2	0.427	0.498	-0.071	116.6
1961 ~ 1968 年	-2.854	-200.7	-0.357	-0.123	-0.234	34.4
1969 ~ 1986 年	-1.132	-79.6	-0.063	0.067	-0.130	-106.3
1987 ~ 1999 年	1.846	129.8	0.142	0.284	-0.142	200.0
2000 ~ 2012 年	-0.281	-19.8	-0.022	0.104	-0.126	-472.7
1952 ~ 2012 年	1.422	100.0	0.024	0.160	-0.136	666.7

3. 石嘴山—巴彦高勒河段

该河段长时期淤积量较大(见图 6-4),1952 ~ 2012 年共淤积 3.824 亿 t(见表 6-8),年均淤积 0.063 亿 t。各时期除 1952 ~ 1960 年稍有冲刷外均为淤积,其中 1961 ~ 1968 年、1969 ~ 1986 年、1987 ~ 1999 年淤积强度相近,年均淤积量分别为 0.109 亿 t、0.087 亿 t 和 0.085 亿 t,2000 年以后淤积较少,年均仅 0.025 亿 t。

从年内冲淤情况来看,该河段以汛期冲刷、非汛期淤积为主。汛期除 1987 ~ 1999 年年均淤积 0.057 亿 t 外,其他时段有少量冲刷;非汛期淤积量较大,年均达到 0.069 亿 t,但是随着时间增长非汛期年均淤积量不断减少,从 1986 年以前的 1 000 万 t 左右减少到 1986 年后年均仅 200 多万 t。

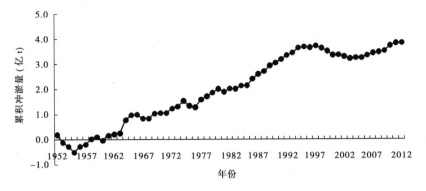

图 6-4　石嘴山—巴彦高勒河段累积冲淤过程

表 6-8　石嘴山—巴彦高勒河段冲淤量时段分布

时段	冲淤总量		年均冲淤量			
	冲淤量（亿 t）	各时段占总量比例（%）	冲淤量（亿 t）	汛期（亿 t）	非汛期（亿 t）	汛期占全年比例（%）
1952～1960 年	−0.039	−1.0	−0.005	−0.109	0.104	2 180.0
1961～1968 年	0.870	22.8	0.109	−0.006	0.115	−5.5
1969～1986 年	1.573	41.1	0.087	−0.005	0.092	−5.7
1987～1999 年	1.099	28.7	0.085	0.057	0.028	67.1
2000～2012 年	0.321	8.4	0.025	−0.001	0.026	−4.0
1952～2012 年	3.824	100.0	0.063	−0.006	0.069	−10.0

4. 巴彦高勒—三湖河口河段

该河段长时期淤积量较大（见图 6-5），总共淤积 3.372 亿 t（见表 6-9），年均仅淤积 0.055 亿 t，并且各时段有冲有淤，其中 1952～1960 年和 1987～1999 年淤积量较大，年均淤积 0.192 亿 t 和 0.265 亿 t；2000～2012 年淤积量有所减少，年均淤积量为 0.031 亿 t；1961～1968 年和 1969～1986 年冲刷，年均分别冲刷 2 000 多万 t 和 200 多万 t；

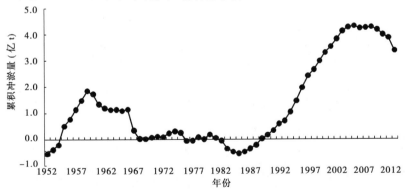

图 6-5　巴彦高勒—三湖河口河段累积冲淤过程

该河段全年冲淤主要取决于汛期，由于各时期冲淤相抵，长时期汛期冲淤平衡。非汛期除 1961～1968 年冲刷外，其他时段都是淤积的，年均淤积 0.050 亿 t。

表 6-9　巴彦高勒—三湖河口河段冲淤量时段分布

时段	冲淤总量		年均冲淤量			
	冲淤量 （亿 t）	各时段占总量 比例（%）	冲淤量 （亿 t）	汛期 （亿 t）	非汛期 （亿 t）	汛期占全年 比例（%）
1952～1960 年	1.729	51.3	0.192	0.148	0.044	77.1
1961～1968 年	-1.706	-50.6	-0.213	-0.171	-0.042	80.3
1969～1986 年	-0.491	-14.6	-0.027	-0.073	0.046	270.4
1987～1999 年	3.440	102.0	0.265	0.140	0.125	52.8
2000～2012 年	0.400	11.9	0.031	-0.012	0.043	-38.7
1952～2012 年	3.372	100.0	0.055	0.005	0.050	9.1

5. 三湖河口—头道拐河段

该河段淤积强烈（见图 6-6），长时期淤积达 11.917 亿 t（见表 6-10），年均淤积 0.195 亿 t。淤积最大的是 1952～1960 年和 1987～1999 年，分别淤积 4.019 亿 t 和 4.865 亿 t，占到总淤积量的 30%～40%，年均淤积量分别为 0.446 亿 t 和 0.374 亿 t；其次是 2000～2012 年和 1961～1968 年，年均淤积 0.146 亿 t 和 0.141 亿 t；最小的是 1969～1986 年，年均淤积量仅 0.001 亿 t。

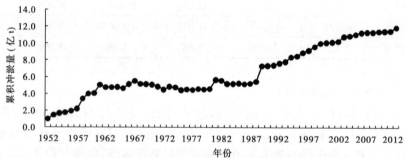

图 6-6　三湖河口—头道拐河段累积冲淤过程

表 6-10　三湖河口—头道拐河段冲淤量时段分布

时段	冲淤总量		年均冲淤量			
	冲淤量 （亿 t）	各时段占总量 比例（%）	冲淤量 （亿 t）	汛期 （亿 t）	非汛期 （亿 t）	汛期占全年 比例（%）
1952～1960 年	4.019	33.7	0.446	0.424	0.022	95.0
1961～1968 年	1.124	9.4	0.141	0.210	-0.069	148.9
1969～1986 年	0.021	0.2	0.001	0.052	-0.051	5 200.0
1987～1999 年	4.865	40.8	0.374	0.359	0.015	96.0
2000～2012 年	1.888	15.8	0.146	0.123	0.023	84.8
1952～2012 年	11.917	100.0	0.195	0.208	-0.013	106.7

　　该河段汛期都是淤积的,年均淤积 0.208 亿 t,最大的 1952～1960 年和 1987～1999 年年均淤积 0.424 亿 t 和 0.359 亿 t。非汛期长时期年均微冲 0.013 亿 t,其中 1961～1968 年和 1969～1986 年年均冲刷 0.069 亿 t 和 0.051 亿 t,而其他几个时段都是淤积的,年均淤积 200 万 t 左右。

6.2　河床冲淤演变规律

6.2.1　汛期河道冲淤与水沙条件的关系

　　宁蒙河段的部分河道为冲积性河道,来水来沙条件是影响冲积性河道冲淤演变的主要因素。在分析宁蒙河道冲淤与水沙条件的关系时,限于实测资料情况,所用资料少于冲淤量计算时所用资料,主要是红柳沟等小支流。

6.2.1.1　宁蒙长河段冲淤与水沙条件的关系

　　黄河上游的干、支流水沙主要来自汛期,冲淤调整也主要发生在汛期。分析宁蒙河道汛期河道冲淤与水沙条件的关系,建立长河段汛期冲淤效率(单位水量冲淤量)与来沙系数的关系(含沙量/流量),由图 6-7 可以看到,冲淤效率随来沙系数的增大而增大,水沙组合越不利淤积程度越高,水沙组合有利时有可能发生冲刷。相关关系可用下式表达:

$$\Delta w_s / w = -10\,702 \left(\frac{S}{Q}\right)^2 + 913.3\,\frac{S}{Q} - 2.769 \tag{6-1}$$

　　根据上式估算,宁蒙河道汛期来沙系数约在 0.003 1 kg·s/m⁶ 时,河道基本保持冲淤平衡。即宁蒙河道汛期平均流量在 2 000 m³/s、含沙量约 6.2 kg/m³ 时,河道基本保持冲淤平衡。

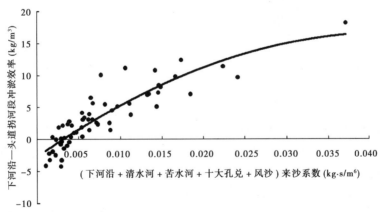

图 6-7　宁蒙河道汛期冲淤效率与来沙系数的关系

　　为分析方便,再细分宁夏(下河沿—石嘴山)和内蒙古(石嘴山—头道拐)河段,分别分析河道冲淤与水沙条件的关系。由图 6-8 和图 6-9 可见,两个河段汛期冲淤效率都与来沙系数关系较好,分别可用以下公式表达:

宁夏河段　$\Delta w_s / w = -7\,393.9\left(\dfrac{S}{Q}\right)^2 + 540.4\,\dfrac{S}{Q} - 1.475$ 　　　　　(6-2)

内蒙古河段　$\Delta w_s / w = -19\,574\left(\dfrac{S}{Q}\right)^2 + 1\,034.6\,\dfrac{S}{Q} - 3.257$ 　　　(6-3)

根据公式估算,宁夏和内蒙古河段分别在来沙系数为 0.002 6 kg·s/m⁶ 和 0.003 0 kg·s/m⁶ 时河道可维持冲淤平衡,即在进口流量 2 000 m³/s 时,宁夏河段的平衡含沙量约 5.2 kg/m³、内蒙古河段的平衡含沙量约 6 kg/m³。

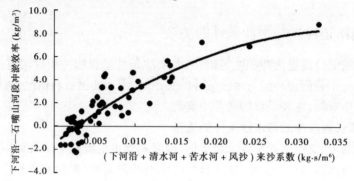

图 6-8　宁夏河道汛期冲淤与来沙系数的关系

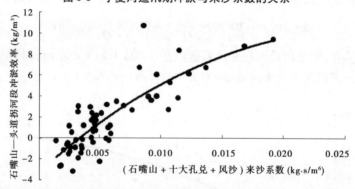

图 6-9　内蒙古河道汛期冲淤与来沙系数的关系

6.2.1.2　分河段冲淤与水沙条件的关系

河道的冲淤特点受制于天然的边界特征,取决于来水来沙条件。宁蒙河道长 1 000 多 km,从峡谷河道过渡到冲积性河道,中间加有多个峡谷和水库,河道条件复杂;同时,进入区间的水主要来自上游,而沙部分来自上游,部分来自区间多条支流,特别是水沙情况特殊的十大孔兑,水沙条件复杂。复杂的河道边界和水沙条件构成宁蒙河道各河段与水沙条件相关关系差别较大的特点。

下河沿—青铜峡河段比降达 0.806‰,河段上部为峡谷,下部为青铜峡水库库区,冲淤调整不完全与来水来沙有关;同样,石嘴山—巴彦高勒河段也是上部为峡谷、下部为三盛公水库库区,与水沙条件相对敏感性较差。因此,本部分分析分河段河道冲淤与水沙条件的关系时,着重于比较典型的青铜峡—石嘴山、巴彦高勒—三湖河口和三湖河口—头道拐河段。

1. 青铜峡—石嘴山河段

青铜峡—石嘴山河段受水沙影响比较大,河道来沙量大,淤积量大;水量大,河道发生冲刷(见图6-10)。各时段冲淤情况反映出上述特点(见表6-11),1952~1960年属于大沙年,年均含沙量达到9.08 kg/m³,导致河道淤积量很大,达到0.427亿t。1961~1968年由于水量较丰,年均来水量为323.0亿m³,其中1964年水量达到450.1亿m³;加之青铜峡水库1967年开始投入运用,初期运用拦沙作用较大,出库泥沙较少,因此河段冲刷剧烈,年均河道冲刷0.357亿t。1969~1986年河段上游刘家峡水库初期运用拦沙较大,水沙条件有利,河段呈微冲状态。1987~1999年水沙条件极为不利,河道来水量仅为182.7亿m³,河道来沙量为1.00亿t,更重要的是大流量过程的减少,导致河道淤积量达到年均0.142亿t。2000年之后,河道水沙条件有所好转,是各时段中年均含沙量最低的时段,河道呈微冲状态。

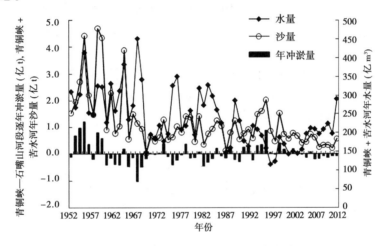

图6-10　青铜峡—石嘴山逐年冲淤量与逐年水沙对比

表6-11　青铜峡—石嘴山河段不同时段年均水沙量及冲淤量变化

时段	青铜峡 + 苦水河			年均冲淤量 (亿t)
	水量(亿m³)	沙量(亿t)	含沙量(kg/m³)	
1952~1960年	296.5	2.69	9.08	0.427
1961~1968年	323.0	1.51	4.69	-0.357
1969~1986年	243.6	0.84	3.43	-0.063
1987~1999年	182.7	1.00	5.47	0.142
2000~2012年	192.5	0.52	2.69	-0.022
1952~2012年	238.0	1.17	4.90	0.023

青铜峡—石嘴山河段年的冲淤主要取决于水沙量,随沙量的增大淤积量显著增大,同时又受水量的影响(见图6-11)。平均情况下,年水量小于230亿m³时,冲淤平衡的临界

沙量约为 0.5 亿 t,即沙量超过 0.5 亿 t 河段淤积,沙量小于 0.5 亿 t 河段冲刷;而当年水量大于 230 亿 m³ 时,临界沙量增加到约 1.5 亿 t。

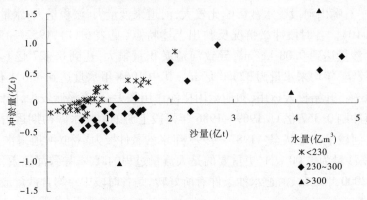

图 6-11   青铜峡—石嘴山河段年冲淤量与水沙量的关系

对比分析上下站逐年含沙量相关关系(见图 6-12),可以看到,下站含沙量与上站含沙量成正比,当上下站流量变化不大时,中间的 45°线反映了不冲不淤的状态,线上面的点反映了该年冲刷,线下面则显示了淤积。从图中的实测数据可以看到,年冲刷时所增加的年均含沙量最多的是 2 kg/m³(1967 年径流 450 亿 m³、年均含沙量由青铜峡站的 2.6 kg/m³ 增加到石嘴山站的 4.6 kg/m³)。

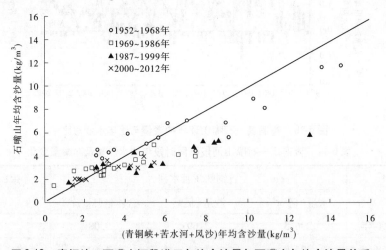

图 6-12   青铜峡—石嘴山河段进口年均含沙量与石嘴山年均含沙量关系

汛期冲淤情况与流量和含沙量的组合关系更为密切(见图 6-13),冲淤效率与来沙系数呈显著正相关关系,随着来沙系数变大淤积强度显著增高,可以回归为下式

$$\Delta w_s / w = -1\ 634.6 \left(\frac{S}{Q}\right)^2 + 355.52 \frac{S}{Q} - 1.241\ 2 \tag{6-4}$$

根据公式可计算,在青铜峡汛期平均流量 2 000 m³/s 条件下,该河段冲淤平衡的含沙量约为 7.1 kg/m³。

对比分析汛期上下站含沙量关系(见图 6-14)可以看到,汛期河道发生冲刷的年均含沙量都是小于 5 kg/m³ 的。汛期来沙含沙量在 5~10 kg/m³ 时,河道有冲有淤,一般年径

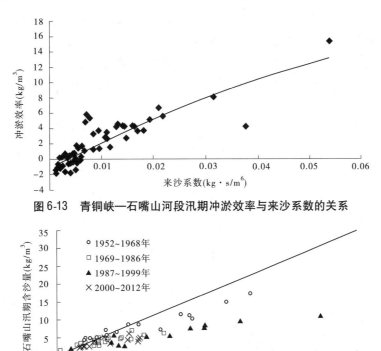

图 6-13　青铜峡—石嘴山河段汛期冲淤效率与来沙系数的关系

图 6-14　青铜峡—石嘴山河段进口汛期含沙量与石嘴山汛期含沙量关系

流大时冲刷,年径流小时淤积。当河道来沙量大于 10 kg/m³,河道水量在 100 亿~300 亿 m³ 时,河道都处于淤积状态。

青铜峡—石嘴山河段各年非汛期冲淤状况以冲刷为主,冲刷量主要取决于来水量 (见图 6-15),在一般来沙年份(沙量小于 0.3 亿 t),河道都是冲刷的,水量越大冲刷量也越大;但是当来沙较多时(沙量大于 0.3 亿 t),河道发生少量淤积。

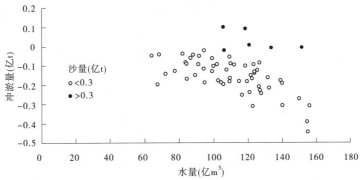

图 6-15　青铜峡—石嘴山河段非汛期冲淤量与水沙量的关系

2. 巴彦高勒—三湖河口河段

巴彦高勒—三湖河口河段比降为 0.143‰,比降较缓,河道冲淤对水沙条件比较敏感 (见表 6-12),大沙年淤积较多,大水年冲刷较多。在 1952~1960 年大沙时段,河道淤积较多,年均淤积量为 0.192 亿 t。在大水时期 1961~1986 年,河道呈冲刷状态,其中 1961~

1968 年冲刷较大,年均冲刷量为 0.213 亿 t;1969 ~ 1986 年年均冲刷量为 0.027 亿 t。1987 ~ 1999 年水少得多沙少得少,水沙条件不利,造成年均 0.265 亿 t 淤积,为各时段最高。2000 ~ 2012 年沙量逐渐减少,尤其是 2006 年后沙量减少剧烈,又发生 2012 年大洪水,河道冲刷较大,因此整个时段巴彦高勒—三湖河口河段呈微冲状态,年均冲刷量为 0.031 亿 t。

表 6-12　巴彦高勒—三湖河口河段年均水沙量及冲淤量变化

时段	巴彦高勒			年均冲淤量 （亿 t）
	水量（亿 m³）	沙量（亿 t）	含沙量（kg/m³）	
1952 ~ 1960 年	271.1	2.16	7.95	0.192
1961 ~ 1968 年	301.9	1.69	5.61	− 0.213
1969 ~ 1986 年	234.7	0.83	3.55	− 0.027
1987 ~ 1999 年	159.3	0.70	4.41	0.265
2000 ~ 2012 年	163.2	0.50	3.07	− 0.031
1952 ~ 2012 年	217.6	1.04	4.79	0.055

该河段全年冲淤量随水量变化的特点较明显(见图 6-16),水量越大淤积越少,甚至转为冲刷,与沙量也有一定关系,相同水量条件下,沙量大的淤积量相对沙量小条件下要多,但与青铜峡—石嘴山河段相比,冲淤量与沙量的跟随程度明显小于水量。原因在于从青铜峡到巴彦高勒,水量的变幅仍然依旧,而泥沙经过沿程调整,变化幅度已有所降低,因此以泥沙量区分冲淤量不是很明显。

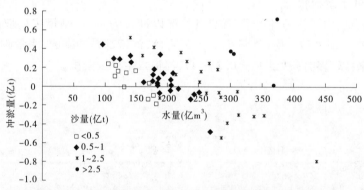

图 6-16　巴彦高勒—三湖河口河段年冲淤量与水沙量的关系

对比分析巴彦高勒、三湖河口各年年均含沙量的相关关系(见图 6-17),冲刷所增加的年均含沙量最大的约 2 kg/m³,即 1967 年,该年巴彦高勒站是 5.4 kg/m³,三湖河口站是 7.3 kg/m³。

汛期冲淤情况与流量和含沙量的组合关系更为密切(见图 6-18),冲淤效率与来沙系数呈显著的正相关关系,随着来沙系数变大淤积强度显著增高,可以回归为下式

$$\Delta w_s / w = - 2\,328.9 \left(\frac{S}{Q}\right)^2 + 344.05\,\frac{S}{Q} - 1.969\,6 \tag{6-5}$$

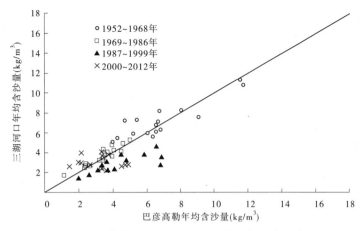

图 6-17　巴彦高勒—三湖河口河段进出口年均含沙量关系

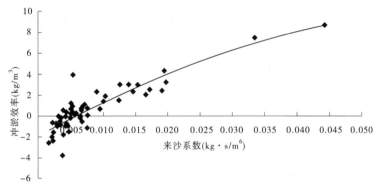

图 6-18　巴彦高勒—三湖河口河段汛期冲淤效率与来沙系数的关系

　　根据公式可计算,在巴彦高勒汛期平均流量 2 000 m³/s 条件下,该河段冲淤平衡的含沙量约为 11.9 kg/m³,明显大于青铜峡—石嘴山河段的平衡含沙量。

　　从巴彦高勒—三湖河口汛期进出口平均含沙量的相关关系(见图 6-19)可知,冲刷所增加的平均含沙量基本为 2 kg/m³。

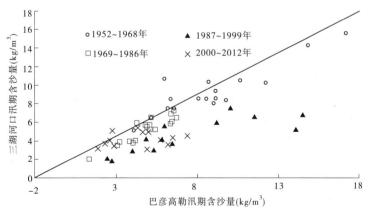

图 6-19　巴彦高勒汛期含沙量与三湖河口汛期含沙量关系

　　该河段非汛期冲淤状况以淤积为主,同样主要取决于来水量(见图 6-20),在水量较大的年份甚至可发生冲刷。但冲淤也与来沙量有很大关系,同样水量下,沙量较少的年份淤积量小于来沙较多的年份,但是区分不是很鲜明。

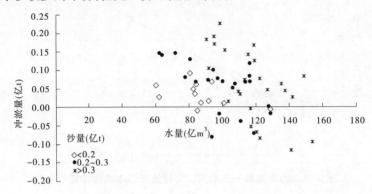

图 6-20　巴彦高勒—三湖河口河段非汛期冲淤量与水沙量的关系

3. 三湖河口—头道拐河段

　　三湖河口—头道拐河段位于内蒙古河段的下段,全长 300.5 km。以包头附近的昭君坟站为界,分成三湖河口—昭君坟和昭君坟—头道拐两个河段,河长分别为 126.4 km 和 174.1 km,其中上段比降略大于下段,河段比降分别为 0.111‰和 0.098‰,十大孔兑在这个河段汇入。

　　从三湖河口逐年来水来沙、孔兑来沙和三湖河口—头道拐河段冲淤过程对比(见图 6-21)来看,该河段的冲淤与干流水沙条件关系密切,来沙量大,河道淤积较多;来水量大,河道淤积减轻。如 20 世纪 50 年代连续大沙年河道淤积严重,60 年代大水少沙,部分年份河道甚至转淤为冲。影响这一河段冲淤的另一主要因素是孔兑来沙,由于是在极短时间内大量并且直接进入河道,因此与冲淤的关联度较干流来沙更高。如 1981 年和 1989 年仅三大孔兑来沙量分别为 0.298 亿 t 和 1.259 亿 t,而河道淤积量达到 1.102 亿 t 和 1.902 亿 t。由于孔兑泥沙主要来自暴雨洪水,一般年份沙量不大,平均 6 ~ 7 年发生一次大量来沙,因此发生的当年对冲淤影响很大,造成河道淤积量猛然增加,但对长时期河道冲淤的影响远小于当年。

　　因此,三湖河口—头道拐不同时段河道冲淤特点与水沙条件的关系(见表 6-13)为:1952 ~ 1960 年来沙量较大,来沙量年均为 1.883 亿 t,淤积量最大,年均淤积量为 0.447 亿 t;1961 ~ 1968 年年均来沙量为 2.056 亿 t,大于 50 年代来沙量,但是由于该时段水量较大,年均水量达到近 300 亿 m³,因此该时段淤积量较少,仅为 0.141 亿 t;1969 ~ 1986 年水量相对较多,来沙量较少,相对偏枯,因此时段年均淤积量最少,仅 0.001 亿 t;1987 ~ 1999 年来水来沙都处于偏枯的状态,而孔兑来沙较多,时段年均淤积量大为增加,达到 0.374 亿 t;2000 ~ 2012 年干流与前一时期相比水沙量变化不大,孔兑来沙较少,淤积有所减轻,年均淤积量为 0.145 亿 t。

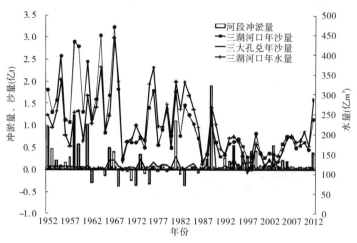

图 6-21　三湖河口—头道拐河段年冲淤量与水沙量过程

表 6-13　三湖河口—头道拐河段年均水沙及冲淤量变化

时段	三湖河口			三大孔兑		三湖河口 + 三大孔兑		三湖河口—头道拐冲淤量（亿 t）
	水量（亿 m³）	沙量（亿 t）	含沙量（kg/m³）	水量（亿 m³）	沙量（亿 t）	水量（亿 m³）	沙量（亿 t）	
1952～1960 年	236.1	1.82	7.7	0.490	0.063	236.6	1.883	0.447
1961～1968 年	299.1	1.97	6.6	0.560	0.086	299.7	2.056	0.141
1969～1986 年	245.1	0.93	3.8	0.500	0.086	245.6	1.016	0.001
1987～1999 年	168.2	0.51	3.0	0.655	0.179	168.9	0.689	0.374
2000～2012 年	172.0	0.54	3.1	0.309	0.033	172.3	0.573	0.145
1952～2012 年	218.9	1.02	4.7	0.498	0.091	219.4	1.111	0.195

　　归纳分析三湖河口—头道拐河段年冲淤量与水沙量的关系（见图 6-22）可见，由于水沙组合条件相对复杂，河道冲淤与水沙量的相关关系不是很显著，但是仍反映出河道冲淤量主要随着来沙量的多少而变化，在水量相同条件下，沙量越大淤积越多。同时，冲淤量也受来水量的影响，淤积量水量大的小于相同条件下水量小的。

　　分析三湖河口与头道拐站各年年均含沙量的相关关系（见图 6-23），可以看到，引起冲刷时所增加的年均含沙量一般也不超过 2 kg/m³，实测冲刷所挟带的最大含沙量是 1968 年的 6.77 kg/m³（1968 年三湖河口 + 孔兑含沙量为 5.81 kg/m³，头道拐站含沙量为 6.77 kg/m³，头道拐站年径流量为 331 亿 m³）。

　　由于汛期河道冲淤受孔兑影响较大，因此以孔兑来沙量 500 万 t 为界，分为两组分别绘制汛期冲淤量与水沙条件的关系（见图 6-24）。从图 6-24 可见，除 1989 年孔兑来沙特别大，超出正常范围外，孔兑来沙量大、小不同情况下冲淤效率与来沙系数的关系基本可以看作相近，可以以相同的公式来表达：

$$\Delta w_s / w = -4\,717.0 \left(\frac{S}{Q}\right)^2 + 482.6\,\frac{S}{Q} - 2.047 \qquad (6\text{-}6)$$

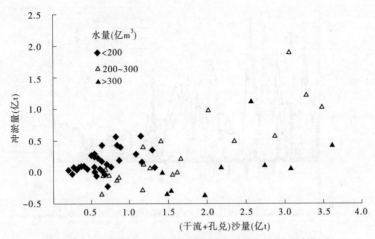

图 6-22　三湖河口—头道拐河段年冲淤量与水沙量的关系

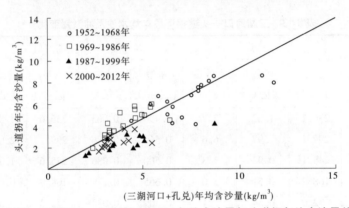

图 6-23　三湖河口—头道拐河段进口年均含沙量与头道拐年均含沙量关系

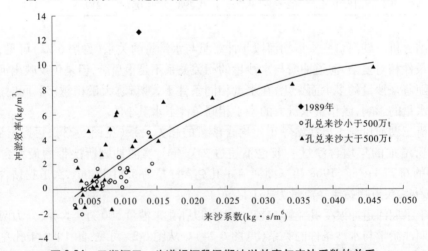

图 6-24　三湖河口—头道拐河段汛期冲淤效率与来沙系数的关系

　　根据公式可计算,在三湖河口汛期平均流量 2 000 m³/s 条件下,该河段冲淤平衡的含沙量约为 8.9 kg/m³,小于巴彦高勒—三湖河口河段、大于青铜峡—石嘴山河段的平衡含沙量。

同时也可看到,相同来沙系数时,孔兑来沙少时(即主要是干流来沙)与孔兑来沙多时相比,淤积效率稍有偏低。

从三湖河口—头道拐进出口汛期平均含沙量对比(见图 6-25)可见,汛期引起冲刷时所增加的年均含沙量最大为 1971 年,增加的含沙量为 2.52 kg/m³(三湖河口加支流含沙量为 5.9 kg/m³,头道拐站含沙量为 8.42 kg/m³);另外冲刷增加含沙量较大的年份是 1975 年和 1972 年,冲刷增加含沙量值分别为 1.76 kg/m³ 和 1.52 kg/m³。

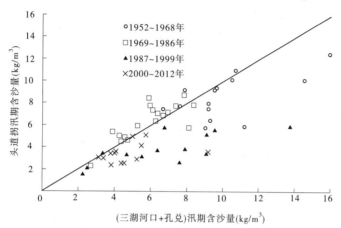

图 6-25　三湖河口—头道拐河段汛期平均含沙量变化对比

受河段以上河道非汛期冲刷的影响,三湖河口—头道拐河段非汛期有冲有淤(见图 6-26)。从冲淤量与水沙关系来看,沙量少于 0.2 亿 t 的一般发生冲刷,超过 0.2 亿 t 以后,当水量较大时冲刷,水量较小时仍发生淤积。

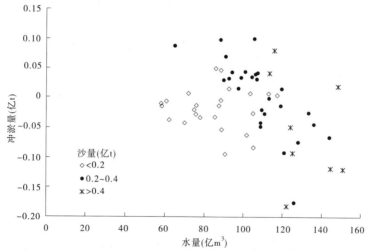

图 6-26　三湖河口—头道拐河段非汛期冲淤量与水沙量的关系

6.2.2　非漫滩洪水期河道冲淤与水沙条件的关系

洪水漫滩后发生滩槽水沙交换,与非漫滩洪水水沙演变机制及特点差异较大,因此本部分分别阐述。

洪水是河道冲淤演变和塑造河床的最主要动力,来水来沙条件是影响宁蒙河道洪水期冲淤演变的主要因素。宁蒙河道的水沙主要集中在汛期,尤其是汛期的洪水期,河道的冲淤调整也主要发生在汛期的洪水期,将来沙系数 S/Q(洪水期平均含沙量 S 与平均流量 Q 的比值)作为反映河道来水来沙条件的一个参数,从宁蒙河道洪水期冲淤效率与来沙系数的关系图(见图6-27)上可以看到,洪水期河道冲淤调整与水沙关系十分密切,冲淤效率随着来沙系数的增大而增大。来沙系数较小时,冲淤效率小,甚至冲刷。宁蒙河道冲淤效率与进口站来沙系数相关关系为

$$\Delta w_s/w = 790.2S/Q - 2.884 \tag{6-7}$$

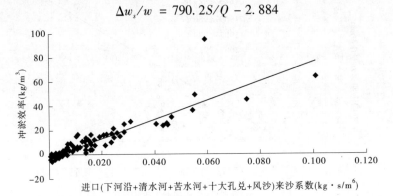

图6-27   宁蒙河道冲淤效率与进口水沙组合的关系

公式(6-7)中冲淤效率与平均含沙量关系式的 R^2 为 0.832。根据公式计算,当宁蒙河道洪水期来沙系数 $\dfrac{S}{Q}$ 约为 0.003 7 kg·s/m^6 时河道基本冲淤平衡,如洪水期平均流量 2 200 m^3/s、含沙量 8.14 kg/m^3 左右时,长河段冲淤基本平衡。

同样,河道调整较大的河段也符合上述规律,见图6-28 ~ 图6-30。可建立各河段冲淤效率与进口站来沙系数相关关系:

青铜峡—石嘴山

$$\frac{\Delta w_s}{w} = 310.7 \frac{S}{Q} - 1.625 \tag{6-8}$$

巴彦高勒—三湖河口

$$\frac{\Delta w_s}{w} = 329.1 \frac{S}{Q} - 2.157 \tag{6-9}$$

三湖河口—头道拐

$$\frac{\Delta w_s}{w} = 370.4 \frac{S}{Q} - 1.382 \tag{6-10}$$

公式(6-8) ~ 公式(6-10)中冲淤效率与平均含沙量关系式的 R^2 分别为 0.834、0.632 和 0.752。据公式可计算三个河段来沙系数分别约为 0.005 2 kg·s/m^6、0.006 6 kg·s/m^6、0.003 7 kg·s/m^6 时河道基本冲淤平衡,如洪水期进口平均流量 2 200 m^3/s,则含沙量分别约为 11.44 kg/m^3、14.52 kg/m^3、8.14 kg/m^3 时长河段冲淤基本平衡。

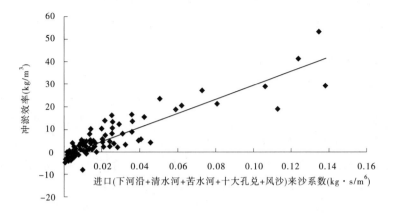

图 6-28　青铜峡—石嘴山河段冲淤效率与进口水沙组合的关系

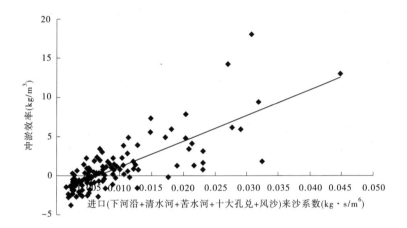

图 6-29　巴彦高勒—三湖河口河段冲淤效率与进口水沙组合的关系

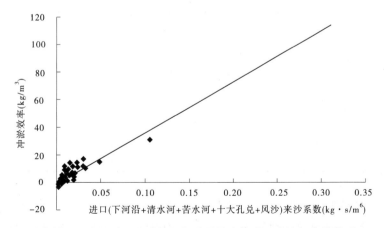

图 6-30　三湖河口—头道拐河段冲淤效率与进口水沙组合的关系

6.2.3　漫滩洪水冲淤特性

6.2.3.1　2012 年漫滩洪水淤滩刷槽效果

1. 洪水水沙特点

2012 年汛期黄河上游发生了持续强降水过程,在龙羊峡、刘家峡水库高水位拦蓄的情况下,进入宁蒙河道的洪水持续时间仍较长,洪峰流量较大,尤其是洪量较大(140 亿 m³ 左右),形成黄河上游近 30 a 未遇的大洪水,宁夏和内蒙古河段漫滩严重。本次洪水期支流来沙较少,又发生在宁蒙河道前期累积淤积严重的背景下,虽然洪水造成较大的灾害损失,但对宁蒙河道来说是一场非常有利于塑槽和恢复河道的洪水。

与上游以往洪水相比,本次洪水的洪峰流量并不高,仅在 3 000 m³/s 左右(见图 6-31),但是洪量非常大,达到 148.9 亿 m³(下河沿)。由表 6-14 可见,洪水期宁蒙河道各水文站日均流量仍在 2 000 m³/s 左右。简单还原水库调蓄,若此次洪水龙羊峡和刘家峡水库不调蓄,洪量将达到约 200 亿 m³(下河沿),洪水期各站日均流量将达到 2 500 ~ 3 000 m³/s。

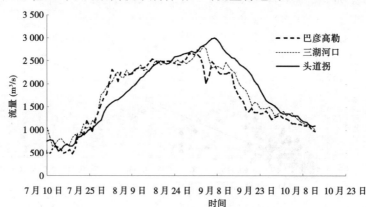

图 6-31　2012 年内蒙古河段洪水演进过程

表 6-14　宁蒙河道 2012 年洪水水沙特征

水文站	时间 (月-日)	历时 (d)	洪峰流量 (m³/s)	水量 (亿 m³)	沙量 (亿 t)	平均流量 (m³/s)	平均含沙量 (kg/m³)
下河沿	07-18 ~ 10-04	79	3 470	148.9	0.532	2 210	3.57
青铜峡	07-19 ~ 10-05	79	3 050	123.1	0.439	1 826	3.57
石嘴山	07-20 ~ 10-06	79	3 390	156.0	0.416	2 315	2.67
巴彦高勒	07-22 ~ 10-08	79	2 710	130.7	0.405	1 939	3.10
三湖河口	07-23 ~ 10-09	79	2 840	136.3	0.756	2 022	5.55
头道拐	07-24 ~ 10-10	79	3 030	139.5	0.385	2 070	2.76

与洪量形成鲜明对比的是,本次洪水期间支流来沙很少,因而干流站沙量较小,进入宁夏和内蒙古河段的沙量分别为 0.532 亿 t 和 0.416 亿 t,河道调整后出河段的沙量仅 0.385 亿 t。洪量大、沙量小形成此次洪水含沙量较低,各站洪水期平均含沙量仅 2.67 ~ 5.55 kg/m³。

2. 洪水冲淤分布

宁蒙河道淤积断面测量资料非常少,近期为内蒙古河道 2008 年 7 月与 2012 年 11 月、宁夏河道 2011 年 7 月和 2012 年 12 月两个测次,但是断面施测工作的标准不完全统一。为尽量准确地确定冲淤量,项目组在淤积断面测量资料、水文站水沙资料、水文站和工程水尺资料、洪水过程遥感监测等相关资料的基础上,多次实地调查并与测量单位交流,采用多种方法分析、论证,综合确定了冲淤量数值:全河段全断面冲淤量采用沙量平衡法计算结果;宁夏和内蒙古三湖河口—头道拐河段滩地采用断面法计算结果,主槽按全断面减滩地求出;巴彦高勒—三湖河口河段主槽依据水位资料计算,滩地按全断面减主槽求出。

2012 年洪水期宁蒙河道全断面仅淤积了 0.116 亿 t(见表 6-15),淤积量不大,但是主槽发生了强烈冲刷,总共冲刷 1.916 亿 t,相应滩地大量淤积达 2.032 亿 t,这一泥沙的滩槽分布非常有利于主槽的恢复。宁夏和内蒙古河段冲淤情况与整体相同,全断面微淤,主槽冲刷、滩地淤积,其中宁夏下河沿—石嘴山主槽冲刷 0.557 亿 t,滩地淤积 0.644 亿 t;内蒙古巴彦高勒—头道拐河段主槽冲刷 1.359 亿 t,滩地淤积 1.388 亿 t。2012 年洪水的滩槽冲淤分布反映出大洪水改善河道条件的积极作用(见图 6-32)。

表 6-15　宁蒙河道 2012 年洪水期河道冲淤量纵横分布　　　　（单位:亿 t）

河段	全断面	河槽	滩地
下河沿—青铜峡	0.050	−0.016	0.066
青铜峡—石嘴山	0.037	−0.541	0.578
小计	0.087	−0.557	0.644
巴彦高勒—三湖河口	−0.346	−0.684	0.338
三湖河口—昭君坟	0.375	−0.675	0.600
昭君坟—头道拐			0.450
小计	0.029	−1.359	1.388
合计	0.116	−1.916	2.032

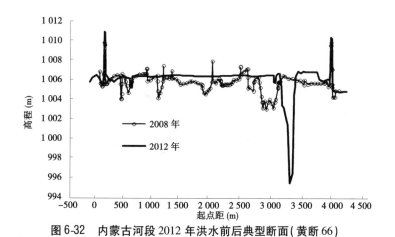

图 6-32　内蒙古河段 2012 年洪水前后典型断面(黄断 66)

3. 河道过洪能力得到有效恢复

洪水前后同流量水位以下降为主。巴彦高勒 1 000 m³/s 流量水位降低约为 0.43 m(见图 6-33);三湖河口 1 000 m³/s 流量水位降低 0.63 m(见图 6-34);头道拐由于河道比较稳定,对冲淤变化不敏感,1 000 m³/s 流量水位升高 0. 12 m(见图 6-35)。

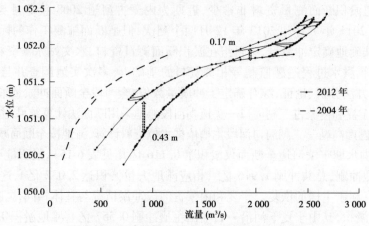

图 6-33　巴彦高勒典型洪水水位流量关系对比

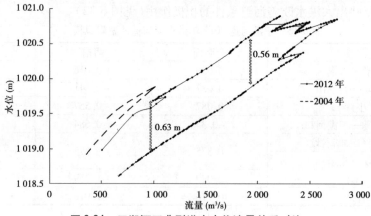

图 6-34　三湖河口典型洪水水位流量关系对比

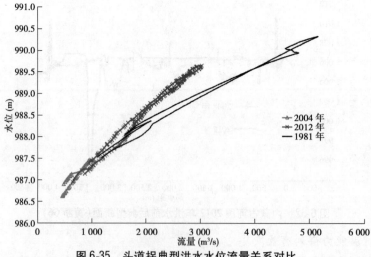

图 6-35　头道拐典型洪水水位流量关系对比

洪水期内蒙古各水文站断面以冲刷为主，其间有冲淤交替。巴彦高勒、三湖河口和头道拐分别冲刷 341.6 m²、110.4 m² 和 164.4 m²。洪水过后河道过流能力有所提高，根据洪水期较大流量(流量大于 1 000 m³/s)时的平均流速，初步估算巴彦高勒平滩流量增加约 588 m³/s，三湖河口增加约 201 m³/s，头道拐增加约 252 m³/s(见表 6-16)。

表 6-16　2012 年洪水典型水文站 7 月 21 日至 9 月 29 日平滩流量变化值

站名	冲淤面积 (m²)	平均流速 (m/s)	平滩流量增加值 (m³/s)
巴彦高勒	−341.6	1.72	588
三湖河口	−110.4	1.82	201
头道拐	−164.4	1.53	252

4. 原因初步分析

从泥沙输移的角度来看，本次洪水一是历时长、进出滩水量大、滩槽水沙交换次数多、交换充分。二是洪水前期河道长期淤积萎缩、过流能力较小，涨水期小流量即发生大漫滩，小流量漫滩进滩水流含沙量相对较大，有利于滩地泥沙落淤，同时滩地过流时间长、范围大，也有利于滩槽水沙充分交换。三是主槽长期淤积萎缩，内蒙古河道已形成"悬河"，滩地横比降的存在导致洪水漫过嫩滩后水流易于挟带泥沙进入滩区大量落淤。利用 2012 年汛后的实测大断面资料，统计了本次洪水漫滩最为严重的三湖河口—昭君坟河段的滩地横比降(见图 6-36)，该河段滩地平均横比降左滩为 6.87‰，右滩为 8.71‰。四是经过 20 多年基本上持续的小流量淤积，河道床沙组成偏细，有利于泥沙冲刷并带至滩地。

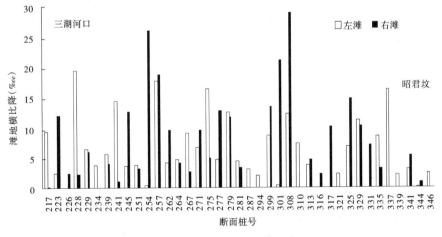

图 6-36　三湖河口—昭君坟河段滩地横比降

从河床演变的角度来看，河道在长期小水作用下，由于流量小，水流动力弱，形成断面萎缩，过分弯曲，流路增长，比降变缓。当大流量到来时，水流不畅，洪水演进速度慢，并产生壅水，洪水位上涨；当水流漫过边滩，洪水淹没弯道凸岸边滩，河面变宽，河道变直，比降增大，冲刷作用增强，并产生切滩撤弯，重新冲出较为顺直和宽深的河槽。所以，大洪水是河流在原有小水形成的河床上重新塑造河道的过程，此时由于流量大，河槽变直，比降增大,加大了河槽的冲刷,冲出新的河槽对后续行洪排凌极为有利。由此可以认为:①河道保留一定的滩地有利于洪水泥沙在滩槽的交换,可形成淤滩刷槽的态势。例如,由于河流在长期小水作用下,主河槽萎缩,过洪能力减少,涨洪初期,行洪不畅,洪水演进慢,洪水位抬升,滩地极易上水漫滩,此时滩地可以滞纳洪水泥沙,既可使泥沙在滩地落淤,又可使主槽冲刷下切,使主槽洪水位上升变缓。②大洪水时河道的冲刷得益于漫过边滩河面变宽后,流程变直、变短、比降较大,冲刷作用增强,使大洪水重新塑槽作用。③大洪水形成的宽深河槽对后续行洪、排洪都是有利的。

经过本次淤滩刷槽后,河道的边界条件发生较大变化,在此基础上若发生相同的洪水,预估效果应该没有本次显著。

6.2.3.2　内蒙古河道漫滩洪水滩槽冲淤量关系

由于资料所限,宁蒙河道漫滩洪水滩槽冲淤分布的划分比较困难,为此参考《黄河干流水库调水调沙关键技术研究与龙羊峡、刘家峡水库运用方式调整研究》项目的相关研究成果[3],取 8 场漫滩洪水的滩地淤积资料,结合 2012 年洪水加以分析(见表 6-17)。

表 6-17　内蒙古河道漫滩洪水水沙条件及冲淤情况

年份	历时 (d)	巴彦高勒			巴彦高勒—头道拐冲淤量 (亿 t)			主槽冲淤效率 (kg/m³)
		洪峰流量 (m³/s)	水量 (亿 m³)	沙量 (亿 t)	全断面	主槽	滩地	
1958	53	3 800	115.8	1.865	0.923	−0.224	1.147	−1.93
1959	48	3 570	97.2	2.354	1.058	0.359	0.699	3.69
1961	20	3 280	49.2	0.655	0.221	−0.135	0.356	−2.74
1964	49	5 100	124.1	1.677	0.467	−0.155	0.622	−1.25
1967	68	4 990	257.3	1.728	−0.316	−1.773	1.457	−6.89
1976	55	3 910	124.7	0.626	−0.429	−2.177	1.748	−17.46
1981	45	5 290	140.6	0.968	0.228	−2.132	2.360	−15.16
1984	30	3 200	77.7	0.522	−0.183	−0.404	0.221	−5.20
2012	70	2 710	122.0	0.390	0.020	−1.365	1.385	−11.19
总计			1 108.6	10.785	1.989	−8.006	9.995	−7.22

由表 6-17 可见,除 1959 年洪水外,内蒙古河道漫滩洪水大部分的造床作用是淤滩刷槽。1959 年漫滩洪水河槽发生淤积,这场洪水沙量最大,达到了 2.354 亿 t,平均流量又较小,仅 2 344 m³/s,平均含沙量较高,达到 24.2 kg/m³,来沙系数较高,为 0.010 3 kg·s/m⁶。说明如果来沙量很大,水沙搭配非常不好,内蒙古河道漫滩洪水也会发生滩槽同淤。统计的 9 场漫滩洪水主槽合计冲刷 8.006 亿 t、滩地淤积 9.995 亿 t,对内蒙古河道的主槽维持起到了很大作用。将内蒙古河道漫滩洪水滩槽冲淤量关系与黄河下游点绘在一起(见图 6-37)可见,两者规律比较相近,滩地淤积量基本与主槽冲刷量成正比,只是黄河下游的量级较内蒙古河道大。

比较两段河道滩槽关系知,如果要达到主槽 1 亿 t 的冲刷量,黄河下游滩地要淤积 2.3 亿 t 左右,内蒙古河道淤积 1.2 亿 t。考虑到黄河下游洪水期来沙量大于内蒙古河道,滩地淤积量中来自来沙而不是河道冲刷的量较大,因此滩地淤积量大于内蒙古河道的特点是合理的。内蒙古河道漫滩洪水的主槽冲刷效率在 $1.25 \sim 17.46$ kg/m³,平均为 7.22 kg/m³,明显高于非漫滩洪水的冲刷作用。2012 年洪水非常典型,是各场中洪峰流量最小的一场,沙量和平均含沙量也最小,分别只有 0.39 亿 t 和 3.2 kg/m³,然而,本次洪水水量相对较多且历时为 1958 年以来最长,因而主槽冲刷非常明显,其冲刷效率更达到 11.19 kg/m³。

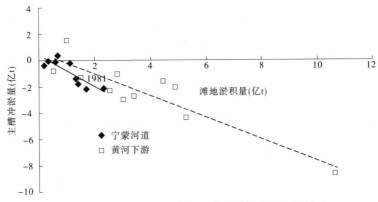

图 6-37　内蒙古河道及黄河下游的滩槽冲淤相关关系

6.2.3.3　漫滩洪水滩槽冲淤影响因子分析

对于漫滩洪水中滩地的淤积量来说,一般和洪水的漫滩程度、上滩水量和含沙量有关。各单因子与滩地淤积量的关系,如图 6-38、图 6-39 所示。定义最大洪峰流量与洪水期平均流量比值($\frac{Q_{\max}}{Q_0}$)为漫滩系数,可以看出,漫滩系数对滩地淤积量的影响较大,随着漫滩程度的增加,滩地淤积量不断增大。上滩水量与滩地淤积量也存在一定的关系,上滩水量越大,则滩地淤积量越大。内蒙古河段历次漫滩洪水平均含沙量在 $3.2 \sim 24.2$ kg/m³,而黄河下游 10 场大漫滩洪水的平均含沙量在 $32.6 \sim 126.4$ kg/m³,因此与黄河下游相比,宁蒙河段含沙量较小,含沙量在漫滩洪水的影响中体现也较弱。

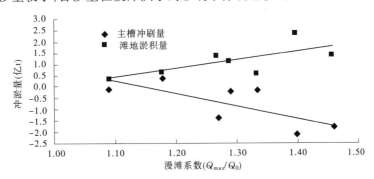

图 6-38　内蒙古河道漫滩系数与滩地淤积量和主槽冲刷量关系

考虑以上各因子影响,通过统计回归得到内蒙古河道滩地淤积量的关系:

$$C_{sn} = 0.23 W_0^{0.25} S^{0.01} \left(\frac{Q_{\max}}{Q_0} \right)^{2.95} \tag{6-11}$$

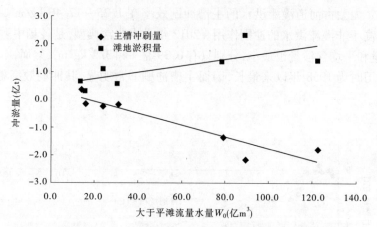

图 6-39　内蒙古河道大于平滩流量水量与滩地淤积量及主槽冲刷量关系

式中　C_{sn}——滩地淤积量,亿 t;

　　　　W_0——大于平滩流量的水量,亿 m^3;

　　　　Q_{max}/Q_0——漫滩系数,Q_{max} 为洪峰流量,m^3/s, Q_0 为平滩流量,m^3/s。

　　洪水的主槽冲刷量主要与洪水期的水量和沙量有关,随着水量的增加,主槽的冲刷不断增大,当水量相近时,沙量越大则主槽冲刷量越小。对于大漫滩洪水,还有滩地淤积程度的影响,上滩水流经过在滩地的落淤后清水归槽,即淤滩刷槽的原因引起主槽的多冲。滩地淤积因子用式(6-11)中的 $W_0^{0.25}S^{0.01}\left(\dfrac{Q_{max}}{Q_0}\right)^{2.95}$ 表示,反映主槽冲刷量与滩地淤积因子的关系。统计分析表明,滩地淤积越多,则主槽冲刷越多(见图6-40)。

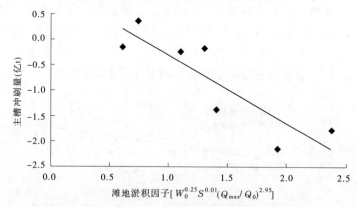

图 6-40　内蒙古河道主槽冲刷量与滩地淤积因子的关系

　　考虑洪水期水、沙量和滩地淤积量三个因子,回归统计得到内蒙古河道主槽冲刷量的计算式为:

$$C_{sp} = 0.44 - 0.007W + 0.39W_S - 0.46W_0^{0.25}S^{0.01}\left(\frac{Q_{max}}{Q_0}\right)^{2.95} \tag{6-12}$$

式中　C_{sp}——主槽冲刷量,亿 t;

　　　　W——洪水期水量,亿 m^3;

W_S——洪水期沙量,亿 t。

式(6-11)和式(6-12)的实测值与计算值对比如图 6-41 和图 6-42 所示。可以看出,两式均能较好计算主槽冲刷与滩地淤积。

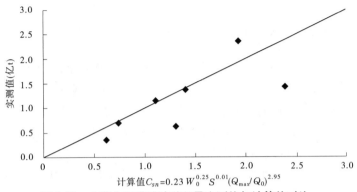

图 6-41 内蒙古河道滩地淤积量实测值与计算值对比

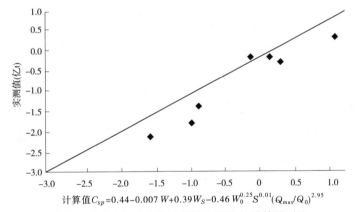

图 6-42 内蒙古河道主槽冲刷量实测值与计算值对比

以 2012 年洪水为例,假定漫滩系数不断地增加,利用式(6-11)和式(6-12)计算出滩地淤积量和主槽冲刷量,如图 6-43 所示。可以看出,随着漫滩系数的增大,滩地淤积量在

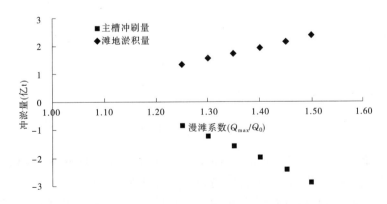

图 6-43 计算内蒙古河道不同漫滩程度下滩槽冲淤量对比

不断地增大,当漫滩系数从 1.25 增大到 1.5 时,滩地淤积量增加了 1.05 亿 t,主槽冲刷量增加了 2.06 亿 t。可见,当洪水水沙量和历时相差不大时,漫滩程度越大,淤滩刷槽效果越好。虽然只是利用公式进行假定计算,与实际情况可能有所差别,但也能反映出一定的冲淤规律。

6.2.4 平水期河道冲淤与水沙条件关系

平水期是指除洪水过程外年内的其他时段,由于流量变化幅度较小,因此称为平水期。平水期主要包含两个时段,一是汛期平水期,二是非汛期平水期。考虑到平水期冲淤调整对防洪防凌有一定影响的主要是巴彦高勒以下河段,因此着重分析巴彦高勒—三湖河口和三湖河口—头道拐河段平水期的冲淤规律。平水期所用资料除干流水文站外,还考虑了主要支流、风沙和区间引水引沙。

本次研究平水期场次洪水主要是统计最大日均流量基本为 500~1 500 m³/s,且历时大于 10 d、小于 30 d 的水流过程,根据 1956~2012 年实测资料,巴彦高勒—头道拐河段平水期共划分了 376 场洪水。

6.2.4.1 平水期水沙及冲淤基本情况

统计结果表明,巴彦高勒站最大最小洪峰流量分别为 1 660 m³/s(1989 年 11 月 20 日)、500 m³/s,含沙量范围为 0.09~16.9 kg/m³。进口不同时段的水沙特征值详见表 6-18,长时期来看,1956~2012 年场次洪水平均水沙量分别为 9.6 亿 m³、0.040 亿 t,平均流量为 586 m³/s,含沙量为 4.2 kg/m³,平均引水量为 0.41 亿 m³,平均引水比为 4.3%。但是不同时段进口水沙条件又有所不同,在几个时段中,较突出的是 1987~1999 年,进口场次洪水平均流量仅有 526 m³/s,平均含沙量最大,为 6.0 kg/m³,因此导致该时段来沙系数高达 0.011 4 kg·s/m⁶。

表 6-18 平水期巴彦高勒—头道拐河段进口水沙特征值

时段	场次(场)	进口(巴彦高勒+十大孔兑+风沙)场次平均					巴彦高勒—头道拐河段	
		水量(亿 m³)	沙量(亿 t)	平均流量(m³/s)	含沙量(kg/m³)	来沙系数(kg·s/m⁶)	引水量(亿 m³)	引水比(%)
1956~1968 年	64	11.8	0.048	654	4.1	0.006 2	1.30	11.1
1969~1986 年	133	10.0	0.033	630	3.3	0.005 3	0.47	4.7
1987~1999 年	94	8.2	0.049	526	6.0	0.011 4	-0.14	-1.7
2000~2012 年	85	8.7	0.034	533	3.9	0.007 3	0.27	3.1
1956~2012 年	376	9.6	0.040	586	4.2	0.007 1	0.41	4.3

水沙条件直接影响河道冲淤,由于各时段水沙条件不同,因此冲淤也有所差异。进一步分析巴彦高勒—头道拐长河段及巴彦高勒—三湖河口、三湖河口—头道拐河段场次洪水冲淤情况(见表 6-19),可以看到,巴彦高勒—头道拐河段长时期 1956~2012 年场次洪水呈淤积状态,场次洪水淤积总量为 4.195 亿 t,平均淤积量为 0.011 亿 t。从淤积的空间

分布(见图6-44、图6-45)来看,该河段淤积量的87.3%集中在三湖河口—头道拐河段,长时期淤积总量为3.661亿t,场次洪水平均淤积量为0.010亿t。巴彦高勒—三湖河口河段长时期呈微淤状态,淤积总量为0.534亿t,场次洪水平均淤积量为0.001亿t。

表6-19　平水期各河段场次洪水冲淤情况

项目	时段	河段		
		巴彦高勒—三湖河口	三湖河口—头道拐	巴彦高勒—头道拐
场次洪水平均冲淤量(亿t)	1956~1968年	0.001	0.004	0.005
	1969~1986年	-0.002	0.005	0.003
	1987~1999年	0.010	0.016	0.026
	2000~2012年	-0.002	0.013	0.011
	1956~2012年	0.001	0.010	0.011
洪水冲淤总量(亿t)	1956~1968年	0.058	0.269	0.327
	1969~1986年	-0.307	0.701	0.394
	1987~1999年	0.968	1.551	2.519
	2000~2012年	-0.185	1.140	0.955
	1956~2012年	0.534	3.661	4.195
冲淤效率(kg/m³)	1956~1968年	0.08	0.40	0.43
	1969~1986年	-0.23	0.52	0.30
	1987~1999年	1.26	1.86	3.27
	2000~2012年	-0.25	1.43	1.29
	1956~2012年	0.15	1.00	1.17

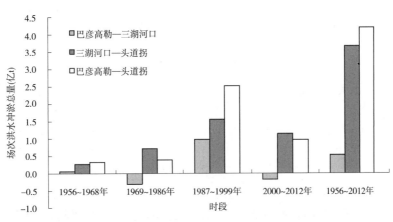

图6-44　平水期各河段不同时段场次洪水冲淤总量

从淤积量的时期分布来看(见图6-44、图6-45),巴彦高勒—头道拐长河段各时段都是淤积的,但淤积量值大小有所不同,淤积量最大的时期为1987~1999年,淤积总量为

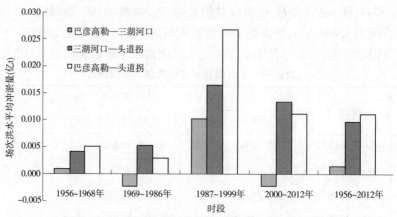

图 6-45 平水期各河段不同时段场次洪水平均冲淤量

2.519 亿 t,场次洪水平均淤积量为 0.026 亿 t,占长时期淤积总量的 60%；其次淤积较严重的时期为 2000~2012 年,淤积总量为 0.955 亿 t,场次洪水平均淤积 0.011 亿 t,占长时期总淤积量的 22.8%。两个时段淤积的空间分布均集中在三湖河口—头道拐河段。1956~1968 年和 1969~1986 年两个时段的淤积量相差不大,淤积总量分别为 0.327 亿 t 和 0.394 亿 t,分别占总淤积量的 7.8% 和 9.4%；从淤积的空间分布来看,三湖河口—头道拐河段是河道淤积的主体,两个时段淤积总量分别为 0.269 亿 t 和 0.701 亿 t,分别为长河段总淤积量的 82.3% 和 1.8 倍；巴彦高勒—三湖河口河段 1956~1968 年场次洪水淤积总量为 0.058 亿 t,占长河段淤积量的 17.7%,而 1969~1986 年呈冲刷状态,冲刷总量为 0.307 亿 t,平均冲刷 0.002 亿 t。

由于各河段采用的进口不同,因此分河段冲淤效率之和与总河段不等。从平水期场次洪水的冲淤效率(见表 6-19、图 6-46)来看,长时期场次洪水平均淤积效率为 1.17 kg/m³,其间 1987~1999 年河道淤积效率最大,为 3.27 kg/m³；其次淤积效率较大的是 2000~2012 年,淤积效率为 1.29 kg/m³；1956~1968 年、1969~1986 年淤积效率相差不大,分别为 0.43 kg/m³ 和 0.30 kg/m³。从空间分布来看,三湖河口—头道拐的淤积效率明显较大,长时期平均为 1.00 kg/m³,远大于巴彦高勒—三湖河口段的淤积效率 0.15 kg/m³。

6.2.4.2 引水影响分析

平水期流量较小,又是引水的高峰时段,因此引水对河道的冲淤影响较大。首先以引水比(引水量与干流来水量比)为指标,分析研究河段引水的大小。将巴彦高勒—头道拐河段平水期场次洪水期间引水比例按小于 5%、5%~10%、10%~20%、20%~30% 和大于 30% 进行统计(见表 6-20),可以看到近 60% 的场次引水比例在 5% 以下,近 10% 的场次引水比在 5%~10%,13.8% 的场次引水比在 10%~20%,只有分别约 7% 和 10% 的场次引水比在 20%~30% 和大于 30%,说明该河段在平水期引水量不是很大。

点绘巴彦高勒—头道拐河段不同引水比条件下河道冲淤效率与进口含沙量关系(见图 6-47),分析发现在相同含沙量条件下,引水比例越高,淤积效率越大,说明引水对河道冲淤确实产生一定影响。同时也可看到,引水比在 30% 以下各组点群基本掺混在一起,说明由于引水量少,所以各组差别不大,只有引水比大于 30% 后差别较大,考虑到这一组次较少,不代表平水期的普遍特点,因此后面分析河道冲淤特点时扣除该部分场次洪水。

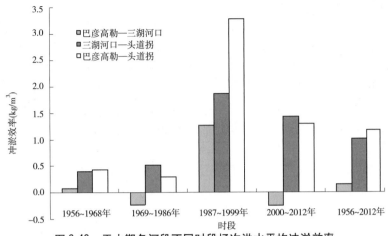

图 6-46　平水期各河段不同时段场次洪水平均冲淤效率

表 6-20　巴彦高勒—头道拐河段不同引水比例场次及占总场次比例

引水比例	场次	占总次比例
<5%	223	59.3%
5% ~ 10%	37	9.8%
10% ~ 20%	52	13.8%
20% ~ 30%	26	6.9%
>30%	38	10.1%

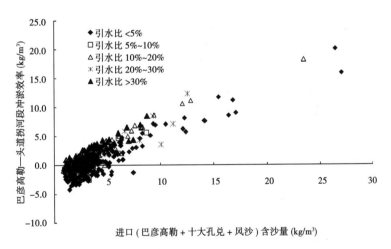

图 6-47　巴彦高勒—头道拐河段不同引水比条件下河道冲淤效率与进口含沙量关系

6.2.4.3　平水期河道冲淤与水沙条件的关系

巴彦高勒—三湖河口及三湖河口—头道拐河段分别长约 200 km 和 300 km, 平水期流量较小, 在长河段水沙输移过程中衰减比较严重, 导致两个河段冲淤调整与水沙条件的关系也不相同, 因此需要分别分析。

1. 巴彦高勒—三湖河口河段

从巴彦高勒—三湖河口河段河道冲淤效率与巴彦高勒平均流量关系图(图 6-48)上可以看到,平水期河道冲淤与来水来沙条件关系密切,基本上随着流量的增大冲淤效率在减小。同时也可看到以含沙量区分更清晰,在含沙量较低时,尤其是在 3 kg/m³ 以下时,该河段是冲刷的,最大冲刷效率可达到 4 kg/m³;当含沙量大于 3 kg/m³ 时,随着含沙量增大,淤积效率增大,尤其是 6 kg/m³ 以上,淤积效率更高。因此,该河段冲淤效率与含沙量的跟随性更好(见图 6-49),如果估算平水期冲淤情况,可采用图 6-49。

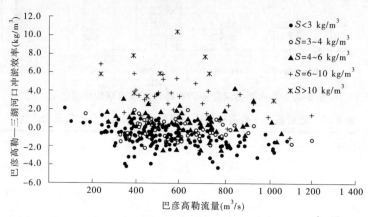

图 6-48　不同含沙量条件下巴彦高勒—三湖河口河段冲淤效率与进口巴彦高勒平均流量关系

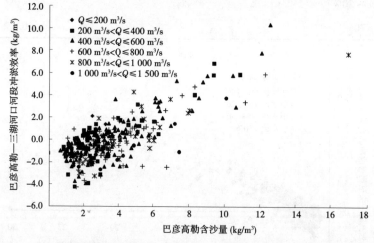

图 6-49　不同流量条件下巴彦高勒—三湖河口河段冲淤效率与巴彦高勒含沙量关系

2. 三湖河口—头道拐河段

图 6-50 为三湖河口—头道拐河段冲淤效率与进口平均流量的关系,可以看出三湖河口—头道拐河段冲淤效率随流量的变化比巴彦高勒—三湖河口河段敏感性差。该河段平水期各流量基本上都以淤积为主,尤其当含沙量大于 6 kg/m³ 时河道淤积强度比较大,最大可达到 27 kg/m³。经过上段水沙调整,该河段河道冲淤效率与含沙量的跟随性更好(见图 6-51),可以用来估算该河段平水期冲淤情况。

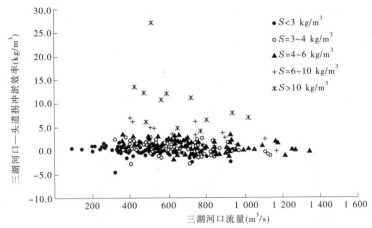

图 6-50　不同含沙量条件下三湖河口—头道拐河段冲淤效率与进口平均流量关系

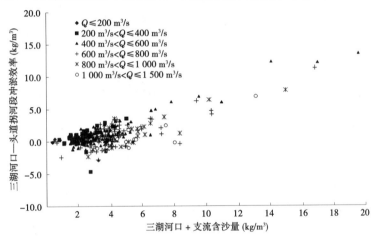

图 6-51　不同流量条件下三湖河口—头道拐河段冲淤效率与进口含沙量关系

6.3　河势演变特点

宁蒙河道河势观测资料较少,对河势变化的相关研究也很少。2012 年洪水是宁蒙河道多年来发生的一场大漫滩洪水,洪水期间有多次遥感资料,成为分析河势变化特点的基本资料。因此,本节详细分析了 2012 年大洪水期间的河势变化情况,以反映宁蒙河道低含沙大漫滩洪水期河势的变化特点。

6.3.1　2012 年洪水期间河势基本情况

图 6-52 ~ 图 6-55 是 2012 年 7 月 29 日和 8 月 29 日的河势套绘。其中 2012 年 7 月 29 日,巴彦高勒水文站日均流量为 1 040 m³/s,为洪水开始起涨时流量,8 月 29 日日均流量为 2 550 m³/s,为洪水中期。

内蒙古乌达铁路桥—三盛公河段属于过渡性河段,通过洪水涨水前后的对比,可以看出,该河段随着洪水流量的增大,水面宽略有增大(见图6-52),该河段无大面积漫滩,仅前期裸露的心滩被水覆盖,或是大心滩变为小心滩。整体来看河势较稳定。

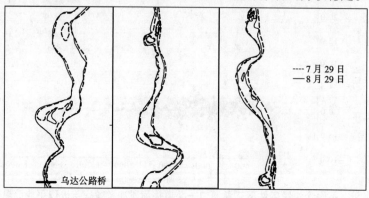

(a)河段一、二、三

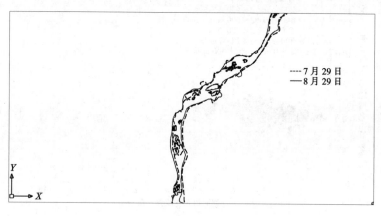

(b)河段四

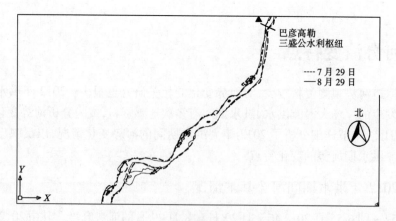

(c)河段五

图6-52　乌达铁路桥—三盛公河段

　　三盛公—三湖河口河段属于游荡性河段,可以看出该河段随着洪水流量的增大,水面宽增大(见图 6-53),三盛公水利枢纽上部河段有少量漫滩(见图 6-53(a)),其他部分河段以前裸露的心滩被水覆盖,或是大心滩变为小心滩。

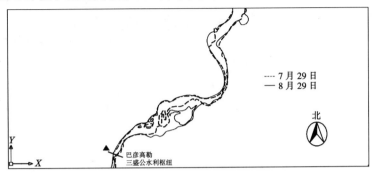

(a)河段一

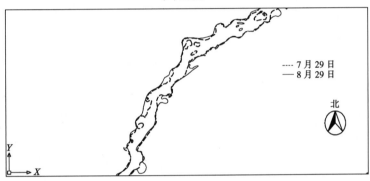

(b)河段二

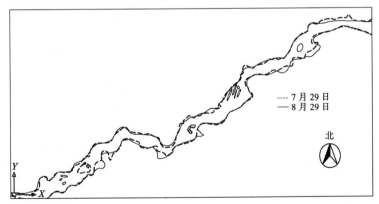

(c)河段三

图 6-53　三盛公—三湖河口河段

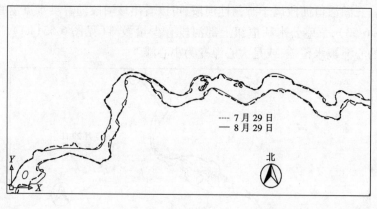

(d)河段四

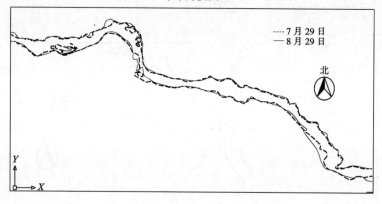

(e)河段五

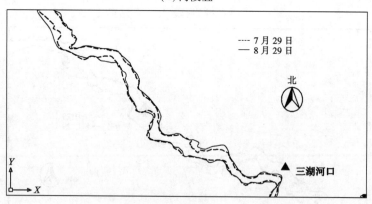

(f)河段六

续图 6-53

　　三湖河口—昭君坟河段属于过渡性河段,昭君坟—头道拐河段属于弯曲性河段,可以看出这两个河段都发生漫滩(见图 6-54 和图 6-55),洪水直至堤根,形成大堤偎水,工程出险情况较多。

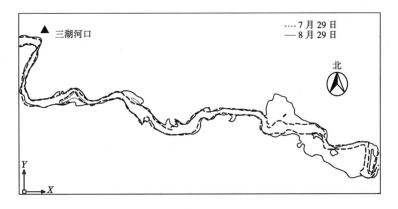

（a）河段一

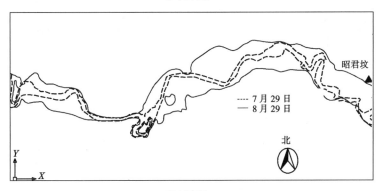

（b）河段二

图 6-54　三湖河口—昭君坟河段

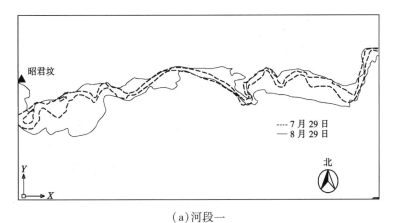

（a）河段一

图 6-55　昭君坟—头道拐河段

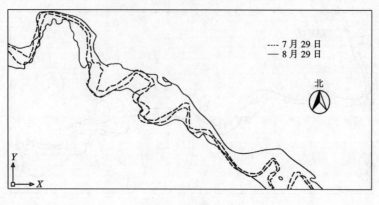

(b)河段二

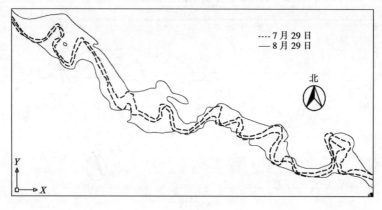

(c)河段三

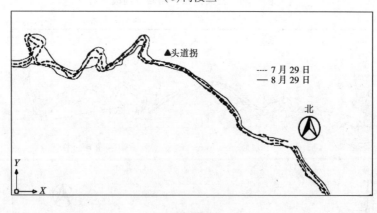

(d)河段四

续图 6-55

6.3.2　2012 年洪水期河势变化特点

6.3.2.1　各河段漫滩程度不同

　　图 6-56 为巴彦高勒—三湖河口河段 2012 年洪水前后及洪水期河势套绘图,可以看出该河段游荡段漫滩范围较小。图 6-57 为昭君坟—头道拐河段洪水前后及洪水期河势

套绘图,可以看出该河段漫滩范围较大,基本都漫至大堤根。

图 6-56　巴彦高勒—三湖河口河段洪水前后及洪水期河势套绘

图 6-57　昭君坟—头道拐河段洪水前后及洪水期河势套绘

通过点绘巴彦高勒—头道拐河段洪水期水面宽变化过程(见图 6-58)看出,过渡河段三湖河口—昭君坟和弯曲河段昭君坟—头道拐漫滩范围较大,水面宽大部分河段在 3 km以上,游荡河段巴彦高勒—三湖河口漫滩范围较小。

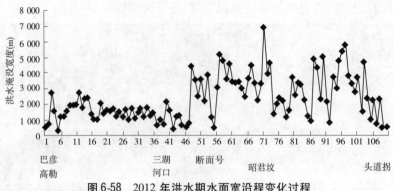

图 6-58　2012 年洪水期水面宽沿程变化过程

6.3.2.2　河势发生较大变化

通过对 2012 年洪水前后河势变化分析可知,游荡河段巴彦高勒—三湖河口主流摆动较大(见图 6-59),过渡河段三湖河口—昭君坟次之。统计巴彦高勒—三湖河口、三湖河口—昭君坟和昭君坟—头道拐洪水前后主流摆幅(见图 6-60)及各河段平均和最大主流摆幅(见表 6-21),可以看出,若扣除裁弯的主流摆幅,游荡段平均主流摆幅为 200 m,过渡段为 130 m,弯曲段为 55 m。

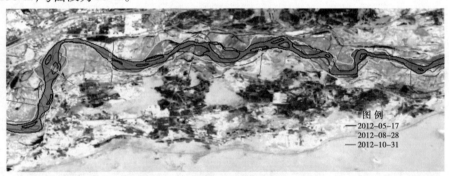

图 6-59　巴彦高勒—三湖河口河段(黄断 20—黄断 24)河势套绘

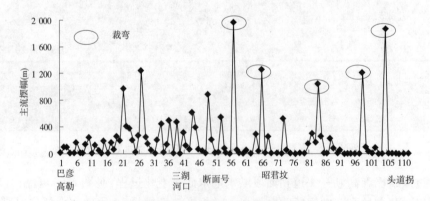

图 6-60　2012 年汛前汛后主流摆幅沿程变化

表 6-21　2012 年洪水前后主流摆幅统计

河段	河道长度 （km）	河型	平均主流摆幅 （m）	最大主流摆幅 （m）
巴彦高勒—三湖河口	220.3	游荡	200	1 380
三湖河口—昭君坟	126.4	过渡	240 （扣除裁弯为 130）	1 960
昭君坟—头道拐	174.1	弯曲	150（扣除裁弯为 55）	770

6.3.2.3　自然裁弯现象明显

　　根据 2012 年洪水前后河势分析,共有 5 处发生了自然裁弯,其中过渡段 2 处,弯曲段 3 处。图 6-61 为过渡段黄断 55—黄断 57 裁弯河势,图 6-62 为弯曲段黄断 64—黄断 66 裁弯河势,各河段裁弯情况见表 6-22。由表 6-22 可以看出,　三湖河口—头道拐裁弯附近河段裁

图 6-61　过渡段黄断 55—黄断 57 裁弯河势

表 6-22　2012 年洪水期裁弯情况

河段名称	河段 （断面号）	裁弯前河长 （km）	裁弯后河长 （km）	河长缩短比例 （%）
三湖河口—昭君坟	55～57	8.36	4.13	51
	64～66	6.28	2.89	54
昭君坟—头道拐	82～83	2.01	0.84	58
	96～97	5.37	4.14	23
	103～104	7.994	2.94	63
合计		30.14	14.94	50

图 6-62　弯曲段黄断 64—黄断 66 裁弯河势

弯后河长较裁弯前缩短了一半,各河湾河长缩短比例在 23% ~63% 。

6.4　1987~1999 年河道淤积加重原因分析

1987~1999 年宁蒙河道淤积严重,年均淤积量达到 0.908 亿 t,是多年平均淤积量的 2.3 倍。而且淤积主要发生在河槽内,引起河道过流能力急剧降低,洪凌灾害频发。对于淤积加重的原因,无外乎自然和人为因素变化引起,但就主导因素的确定各方争执较大。本节对影响河道冲淤演变的各因素在不同时期的量值进行了统计分析,作为澄清主导因素的基础。

6.4.1　上游降雨及天然径流量减少

影响河道冲淤的自然因素主要是降雨及降雨和下垫面共同作用下的天然径流量。宁蒙河道水量的 90% 以上来源于兰州以上,因此兰州以上降雨和天然径流量决定了宁蒙河道的水量条件。由表 6-23 可见,黄河上游 1987~1999 年经历了降雨最枯的时期,年均降雨量为 478 mm,比多年平均偏少 1.4% 。相应天然径流量也偏枯,兰州和头道拐分别为 299.1 亿 m³ 和 302.5 亿 m³,分别少了近 30 亿 m³,减幅达到 8.5% 和 7.9% 。因此,天然来水减少是河道淤积加重的一个原因。

表 6-23　黄河上游各时段降雨量与天然径流量

时段	降雨				天然径流			
	兰州以上		兰州—头道拐		兰州		头道拐	
	降雨量（mm）	距多年平均（%）	降雨量（mm）	距多年平均（%）	径流量（亿 m³）	距多年平均（%）	径流量（亿 m³）	距多年平均（%）
1956~1968 年	491	1.2	280	8.6	351.2	7.4	357.1	8.7
1969~1986 年	485	-0.1	254	-1.7	341.1	4.3	349.8	6.5
1987~1999 年	478	-1.4	259	0.4	299.1	-8.5	302.5	-7.9
2000~2012 年	487	0.3	242	-6.2	311.6	-4.7	296.1	-9.9
1956~2012 年	485	0.0	258	0.0	327.1	0.0	328.4	0.0

6.4.2　龙刘水库运用加重河道淤积

1986 年 10 月龙羊峡和刘家峡水库开始联合运用调节水流过程,两库调节库容达 235.1 亿 m³,占唐乃亥天然径流量的 120%,因此调蓄能力非常强。根据第 2 章介绍,两库调控采用汛期削峰蓄水、非汛期补水增大流量的调节方式,1987~1999 年和 2000~2012 年调节量相差不大,联合调控以来年均汛期蓄水 47.08 亿 m³,其中主汛期和秋汛期蓄水量分别占到 63% 和 37%,拦蓄的均为较大洪水过程,对于河道输沙影响较大。同时非汛期年均补水 38.38 亿 m³,平均增加非汛期日均流量 183 m³/s,由于宁蒙河道非汛期清水小流量存在"上冲下淤"现象,因此增加巴彦高勒以下,尤其是三湖河口以下河段泥沙淤积,造成"双重不利"影响。

由图 6-63 可见,经过两库调控,年内流量过程调平,日均流量基本上在 1 000 m³/s 以下。

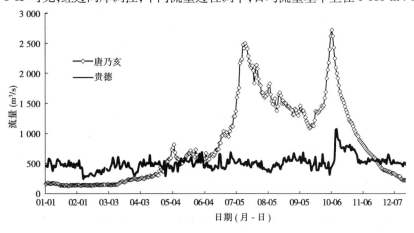

(a)2005 年

图 6-63　龙羊峡水库进出库流量过程

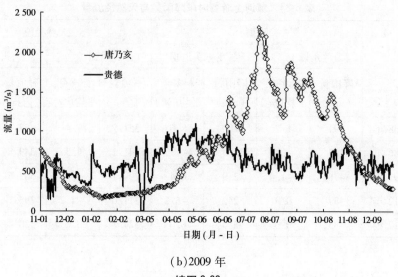

(b)2009 年

续图 6-63

6.4.2.1 减少汛期大流量水量,降低水流输沙能力

1. 汛期大量蓄水,改变水量年内分配

龙羊峡和刘家峡两库调蓄能力非常强,蓄水量基本与来水量成正比,也就是说,来水多、蓄水也多。由于两库汛期以蓄水为主,因此汛期来水与蓄水关系能够反映不同来水条件下的调蓄特点。汛期和年蓄水量均与来水成正比(见图 6-64、图 6-65),当汛期来水量由 70 亿 m^3 增加到 170 亿 m^3,两库蓄变量也由 20 亿 m^3 增加到 120 亿 m^3,蓄变量占来水量的比例也从 28% 提高到 70%。

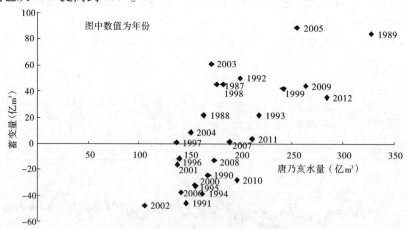

图 6-64 两库年调蓄量与来水量关系

一般来说,如果水库前期蓄水量很大,后期即便来水也没有能力多蓄。但是龙羊峡水库运用以来,前期由于遇到枯水系列,没有连续的丰水年,水库一直没有蓄满,因此这个特点不明显,基本上是来多少,蓄多少。如果水库前期蓄水量较小,水库就有较大的库容蓄水,那么水库可以多蓄水,这一特点在两库运用期间反映得非常清楚,如 1992 年、1998 年和 2003 年汛期蓄变量明显偏高,主要是两库前一年或几年来水偏枯(1991 年、1997 年、

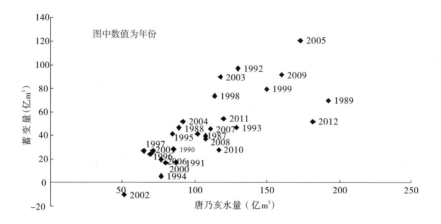

图6-65　两库汛期调蓄量与来水量关系

2002年),造成水库蓄水量少,汛初两库蓄水量仅分别为83.22亿m³、92.18亿m³和80.6亿m³(见图6-66)。而2005年以后来水偏枯程度降低,水库蓄水较多,后面年份汛期蓄水量就减小了,如2006年、2010年和2012年由于两库汛初蓄水量均超过200亿m³,特别是2010年和2012年汛期唐乃亥水量分别为116.38亿m³和181.55亿m³,因此2010年和2012年汛期蓄变量较小。

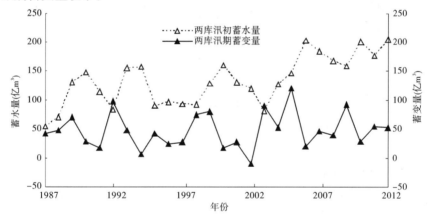

图6-66　龙刘两库汛期调蓄量过程

　　水库调蓄使得汛期水量减少、非汛期水量增加,汛期水量占年水量比例改变(见表6-24)。无水库时,上游干流站汛期水量占全年的比例在60%左右,水库运用后,在入库比例与天然时期变化不大的情况下,出库比例大为降低。刘家峡水库的出库站小川水文站1950~1968年无水库时期汛期水量占年水量比例为61%;1969~1986年刘家峡水库单库运用期比例下降到51%;1986年龙羊峡水库运用以后,出库汛期水量占年水量比例进一步下降,1987~1999年和2000~2012年分别仅为38%和39%。由于主汛期是蓄水的主要时段,因此主汛期比例也显著降低,小川站由建库前的30%左右减低到约20%。

表 6-24　龙羊峡和刘家峡水库运用前后不同时段进出库径流变化

水文站	时段	水量(亿 m³)			占年比例(%)	
		汛期	年	主汛期	汛期	主汛期
唐乃亥	1950～1968 年	125.24	205.05	63.84	61	31
	1969～1986 年	133.79	218.96	67.63	61	31
	1987～1999 年	105.54	186.00	60.44	57	32
	2000～2012 年	112.08	187.59	62.05	60	33
	1950～2012 年	120.90	201.49	63.85	60	32
贵德	1950～1968 年	131.86	215.59	67.36	61	31
	1969～1986 年	135.48	224.35	68.48	60	31
	1987～1999 年	68.56	178.79	37.26	38	21
	2000～2012 年	65.00	180.58	35.64	36	20
	1950～2012 年	106.03	203.27	54.92	52	27
刘家峡入库	1950～1968 年	178.02	303.44	89.35	59	29
	1969～1986 年	173.47	293.65	86.53	59	29
	1987～1999 年	94.01	228.26	52.15	41	23
	2000～2012 年	94.47	237.49	48.95	40	21
	1950～2012 年	142.15	271.52	72.53	52	27
小川	1950～1968 年	177.27	292.99	90.12	61	31
	1969～1986 年	145.68	287.11	74.25	51	26
	1987～1999 年	86.43	224.73	46.51	38	21
	2000～2012 年	90.57	233.20	45.01	39	19
	1950～2012 年	131.61	264.89	67.28	50	25

2.减少大流量出现时间,输沙流量减小

上游建库前汛期水沙量均以 1 000～3 000 m³/s 流量级为主,该流量级水沙量分别占到汛期的 80% 左右。

刘家峡水库单库运用以后,出库水量仍然以 1 000～3 000 m³/s 流量级为主,但比例降低到 65%;龙羊峡水库运用后,出库水量降为以 1 000 m³/s 以下流量为主,该流量级水量占汛期水量的 95% 左右。

刘家峡水库单库运用以后,泥沙输送仍以 1 000～3 000 m³/s 流量级为主,但比例降低到 69%;龙羊峡水库运用后,泥沙输送的水流仍然主要是 1 000～3 000 m³/s,但比例降到 60% 左右,而 1 000 m³/s 以下流量输送的沙量显著增高,占汛期沙量近 40%。

因此,水库运用增加了小流量带较高含沙量的概率,对河道输沙极为不利。

3.削减洪水,减少大流量输沙量

刘家峡单库运用期间,1969～1986 年唐乃亥入库流量大于 1 000 m³/s 的洪水 69 次,水库拦蓄洪水削峰的有 63 次,平均 3.50 次/a(仅考虑拦蓄洪水)(见表 6-25),平均削峰率为 29%(削峰率 = 出库洪水期最大日流量 ×100/入库洪水期最大日流量,考虑了洪水传播时间),各流量级洪水削峰率在 18%～37%,差别不大。平均削洪率为 19%(削洪率 = 出库洪水径流量 ×100/入库洪水径流量),各流量级洪水削洪率在 16%～21%,差别更小。

表 6-25　不同流量级洪水及水库运用削峰情况

项目	时段	洪水流量级(m³/s)					平均
		1 000～1 500	1 500～2 000	2 000～2 500	2 500～3 000	3 000 以上	
洪水场次 (次/a)	1969～1986 年	0.78	0.83	0.72	0.50	0.67	3.50
	1987～2012 年	0.77	1.0	0.46	0.31	0.15	2.69
	1987～1999 年	0.69	1.08	0.62	0.31	0.15	2.85
	2000～2012 年	0.85	0.92	0.31	0.31	0.15	2.54
削峰率 (%)	1969～1986 年	32	37	28	18	25	29
	1987～2012 年	34	55	60	69	63	52
	1987～1999 年	38	59	57	73	69	55
	2000～2012 年	31	51	66	66	58	49
削洪率 (%)	1969～1986 年	17	21	21	18	16	19
	1987～2012 年	19	40	48	53	49	37
	1987～1999 年	22	42	43	61	66	41
	2000～2012 年	17	36	49	45	32	33

两库联合运用期间,1987～1999 年和 2000～2012 年水库拦蓄洪水情况近似,以 1987～2012 年较长时期平均情况说明。1987～2012 年唐乃亥入库流量大于 1 000 m³/s 的洪水 74 次,水库拦蓄洪水削峰的有 68 次,平均 2.69 次/年,较刘家峡水库单库运用期间洪水场次减少 23%,减少的主要是大于 2 000 m³/s 流量以上的洪水。平均削峰率 52%,较刘家峡水库单库期间明显增加;不同流量级洪水削峰率差别较大,2 500～3 000 m³/s 的洪水削峰率达到 69%。两库运用期间削洪率也大大提高,平均达到 37%;其中 2 500～3 000 m³/s 的洪水削洪率最高,达到 53%。说明两库联调后,拦蓄洪水的能力显著增强。

6.4.2.2　增加平水期流量,加剧"上冲下淤"

水库非汛期补水,增加了非汛期出库水量,同时由于非汛期水流过程较平缓,也增大了平水期宁蒙河道的平均流量。由表 6-26 可见,1969 年以后与 1969 年以前相比,刘家峡水库出库小川水文站 12 月到翌年 5 月的月水量和月平均流量都是增加的,各月水量从

6.79 亿~22.23 亿 m³ 增大到 1969~1986 年、1987~1999 年和 2000~2012 年的 11.45 亿~25.33 亿 m³、11.36 亿~28.00 亿 m³ 和 9.36 亿~27.86 亿 m³;相应月平均流量也从 281~830 m³/s 增大到 458~946 m³/s、453~1 045 m³/s 和 387~1 040 m³/s,普遍增加 100 多个流量。

表 6-26 不同时段小川水文站月水量及年内分配

月份	月水量(亿 m³)					月平均流量(m³/s)				
	1950~1968 年	1969~1986 年	1987~1999 年	2000~2012 年	1950~2012 年	1950~1968 年	1969~1986 年	1987~1999 年	2000~2012 年	1950~2012 年
11	19.68	20.11	19.73	20.14	19.91	759	776	761	777	768
12	10.23	14.25	14.66	13.25	12.91	382	532	547	495	482
1	8.11	13.71	13.21	12.15	11.60	303	512	493	454	433
2	6.79	11.45	11.36	9.36	9.59	281	473	470	387	396
3	8.92	12.28	12.28	11.81	11.14	333	458	453	441	416
4	12.38	16.67	16.91	21.34	16.39	478	643	652	823	632
5	22.23	25.33	28.00	27.86	25.47	830	946	1 045	1 040	951
6	27.39	27.64	22.31	26.74	26.28	1 057	1 066	861	1 032	1 014
7	46.57	38.63	22.53	22.45	34.36	1 739	1 442	841	838	1 283
8	43.55	35.63	23.98	22.56	32.91	1 626	1 330	895	842	1 229
9	48.09	36.97	19.66	20.00	33.25	1 855	1 426	758	772	1 283
10	39.06	34.46	20.26	25.56	31.08	1 458	1 287	756	954	1 160
全年	293.00	287.13	224.73	233.22	264.89	929	910	713	739	840

近期宁蒙河道淤积最严重的河段为三湖河口—头道拐河段,达到年均淤积 0.374 亿 t,为长时期平均 0.195 亿 t 的近 2 倍(见表 6-27)。三湖河口—头道拐河段位于宁蒙河道的尾部段,其冲淤演变与上游河段冲淤调整密切相关。1987~1999 年河道淤积加重除与全河段相同受大流量缺失影响外,还额外加有平水期的"上冲下淤"影响。"上冲下淤"为低含沙小流量时,由于输沙能力不足,引起上游河段冲刷、下游河段淤积的现象,一般发生在平水期。由图 6-67 可见,在 1 500 m³/s 以下时宁蒙河道发生该现象,三湖河口以上冲刷、三湖河口—头道拐淤积,淤积最大的流量级在 500~1 000 m³/s。估算该现象的影响(见表 6-28),小于 500 m³/s 和 500~1 000 m³/s 时,三湖河口以上冲刷量的 45% 和 77% 淤积在三湖河口—头道拐河段,明显增加该河段淤积。龙刘水库非汛期兴利需要增大平水期流量、增长平水期历时,500~1 000 m³/s 流量历时达到 229 d,占全年的 63%,大大加剧了"上冲下淤"的作用。

表6-27　宁蒙河道各时期冲淤量分布　　　　　　　　　（单位:亿t）

时段	下河沿—青铜峡	青铜峡—石嘴山	石嘴山—巴彦高勒	巴彦高勒—三湖河口	三湖河口—头道拐	下河沿—头道拐
1987~1999年	0.043	0.142	0.085	0.265	0.374	0.908
1952~2012年	0.052	0.023	0.063	0.055	0.195	0.388

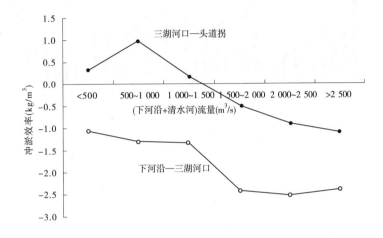

图6-67　低含沙条件下不同河段冲淤效率随流量变化

表6-28　宁蒙河道"上冲下淤"冲淤效率估算　　　　　　（单位:kg/m³）

河段	<500 m³/s	500~1 000 m³/s
下河沿—三湖河口	-1.1	-1.3
三湖河口—头道拐	0.5	1.0
下淤占上冲比例(%)	45	77

6.4.2.3　与前期相比水库拦沙量减少,增加进入河道的泥沙量

水库修建后拦截上游来沙,出库沙量显著减少,有利于河道输沙或冲刷。但是一般建库初期拦蓄沙量较大,随着拦沙库容淤满,后期拦沙作用越来越小,甚至消失。上游拦沙量最大的是刘家峡水库,其次还有盐锅峡、八盘峡、青铜峡、三盛公等水库,拦沙量也较大。

刘家峡水库自1968年蓄水运用至2011年汛后,全库区淤积泥沙16.59亿m³,计21.57亿t(见图6-68)。刘家峡水库运用至1986年共淤积13.53亿t,1987~1999年共淤积5.84亿t,2000~2012年淤积2.20亿t,分别比1968~1986年减少56.8%和83.7%。

合计刘家峡、盐锅峡、八盘峡、青铜峡、三盛公水库的淤积量(见图6-69),从最早建库到1986年已淤积18.3亿m³,计23.8亿t;而1987~2005年仅淤积8.1亿m³,计10.53亿t,减少55.8%。近期黄河上游新建和在建一批水电站,起到了较大的拦沙作用,是近期上游泥沙量剧减的一个重要原因。

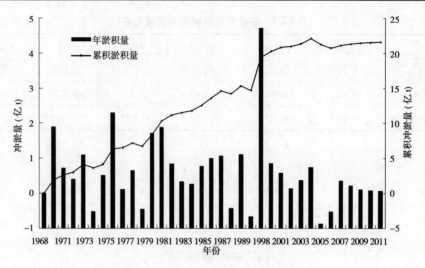

图 6-68　刘家峡水库库区淤积过程

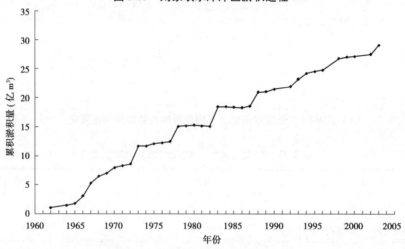

图 6-69　黄河上游主要水库拦蓄泥沙量

　　龙羊峡水库由于水库来沙少,即使库容大,拦沙量也有限。根据输沙量平衡计算,截至 2012 年 10 月,龙羊峡水库累计拦沙 4.84 亿 t(见图 6-70),其中 1987～1999 年拦沙 2.61 亿 t,2000～2012 年拦沙 2.23 亿 t。

　　由此可见,与 1968～1986 年相比,1987～1999 年上游水库拦沙作用减弱,进入河道沙量增加,不利于河道维持。

6.4.3　支流来沙较前期增多

　　根据清水河、苦水河、毛不拉孔兑、西柳沟等 4 条支流的实测水沙资料(见表 6-29)分析,1969～1986 年,4 条支流的年均水沙量分别为 1.768 亿 m³、0.264 亿 t,与 1961～1968 年的水沙量 2.153 亿 m³、0.294 亿 t 相比,分别减少 17.9% 和 10.2%。到 1987～1999 年,年均水沙量分别为 3.221 亿 m³、0.664 亿 t,与 1961～1968 年相比,水沙量分别增加 49.6% 和 125.9%;与 1969～1986 年相比,水沙量分别增加 82.2% 和 151.5%。2000～

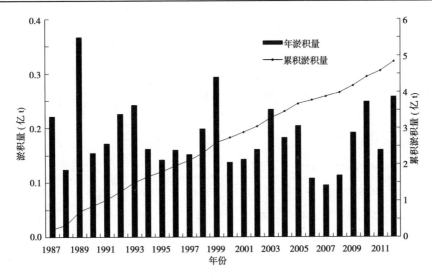

图 6-70　龙羊峡水库库区淤积过程

2011 年,4 条支流的来水量稍有增加,与 1961～1968 年、1969～1986 年相比,分别增加 20.0% 和 46.2%,年均水量增加到 2.584 亿 m³。年均沙量为 0.288 亿 t,与 1961～1968 年相比,减少 2.1%;与 1969～1986 年相比,增加 9.1%。进一步分析可以看到 1987～1999 年年均含沙量有所升高,达到 206.1 kg/m³,是各时期中最高的。

表 6-29　宁蒙河段各支流水文站实测水沙统计(运用年)

站名	时段	年径流量(亿 m³)			年输沙量(亿 t)			含沙量(kg/m³)
		均值	与 1961～1968 年比较(%)	与 1969～1986 年比较(%)	均值	与 1961～1968 年比较(%)	与 1969～1986 年比较(%)	
清水河(泉眼山)	1961～1968 年	1.537			0.206			134.0
	1969～1986 年	0.791	-48.5		0.177	-14.1		224.0
	1987～1999 年	1.262	-17.9	59.6	0.400	94.2	126.0	316.7
	2000～2011 年	1.065	-30.7	34.7	0.216	5.0	22.0	202.8
	1961～2011 年	1.093			0.248			226.6
苦水河(郭家桥)	1961～1968 年	0.225			0.022			99.2
	1969～1986 年	0.664	195.1		0.030	36.4		45.0
	1987～1999 年	1.534	581.8	131.0	0.103	368.2	243.3	67.3
	2000～2011 年	1.312	483.1	97.6	0.043	95.5	43.3	32.5
	1961～2011 年	0.970			0.050			52.0

续表 6-29

站名	时段	年径流量（亿 m³）			年输沙量（亿 t）			含沙量（kg/m³）
		均值	与1961～1968年比较（%）	与1969～1986年比较（%）	均值	与1961～1968年比较（%）	与1969～1986年比较（%）	
西柳沟（龙头拐）	1961～1968年	0.364			0.039			106.6
	1969～1986年	0.289	−20.6		0.033	−15.4		115.6
	1987～1999年	0.337	−7.4	16.6	0.071	82.1	115.2	210.9
	2000～2011年	0.189	−48.1	−34.6	0.011	−71.8	−66.7	58.1
	1961～2011年	0.289			0.039			133.3
毛不拉孔兑（图格日格）	1961～1968年	0.027			0.027			1 000.7
	1969～1986年	0.024	−11.1		0.024	−11.1		1 002.4
	1987～1999年	0.088	225.9	266.7	0.090	233.3	275.0	1 024.8
	2000～2011年	0.018	−33.3	−25.0	0.018	−33.3	−25.0	1 010.1
	1961～2011年	0.119			0.040			334.7
4条支流年均总量	1961～1968年	2.153			0.294			136.7
	1969～1986年	1.768	−17.9		0.264	−10.2		149.6
	1987～1999年	3.221	49.6	82.2	0.664	125.9	151.5	206.1
	2000～2011年	2.584	20.0	46.2	0.288	−2.1	9.1	111.5
	1961～2011年	2.471			0.376			152.4

　　支流水沙多以暴雨洪水的方式进入干流，是造成宁蒙河段淤积的主要原因之一（见图6-71、图6-72）。一般情况下支流来沙大的年份，宁夏和内蒙古河段河道的淤积量较多，如1970年祖厉河和清水河共来沙1.63亿t，是干流兰州站沙量的2.1倍，该年宁夏河道淤积1.81亿t；1989年西柳沟、毛不拉孔兑、罕台川三大孔兑来沙量1.26亿t，是干流三湖河口站来沙量的1.2倍，该年内蒙古三湖河口—头道拐河段淤积1.16亿t。

　　但支流来沙对干流河道淤积的影响还与干流来水条件密切相关，在干流来水量大的年份，即使支流来沙量大也不会造成干流大量淤积。如1984～1986年支流年均来沙0.8亿t，是干流年均来沙量的1.48倍，但这3 a宁夏河道均冲刷，原因就在于这3 a干流来水量较大，年均来水346亿 m³，是兰州站多年平均水量的1倍多，因此尽管支流来沙量较大，但是经干流来水稀释，干流河道的来沙系数较小，所以河道淤积较少，甚至冲刷。

6.4.4　风沙量增加加剧河道淤积

　　参考国家重点基础研究发展计划（973计划）课题"黄河上游沙漠宽谷段河道冲淤演

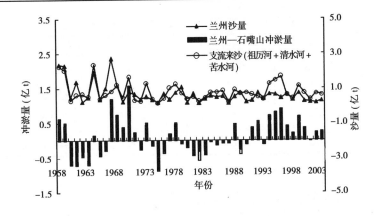

图 6-71   宁夏河段年冲淤量与支流来沙量

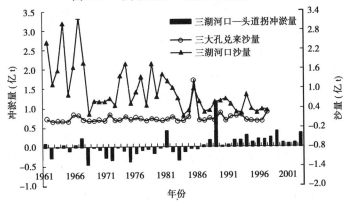

图 6-72   内蒙古河段年冲淤量与支流来沙量

变趋势预测"(2011CB403306)最新研究成果(见图 6-73),20 世纪 90 年代风沙量比后期明显偏大。由表 6-30 可见,1986~1999 年宁蒙河道风沙量年均 1 587 万 t,比 2000~2013 年偏多 300 万 t。

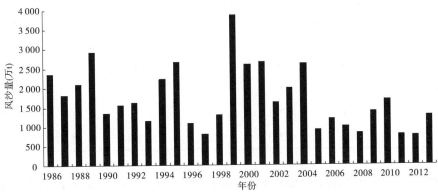

图 6-73   宁蒙河道逐年风沙过程

表6-30 宁蒙河道计算各时期年均风沙量

时段	下河沿—青铜峡	青铜峡—石嘴山	石嘴山—巴彦高勒	巴彦高勒—三湖河口	下河沿—三湖河口
1986～1999 年	76.2	111.4	1 073.8	325.6	1 587.0
2000～2013 年	72.4	95.3	745.4	373.8	1 286.9
1986～2013 年	74.3	103.3	909.6	349.7	1 436.9

6.4.5 引水量增加降低河道输沙能力

根据实测引水资料,统计了6个引水渠的引水引沙情况,即宁夏河段的秦渠、汉渠、唐徕渠及内蒙古河段的巴彦高勒总干渠、沈乌干渠和南干渠。根据宁蒙河道历年引水引沙量统计(见表6-31),1961～2011 年平均引水 122.8 亿 m^3,但各年份之间年引水量相差悬殊,年引水量最大为1999 年,为 141.6 亿 m^3;年引水最少的为1961 年,为 81.11 亿 m^3;最大值是最小值的 1.75 倍。从引水量的时段变化来看,1968 年后引水量逐渐增加,1969～1986 年平均引水 126.2 亿 m^3,是 1961～1968 年平均引水量的 1.30 倍;1987～1999 年平均引水 135 亿 m^3,是 1961～1968 年平均引水量的 1.39 倍;2000～2011 年引水量也有所增加,年均引水量为 121.8 亿 m^3,是 1961～1968 年引水的 1.26 倍。从引沙量上看,1961～2011 年平均引沙量为 0.364 亿 t,从不同时期引沙量的分布来看,引沙量较多的时期为1987～1999 年,年均引沙量为 0.519 亿 t,较 1961～1968 年平均引沙量 0.347 亿 t 增加了49.6%;1969～1986 年和 2000～2011 年分别与 1961～1968 年相比,年均引沙量均有所减少,减少幅度分别为 8.6% 和 19.6%。这与河道来水含沙量和河道冲淤调整有关。

表6-31 宁蒙河道汛期和全年引水引沙量

时段	汛期		全年		汛期占年比例(%)	
	引水量(亿 m^3)	引沙量(亿 t)	引水量(亿 m^3)	引沙量(亿 t)	引水量	引沙量
1961～1968 年	57.9	0.287	96.8	0.347	59.8	82.7
1969～1986 年	68.9	0.264	126.2	0.317	54.6	83.3
1987～1999 年	72.9	0.413	135.0	0.519	54.0	79.6
2000～2011 年	63.0	0.211	121.8	0.279	51.7	75.6
1961～2011 年	66.8	0.293	122.8	0.364	54.4	80.5

根据宁蒙河道汛期引水量占来水量的比例分析,引水对河道水沙条件的影响很大。从不同时段来看,汛期引水量占来水量的比例都在 50% 以上,由于汛期为主要来沙时期,大量引水对河道输沙必然产生较大影响,与水库削峰一起降低河道输沙能力,往往加重河道淤积。

文献[4]对 1989 年和 1996 年汛期上游引水对河道输沙的影响进行了初步估算,研究以兰州—三湖河口区间水量差作为引水量,根据昭君坟站的输沙能力估算,1989 年 7 月 7 日至 9 月 20 日若不引水 31 亿 m³,昭君坟可多挟带输沙 0.8 亿 t,1990 年 6 月 18 日至 9 月 30 日若不引水 34 亿 m³,昭君坟可多挟带输沙 0.25 亿 t。

6.5 减少河道淤积的措施建议

从以上分析看出,河道淤积加重的原因是多方面的,因此针对这些产生的原因需要进行综合治理,发挥各种措施的综合作用。根本措施之一是加强水利水土保持治理,千方百计减少进入河道的泥沙;二是调节水沙过程、协调水沙关系,提供一定质量(大流量)的水量,充分发挥河道自身的输沙能力多输送泥沙。

6.5.1 保持宁蒙河道一定质量的输沙水量

来水来沙赋予冲积河流以发育、演变的动力。要想保持河流一定的排洪输沙能力,就必须要维持一定的水流强度和适宜的来沙条件,即维持一定的河流能量来塑造河床。如果长期流量过小或水沙搭配失调,就会引起河槽萎缩,生命力退缩。

在现状水库调控造成宁蒙河道全年平水、小水的背景下,要通过黄河水沙调控体系建设,发挥水库的调节作用,协调水沙过程,创造大流量搭配较高含沙量的水沙过程,集中输送泥沙,减少河道淤积。

从水资源合理高效利用的角度出发,宁蒙河道汛期的输沙水量要远小于非汛期。在石嘴山多年平均汛期含沙量 6 kg/m³ 条件下,输沙水量(输送单位沙量所需要的水量)在 1986 年前约为 140 m³/t(见图 6-74),但由于水库的调节,水流过程调平,输沙能力降低,在相同含沙量下输沙水量约为 280 m³/t。此外在非汛期多年平均含沙量为 2.5 kg/m³ 条件下,1986 年前输沙水量为 400 m³/t(见图 6-75),而在 1986 年之后约为 600 m³/t,可见汛期输沙水量远小于非汛期。由此说明,利用水库增加汛期水量能达到更好的减淤效果。

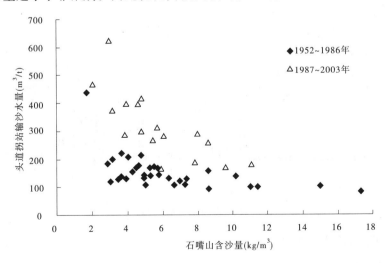

图 6-74 汛期输沙水量与含沙量关系

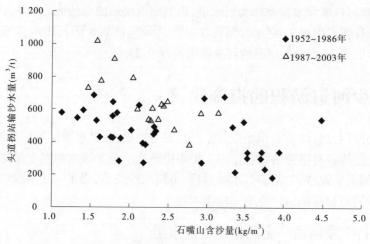

图 6-75　非汛期输沙水量与含沙量关系

6.5.2　加大上游多沙支流和风沙治理力度

　　黄河上游来水来沙具有特殊性,水主要来自兰州以上,泥沙主要来自洮河及兰州以下的祖厉河、清水河和内蒙古的十大孔兑,以及宁蒙河道区间的沙漠(沙地)。由于气候条件的不同,水沙常不能同步,因此水沙关系较难协调,尤其是内蒙古十大孔兑的来沙以小洪量、短历时、高含沙的过程在短时间内汇入干流河道,依靠短时的干流来水很难输送,直接造成内蒙古河道的淤积;同时风沙主要在非汛期干流流量较小时进入河道(见图 6-76),而且是沿程加入,也难以通过水流集中输送;更为严重的是,支流来沙和风沙一旦淤积下来,依靠水流冲刷是非常困难的,耗用的水量非常大。因此,对来沙来说,最根本、直接、高效的解决措施就是在泥沙进入干流河道前即减沙,水土保持措施是根本,必要时也可在沟口合适部位修筑拦泥坝等工程以拦截支流来沙。

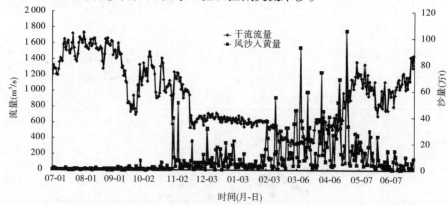

图 6-76　年内风沙过程

6.5.3　采取必要人工措施减少河道淤积

　　黄河属于资源性缺水的流域,在此进行治理开发时要充分认识到这一点,尤其在水资源紧缺的今天,是否高效利用水资源成为评价治理开发措施的一个重要指标。相对于黄河其他冲积性河道,如下游河道、小北干流和渭河下游,宁蒙河道的输沙能力较低,输沙水量较大,这就需要考虑在合理高效利用河道的自身输沙功能的同时,辅助以更高效的措施解决局部河道的突出淤积问题。

黄河下游汛期输送 1 亿 t 泥沙约需水 30 亿 m^3,小北干流为 20 亿 m^3,渭河下游为 15 亿 m^3,而宁蒙河道高达 140 亿 m^3,因此完全依靠水量来解决泥沙问题并不经济,而且宁蒙河道淤积有其独特的特点,如十大孔兑大量来沙堆积在入黄口,对这种突发性、局部大规模的淤积来说,与其用水冲不如采取局部挖沙疏浚等更为直接的措施有效。

当然,人工挖沙疏浚只是解决局部河段淤积问题,要维持宁蒙河段一定输沙能力,必须保证一定流量级的水量;同时从全流域的角度出发,一定量级的水流对中下游河段也是必要的。而人工措施效益如何还需从规模、效果、投资等多方面进行评价,并与其他措施相比较才能决定。

6.6　小　结

(1)宁蒙河道下河沿—头道拐河段 1952～2012 年呈淤积的状态,年均淤积 0.388 亿 t。从时段上来看,除 1961～1968 年河道冲刷外,其他时段都是淤积的,其中 1952～1960 年和 1987～1999 年两个时段淤积量较大,分别占到 1952～2012 年总淤积量的 43.7% 和 49.8%。河道冲淤年内分布以汛期淤积为主,非汛期长时期为微冲,各时期差别较大。从冲淤的空间分布来看,淤积主要集中在内蒙古三湖河口—头道拐河段,淤积量占宁蒙河道总淤积量的 50.3%。

(2)宁蒙河道的冲淤演变与来水来沙条件(包括量及过程)密切相关,河道单位水量冲淤量与来沙临界条件(来沙系数 S/Q)关系较好,当汛期来沙系数约为 0.003 1 $kg \cdot s/m^6$,非汛期约为 0.001 7 $kg \cdot s/m^6$,洪水期约为 0.003 7 $kg \cdot s/m^6$ 时,宁蒙河段基本可达到冲淤相对平衡。

(3)宁蒙河道非漫滩洪水输沙效率低,平均流量 2 000 m^3/s 冲淤平衡的含沙量仅 7.4 kg/m^3;漫滩洪水主槽冲刷效率相对较高,多年平均冲刷效率为 7.22 kg/m^3,且淤滩刷槽可对河道维持起到良好作用。

(4)利用 2012 年大洪水资料,分析了内蒙古河段低含沙、大漫滩洪水的河势演变特点。洪水期间三湖河口—头道拐河段自然裁弯发生 5 处,裁弯后河长较裁弯前缩短了一半。

(5)在统计河道冲淤各影响因素的基础上,分析了 1987～1999 年淤积加重的原因为:

①龙刘水库运用对宁蒙河道,尤其是三湖河口—头道拐河道造成"双重不利"影响,首先汛期削减洪水,降低水流输沙能力,加剧整个河道淤积;其次平水期增大河道流量引起巴彦高勒以上多冲、巴彦高勒以下多淤。

②径流量减少造成河道输沙量减小。首先 1987～1999 年是 1956～2012 年期间黄河上游降雨量最少的时期,年均降雨比多年平均偏少 1.4%,相应兰州和头道拐天然径流量

减幅达到 8.5% 和 7.9%;其次 1987～1999 年引水量较前期增加约 10 亿 m³。

③来沙量增多。首先,1987～1999 年多沙支流清水河、苦水河、西柳沟、毛不拉孔兑合计沙量较 1969～1986 年增加 151%;其次,合计上游干流主要拦沙水库 1987～2005 年拦沙量较前期减少 55.8%,增加了进入河道的沙量;风沙入黄量处于比较大的时期。

(6)提出宁蒙河道泥沙治理及维持河槽的措施建议:根本措施是加强水利水土保持力度,千方百计减少进入河道的泥沙;同时要维持河道一定质量(大流量级)的水流过程,协调水沙关系,利用洪水多输送泥沙;在局部河段采取必要的措施挖沙疏浚、筑坝拦截泥沙或洪水放淤,解决局部防洪和泥沙淤积问题。

参考文献

[1] 张厚军,周丽艳,鲁俊,等.黄河宁蒙河段主槽淤积萎缩原因及治理措施和效果研究[R].黄河勘测规划设计有限公司,2011.
[2] 赵文林.黄河泥沙[M].郑州:黄河水利出版社,1996.
[3] 赵业安,戴明英,吕光圻,等.黄河干流水库调水调沙关键技术研究与龙羊峡、刘家峡水库运用方式调整研究[R].黄河水利科学研究院,2008.
[4] 汪岗,范昭.黄河水沙变化研究[M].郑州:黄河水利出版社,2002.